LUMIÈRES SUR LES FORCES DE L'OMBRE

LUMIÈRES SUR LES FORCES DE L'OMBRE

UNE PERSPECTIVE CANADIENNE SUR LES FORCES D'OPÉRATIONS SPÉCIALES

COLONEL BERND HORN
ET
MAJOR TONY BALASEVICIUS
éditeurs

Avant-propos par colonel David Barr

PRESSE DE L'ACADÉMIE
CANADIENNE DE LA DÉFENSE
KINGSTON

THE DUNDURN GROUP
TORONTO

Publié par Dundurn Press Ltd. et Presse de L'Académie Canadiennne de la Défense, en collaboration avec Défense nationale et Travaux publics et Services gouvernementaux Canada.

Tous droit réservés. Il est interdit de reproduire ou de transmettre l'information (ou le contenu de la publication ou produit), sous quelque forme ou par quelque moyen que ce soit, enregistrement sur support magnétique, reproduction électronique, mécanique, ou par photocopie, ou autre, ou de Travaux publics et Services gouvermentaux Canada, Ottawa, Ontario K1A 0S5 ou copyright.droitdauteur@pwsgc.gc.ca

© Sa Majesté la Reine du Chef du Canada, 2007

Conception typographique et mise en pages : Bruna Bucciarelli
Impression : University of Toronto Press

Catalogage avant publication de Bibliothèque et Archives Canada

    Lumières sur les forces de l'ombre : une perspective canadienne sur les forces d'opérations spéciales / [sous la direction de] Bernd Horn, Tony Balasevicius.

Traduction de: Casting light on the shadows.

Publ. en collab. avec Presse de l'Académie canadienne de la défense.

Comprend un index.

ISBN-10: 1-55002-696-8
ISBN-13: 978-1-55002-696-2

    1. Forces spéciales (Science militaire)--Canada. 2. Canada--Histoire militaire. 3. Forces spéciales (Science militaire). 4. Art et science militaires. I. Horn, Bernd, 1959- II. Balasevicius, Tony III. Titre: Perspective canadienne sur les forces d'opérations spéciales.

U262.C3714 2006   356'.160971   C2006-905411-8

1 2 3 4 5   11 10 09 08 07

La publication de cet ouvrage a été rendue possible grâce à l'aide financière du ministère du Patrimoine canadien par l'entremise du Programme d'aide au développement de l'industrie á l'édition (PADIÉ), du Conseil des Arts du Canada, du Conseil des Arts de l'Ontario, et l'association pour l'exportation du livre canadien (AELC).

Nous avons pris soin de retrouver les propriétaires du copyright se rapportant au contenu de ce livre. L'auteur et l'éditeur seront heureux de recevoir tout renseignement leur permettant de rectifier des références et des crédits dans des éditions ultérieures.

                                                                                   J. Kirk Howard, President

Imprimé et relié au Canada.
Imprimé sur du papier recyclé.

www.dundurn.com

                            Presse de L'Académie Canadienne de la Défense
                                      C.P. 17000 succursale forces
                                        Kingston, ON, K7K 7B4

Dundurn Press	Gazelle Book Services Limited	Dundurn Press
3 Church Street, Suite 500	White Cross Mills	2250 Military Road
Toronto, Ontario, Canada	High Town, Lancaster, England	Tonawanda, NY
M5E 1M2	LA1 4XS	U.S.A. 14150

Remerciements

Comme dans tout projet d'envergure, le produit final est le résultat des efforts de nombreux intervenants. C'est pourquoi les éditeurs désirent souligner la contribution de tous ceux qui ont apporté une aide directe ou indirecte à la réalisation du présent projet. En premier lieu, nous souhaitons remercier les collaborateurs pour leurs recherches approfondies dans ce très important domaine, leur perspicacité et l'autorisation qu'ils nous ont donnée d'utiliser les résultats de leurs travaux. En deuxième lieu, nous aimerions remercier le *Journal de l'Armée du Canada* ainsi que la *Revue militaire canadienne*, et tout particulièrement son rédacteur en chef, David Bashow, et sa gérante de publication, Monica Muller, qui nous ont fourni de la matière pour le présent ouvrage.

Toute notre gratitude va également aux professeurs et documentalistes de Bibliothèque et Archives Canada, de la Direction de l'histoire et du patrimoine et du Collège militaire royal du Canada. Enfin, nous remercions Ann-Marie Beaton de la Presse canadienne qui nous a aidés à obtenir la permission d'utiliser les photographies qui ornent la couverture.

En dernier lieu, nous voulons remercier tous ceux qui ont pris le temps de partager avec nous leurs expériences, réflexions et commentaires qui font toute la richesse du présent ouvrage. Nous vous serons à jamais redevables de votre contribution.

TABLE DES MATIÈRES

AVANT-PROPOS PAR COLONEL DAVID BARR   11

INTRODUCTION   13

PARTIE I
    Fondement théorique afin de comprendre les Forces
    d'opérations spéciales

CHAPITRE 1   19
    Forces d'opérations spéciales:
        élucider une énigme
    Bernd Horn

CHAPITRE 2   39
    Le recrutement pour les Forces d'opérations spéciales
    Tony Balasevicius

CHAPITRE 3   63
    Comprendre l'excellence:
        entraînement des SOF
    Tony Balasevicius

CHAPITRE 4   93
    Sortir des sentiers battus:
        comprendre le leadership des SOF
    Tony Balasevicius

CHAPITRE 5   121
    Le choc des cultures:
        le fossé séparant les forces traditionnelles et les Forces d'opérations spéciales
    Bernd Horn

CHAPITRE 6   153
    Quand survient le cessez-le-feu:
        miser sur la Force d'opérations spéciales pour réussir l'après-guerre
    Bernd Horn

PARTIE II
    Contexte historique

CHAPITRE 7   163
    Les anges de la revanche:
        les Forces d'opérations spéciales deviennent la force de choix
    Bernd Horn

CHAPITRE 8   185
    Qui a vu le vent?
        Survol historique des opérations spéciales canadiennes
    Sean M. Maloney

CHAPITRE 9   205
    Des forces invariablement noires?
        Observations sur l'expérience du Canada dans le domaine des Forces d'opérations spéciales (SOF).
    Michael A. Hennessy

CHAPITRE 10   215
    Les Forces d'opérations spéciales:
      congruentes, prêtes et précises
    Jamie W. Hammond

PARTIE III
    La voie à suivre pour les Forces d'opérations spéciales canadiennes

CHAPITRE 11   245
    Est-ce une mission impossible?
      Trouver des Forces spéciales pour l'armée de terre canadienne
    Tony Balasevicius

CHAPITRE 12   273
    Les besoins changeants des forces d'opérations spéciales du Canada:
      un document de conception pour l'avenir
    J. Paul de B. Taillon

CHAPITRE 13   299
    Forces d'opérations spéciales du Canada:
      un plan pour l'avenir
    Bernard J. Brister

CONCLUSION   317

CONTRIBUTEURS   325

GLOSSAIRE DES ACRONYMES ET ABRÉVIATIONS   329

INDEX   333

AVANT-PROPOS

par colonel David Barr

C'est aujourd'hui presqu'un cliché d'affirmer que le monde a changé dramatiquement depuis l'attaque lancée par des terroristes contre les tours jumelles du *World Trade Center*, le 11 septembre 2001. Cependant, la nouvelle de cet acte haineux a eu des répercussions terribles dans le monde entier, y compris au Canada. Le cataclysme du 11 septembre 2001, ainsi que ses conséquences immédiates, a changé la manière dont nous percevons désormais le monde. Il constitue également un facteur clef dans la détermination du type de forces militaires dont le Canada, en tant que pays souverain, a besoin pour défendre ses intérêts nationaux et internationaux.

Il n'est donc pas étonnant de constater qu'au moment où s'opère une transformation majeure dans les Forces canadiennes, l'établissement d'un Commandement des Forces d'opérations spéciales du Canada (COMFOSCAN) soit un élément significatif de la reconfiguration en cours. Ce nouveau commandement fournit au pays des forces d'opérations spéciales agiles, à haut niveau de préparation, capables de mener des opérations spéciales dans l'ensemble du spectre d'intensité des conflits, à l'échelle nationale et internationale. Cependant, toutes efficaces qu'elles se sont révélées être partout dans le monde, ces forces sont encore bien mal comprises des milieux traditionnels militaires et politiques ainsi que de la population en général.

C'est pour cette raison que je suis enchanté de présenter *Lumières sur les forces de l'ombre: Une perspective canadienne sur les Forces d'opérations spéciales* (SOF). Cet ouvrage fécond lève le voile sur les forces d'opérations spéciales. Avec concision, il livre une analyse extrêmement bien documentée de la théorie et de l'histoire des SOF et révèle des perspectives d'un vif intérêt sur les enjeux actuels et futurs de ces forces. Autre atout d'une importance capitale, les auteurs de l'ouvrage, qui sont des spécialistes reconnus du domaine, adoptent une perspective distinctement canadienne. Essentiellement, l'ouvrage est une sorte d'abécédaire qui constitue une base solide pour comprendre les SOF qui, dans le contexte de sécurité présent et futur, sont devenues des forces de premier plan.

Le commandant du COMFOSCAN
colonel David Barr

INTRODUCTION

Les Forces d'opérations spéciales (SOF) n'ont jamais fait partie intégrante de la puissance militaire du Canada. Bien que des unités aient été créées à certaines époques de l'histoire, elles ont toujours existé dans l'ombre, à peine acceptées. En effet, elles ont presque toujours été marginalisées. En ce sens, le Canada n'a pas agi bien différemment d'autres pays. Il n'est donc pas surprenant que les forces militaires classiques, qui se plaisent dans l'uniformité et la normalisation, se soient toujours méfiées des organisations spéciales et uniques.

Toutefois, les tragiques attaques terroristes du 11 septembre 2001 contre les tours jumelles du *World Trade Center* à New York ont tout changé. Au lendemain de ces attaques, les SOF sont devenues les forces de choix. Leur souplesse inhérente, leur faible empreinte, leur sensibilisation culturelle et régionale et de nombreuses autres capacités impressionnantes en ont fait un multiplicateur de force dont l'incidence sur les opérations est bien supérieure au nombre de ses soldats. L'influence politique et réelle des SOF a même obligé leurs plus sérieux détracteurs à reconsidérer leur valeur.

Le Canada est un exemple parfait. À la suite des attaques du 11 septembre, pendant que les États-Unis menaient l'opération Enduring Freedom, qui est devenue la guerre au terrorisme, la presse et la population canadiennes n'ont cessé de critiquer le ministre de la Défense nationale du Canada, l'accusant de ne pas apporter une aide militaire adéquate aux États-Unis en Afghanistan. Un jour, frustré d'être continuellement harcelé, le ministre a déclaré que des « commandos » canadiens avaient en fait été déployés pour appuyer les efforts des États-Unis. Cette révélation a complètement surpris les Canadiens. Même si très peu d'entre eux connaissaient l'existence de telles forces, tous semblaient entièrement satisfaits, voire fiers que leur pays fasse sa part. Chaque fois qu'il en a eu la chance par la suite, le ministre a mentionné la participation de la FOI 2, une force qui était jusqu'alors ultra-secrète et peu connue. Comme il fallait s'y attendre, il a immédiatement pressé la chaîne de commandement militaire de doubler l'effectif de l'unité. Après tout, c'était presque trop beau pour être vrai. La petite force très compétente a gagné en crédibilité et s'est fait du capital politique auprès des alliés, et a réussi à calmer la population canadienne, mais ne représentait qu'un engagement relativement petit sur le plan des effectifs et des ressources. Tout à fait selon le mode de guerre canadien!

Il est évident que l'heure des SOF est venue. À mesure que la guerre, les conflits et la paix changent, le rôle des SOF et le besoin de telles forces changent également. Les SOF représentent maintenant une composante décisive de la puissance militaire de n'importe quel pays. C'est d'ailleurs la raison pour laquelle la transformation des Forces canadiennes s'est traduite par la mise sur pied d'une capacité intégrée de SOF. La capacité de libération d'otages, à l'origine limitée et que la FOI 2 avait reprise du Groupe spécial des interventions d'urgence (GSIU) de la Gendarmerie royale du Canada en 1992, est devenue le Commandement des forces d'opérations spéciales du Canada. Cette nouvelle formation comprend un certain nombre d'unités et de capacités distinctes qui sont déjà en place ou qui sont en voie d'être créées, dont la FOI 2; un régiment d'opérations spéciales du Canada; un escadron d'aviation tactique spécial; une compagnie nucléaire, biologique et chimique (NBC) interarmées ainsi que le quartier général de formation et les fonctions et organisations de soutien nécessaires. Parmi les missions des SOF canadiennes, mentionnons la lutte contre le terrorisme, la contre-prolifération (p. ex., les armes de destruction massive), la reconnaissance spéciale, l'action directe, l'évacuation sans combat ainsi que l'aide diplomatique et militaire en matière de défense.

Malgré le fait qu'elles se soient développées, les SOF sont incomprises. Par exemple, la plupart des gens, militaires ou civils, ne comprendront pas les organisations et les fonctions des SOF canadiennes énumérées ci-dessus. Ils ne comprendront pas non plus les raisons d'établir et de développer ces unités spéciales. Ils se poseront inévitablement la question suivante: « Pourquoi établir de nouvelles organisations pour ces fonctions quand il est possible d'y affecter des unités qui existent déjà? ».

Le présent livre a pour but de répondre à des questions semblables. Il est composé de textes sur les SOF, dont certains ont déjà été publiés sous forme d'articles, alors que d'autres ont été écrits particulièrement pour l'occasion. Il faut toutefois noter que chacun des chapitres est indépendant des autres et aborde une question ou un sujet précis lié aux SOF. Tous les textes ont été rédigés par des personnes qui possèdent des connaissances spécialisées dans le domaine. Dans son ensemble, le livre fournit une foule de renseignements et de connaissances sur les SOF canadiennes et devrait permettre aux lecteurs militaires ou civils de bien comprendre les SOF.

Le livre est divisé en trois sections. La première section fournit un contexte théorique (c.-à-d. définitions, exigences liées à la sélection et à l'entraînement, etc.) et aborde de nombreuses questions actuelles qui sont importantes pour comprendre la nature dynamique des SOF. La deuxième section offre une perspective historique de l'évolution des SOF dans le monde et au Canada. Il s'agit d'une section importante, car en plus d'expliquer l'origine et l'évolution des SOF, elle décrit l'hostilité et les obstacles institutionnels auxquelles les SOF se sont toujours heurtées. Finalement, la troisième section présente divers points de vue sur le besoin futur de SOF et insiste sur le cas du Canada.

En fait, il s'agit du premier livre sur les SOF canadiennes. Il a été rédigé pour combler un manque et devrait servir à informer, à éduquer et à pousser aux discussions et débats sur le rôle en constante évolution des SOF dans les Forces canadiennes. Aussi longtemps que la guerre au terrorisme se poursuivra et que le Canada continuera de jouer un rôle dans les opérations de coalition dans le monde entier, les SOF demeureront au premier rang de l'aide apportée par le Canada. Pour une efficacité accrue, les opérateurs et les personnes qui les embaucheraient doivent absolument comprendre tous les aspects des SOF. Il est à espérer que le présent document aidera à atteindre cet objectif.

Partie I

Fondement théorique afin de comprendre les Forces d'opérations spéciales

Chapitre 1

Forces d'opérations spéciales:
élucider une énigme

Colonel Bernd Horn

Nous irons
Toujours un peu plus loin: cela pourrait être
Au-delà de la dernière montagne bleue striée de neige,
À travers cette mer en colère ou scintillante.

Flecker

La guerre contre le terrorisme, en particulier la campagne terrestre en Afghanistan qui a commencé à l'automne 2001, après les attaques catastrophiques contre les tours jumelles du *World Trade Center*, à New York, a accompli en très peu de temps ce que plus de 50 ans de lobbying et d'activités à la périphérie des opérations militaires n'ont pas réussi à faire: elles ont convaincu les commandants militaires et les décideurs que les Forces d'opérations spéciales (SOF) ne sont pas seulement des forces viables, mais qu'elles pourraient en fait devenir les forces de choix. Même au Canada, le concept des Forces d'opérations spéciales a joui d'un appui considérable, du moins au début. Notre contribution initiale à la guerre terrestre, la Deuxième Force opérationnelle interarmées (FOI 2), a fait l'objet d'éloges de la part du ministre de la Défense nationale qui en parlait comme de notre unité de commandos d'élite. Du jour au lendemain, cette unité ultra-secrète a été présentée comme une force stratégique nationale. Sa capacité de se déployer rapidement, de travailler avec des forces de coalition et de s'adapter rapidement à un contexte étranger et très hostile lui a valu le respect du public en général. La perception quant à ses réussites, à son utilité et à sa pertinence a également amené le ministre à en autoriser l'expansion au point de la doubler!

C'est la frénésie et le battage médiatique initiaux, frôlant la réaction convulsive à ce qui semblait être encore une autre vague d'incantations sur la façon dont le conflit avait changé, qui a déclenché une autre ruée vers la création d'une capacité de forces d'opérations spéciales au sein des Forces canadiennes (FC). Cette première vague a par la suite été bloquée par un examen de la défense, ainsi que par un parti pris institutionnel enraciné contre de telles forces. Néanmoins, il est difficile d'arrêter un concept dont l'heure est venue. Bien que la transformation des FC ait commencé il y a des années, elle a reçu une impulsion spectaculaire du Général Rick Hillier lorsque ce dernier a été nommé chef d'état-major de la Défense (CEMD), en 2004. La création d'un Commandement des Forces d'opérations spéciales du Canada (COMFOSCAN) faisait partie intégrante de cette transformation.

Ainsi, le Canada, comme ses alliés, s'est mis à croire aux forces d'opérations spéciales et à y investir. Cela n'a rien de surprenant. Après tout, durant la frénésie qui a suivi la tragédie du 11 septembre 2001, à New York, quand les images des membres fortement armés, bien que vêtus de façon particulière, des forces d'opérations spéciales étaient projetées au réseau CNN et publiées dans des revues à l'échelle mondiale, le public et bien des militaires ont pris connaissance pour la première fois du concept des forces d'opérations spéciales ainsi que de leur puissance et de leur pertinence inhérentes quant à l'espace de combat moderne. Les journalistes se servaient souvent d'images colorées et très spectaculaires pour décrire les forces d'opérations spéciales. Ainsi, un de leurs thèmes récurrents décrivait les forces d'opérations spéciales comme « ... les gens les plus coriaces, les plus intelligents, les plus secrets, les mieux en forme et les mieux équipés qui tuaient à tout coup... »[1]. Pourtant, on n'a jamais abordé une définition ou une explication claire et complète de ce que sont vraiment ces forces. On tenait généralement pour acquis que tout le monde savait ce que signifiait l'expression. Mais était-ce le cas?

Même aujourd'hui, après ces événements cataclysmiques, le sujet des forces d'opérations spéciales ne manque jamais de susciter des émotions. Bien trop souvent, le débat est assombri par la polarité séparant les deux côtés, soit ceux qui appuient le concept par opposition à ceux qui perçoivent les forces d'opérations spéciales comme des divas dorlotées qui représentent une élite incestueuse, qui sont beaucoup trop spécialisées et qui dévorent beaucoup trop de ressources limitées. Une lutte continuelle pour ce qui est d'analyser objectivement la valeur, l'utilité et la pertinence des forces d'opérations spéciales en est résulté. La controverse entourant l'importance des forces d'opérations spéciales commence par leur définition. L'expression forces d'opérations spéciales signifie tout simplement diverses choses selon les personnes. De plus, il y a souvent de la confusion relativement aux concepts, aux entités et aux expressions comme forces d'opérations spéciales, forces spéciales, forces aéroportées, unité de reconnaissance, élite, contre-terrorisme, anti-insurrectionnel, opérations derrière les lignes ennemies, guérilla et guerre non conventionnelle. En fait, une bonne partie de la documentation, dans ce domaine, soit suppose une compréhension des diverses expressions, soit les utilise de façon interchangeable ou les deux. Le mauvais usage le plus courant est la transposition des termes forces d'opérations spéciales et forces spéciales. La confusion devient encore plus évidente alors que bien des gens utilisent l'expression forces spéciales correctement pour désigner des forces comme les « bérets verts » américains, tandis que d'autres l'utilisent pour parler de forces qui sont simplement « spéciales » (c.-à-d. particulières ou différentes). Bien que toutes les forces spéciales (p. ex. les bérets verts) soient par nature des forces d'opérations spéciales, les organismes relevant de forces d'opérations spéciales ne sont pas nécessairement tous des forces spéciales. Nous devons tenir compte de cette réalité en discutant de la question plus générale des forces d'opérations spéciales.

L'origine de cette confusion devient facilement apparente si l'on examine les racines historiques du débat. Le Colonel Aaron Bank a combattu l'imprécision du concept des opérations et des organismes liés aux forces d'opérations spéciales dans sa lutte visant à établir les forces spéciales américaines, comme nous l'avons mentionné ci-dessus, qu'on appelle communément les « bérets verts ». Il a observé que l'expression opérations spéciales, telle qu'elle était interprétée par d'autres, était un terme fourre-tout « comprenant des opérations par temps froid, de la guerre en montagne ainsi que des opérations amphibies, aéroportées, de Rangers et de commandos »[2]. Le Colonel Bank a commenté l'expression comme ayant « un sens carrément trop vaste et trop englobant! »[3]. Le Colonel J.W. Hackett a ajouté à ce vide prédominant de pensée approfondie quant aux forces d'opérations spéciales. Il a établi que leur rôle consiste « à nuire à l'application la plus efficace des ressources de l'ennemi en temps de guerre et à retirer des avantages dans le recours à nos propres ressources »[4]. Ajoutant à la confusion, M.R. D. Foot, historien britannique et agent de renseignements en temps de guerre travaillant pour le compte des SAS, a tenté de définir les forces d'opérations spéciales en fonction de leurs activités. Il a ainsi affirmé que les opérations spéciales « sont des coups peu orthodoxes... des gestes de violence imprévus, habituellement montés et exécutés à l'extérieur de l'institution militaire du moment »[5]. Enfin, le Lieutenant-général américain William E. Yarborough a déclaré que « la guerre spéciale constitue un art ésotérique en soi »[6]. Il a déjà décrit le soldat des forces spéciales comme étant « un homme qu'on peut placer seul dans une région sauvage, muni seulement d'un couteau et livré à lui-même, et qui émerge quelque temps plus tard, menant une force de combat entièrement formée et pleinement équipée »[7]. Inutile de dire qu'il y avait un manque profond de clarté.

Pour beaucoup cependant, les opérations spéciales et les forces chargées de leur exécution avaient une portée très étroite. Le Général Collins, qui était chef d'état-major de l'armée américaine en 1951, était représentatif d'une perception militaire courante. Il a défini les opérations des forces spéciales comme étant celles « qui sont menées à l'intérieur des lignes ennemies ou derrière celles-ci »[8]. Beaucoup de théoriciens et d'érudits partageaient ce point de vue restreint. Une étude des opérations de commandos (opérations spéciales), durant la période allant de 1939 à 1980, a permis d'observer que les opérations spéciales sont des « gestes de guerre autonomes qui sont montés par des forces autonomes fonctionnant au sein d'un territoire ennemi »[9]. Terry White a renforcé cette idée. Les « forces spéciales », a-t-il expliqué, « sont des gens qui reçoivent une formation spécialisée en vue d'exécuter des tâches derrière les lignes ennemies, pour appuyer des opérations militaires conventionnelles ou une campagne anti-insurrectionnelle »[10]. Le Major-général Julian Thompson, ancien membre des Royal Marine Commando et auteur de *War Behind Enemy Lines*, est d'accord. Il croit que les forces spéciales, que l'on crée généralement à cause de l'appui enthousiaste d'un commandant militaire de très haut rang, ne s'occupent que d'opérations derrière les lignes ennemies. Cependant, il a également défini les forces d'opérations spéciales selon leur fonction, à savoir: l'action offensive, la collecte de renseignements et le travail en collaboration avec des résistants indigènes[11].

D'autres écoles de pensée ont cependant émergé. James Lucas, auteur bien connu sur des sujets militaires, en particulier les unités et les organismes allemands impliqués dans la Deuxième Guerre mondiale, a établi trois critères relativement aux forces spéciales: unités d'un organe de service conventionnel qu'on a groupées pour former un détachement de combat exclusif; celles qui mènent des opérations en recourant à des tactiques ou à des armes d'une nature originale; les unités qu'on a montées pour mener un genre précis d'opération militaire (p. ex. un groupe de guérilla comme les *Werewolf*)[12]. M. Lucas fait également remarquer que les forces d'opérations spéciales « ont le halo du succès... recrutent discrètement et acceptent seulement les rares personnes qui atteignent les normes inhabituelles établies »[13]. Il ajoute: « Elles ont la réputation d'une dureté à toute épreuve »[14]. De même, l'auteur et analyste militaire James Dunnigan réduit les forces d'opérations spéciales aux « troupes les plus capables qu'on envoie s'occuper des missions les plus difficiles »[15]. C'est pourquoi Terry White argumente que « les forces d'opérations spéciales de l'Armée comprennent des unités d'infanterie légère d'élite comme les rangers, les commandos et les parachutistes servant à effectuer des opérations-chocs: frappes, raids, embuscades et saisie temporaire de ponts, de carrefours et de centres de résistance »[16].

Sur le même modèle, le Colonel américain à la retraite John M. Collins, qui a également été spécialiste supérieur de la défense nationale au *Congressional Research Service*, explique:

> Les forces d'opérations spéciales aident à former le contexte de sécurité internationale, à préparer en vue d'un avenir incertain et à réagir avec précision quant à une gamme de crises potentielles. Une formation et des aptitudes particulières leur permettent de fonctionner dans des situations où l'on ne peut utiliser les unités conventionnelles, pour des raisons politiques ou militaires. De plus, elles accordent une priorité au recours à la finesse plutôt qu'à la force brute et elles possèdent des capacités manifestes, indirectes et clandestines qu'on ne trouve nulle part ailleurs au sein des forces armées[17].

Pour venir compliquer la question davantage et ajouter au bourbier des perceptions et des illusions, une autre interprétation vient décrire et définir le domaine des forces d'opérations spéciales dans le contexte de l'élitisme. L'éminent érudit Eliot Cohen, dans son riche et original ouvrage intitulé *Commandos and Politicians*, a utilisé l'expression « unités d'élite » pour décrire les opérations et les organismes liés aux forces d'opérations spéciales. Le concept d'élite était au cœur de son interprétation et de sa description des activités et des membres des forces d'opérations spéciales. M. Cohen a élaboré des critères précis pour définir les unités d'élite. « D'abord », a-t-il écrit, « une unité atteint le niveau d'élite quand on lui assigne toujours des missions spéciales ou inhabituelles, en particulier des missions qui sont ou qui semblent être extrêmement dangereuses. C'est pourquoi les unités aéroportées sont depuis longtemps considérées faire partie de l'élite, puisque sauter en parachute est une façon particulièrement dangereuse d'aller au combat. Deuxièmement, les unités d'élite effectuent des missions qui exigent seulement quelques hommes, lesquels doivent respecter des normes élevées d'entraînement et d'endurance physique, en particulier cette dernière. Troisièmement, une unité accède au niveau d'élite seulement quand elle acquiert une réputation, justifiée ou non, de bravoure et de succès. »[18]. Le stratège Colin Gray insiste cependant sur le fait que « le terme élite, comme qualité, se rapporte directement à la norme de sélection, non pas à l'activité pour laquelle les soldats sont choisis ». Il affirme: « Les forces d'opérations spéciales doivent être des forces d'élite, mais les forces d'élite ne sont généralement pas des forces d'opérations spéciales »[19].

Inversement, l'historien militaire Douglas Porch croit que les mesures classiques du statut d'élite sont des points de référence comme « des réalisations sur le champ de bataille, une compétence militaire ou des fonctions militaires spécialisées »[20]. Eric Morris, qui est également historien, est d'accord. Il décrit les forces d'opérations spéciales comme des unités d'élite en vertu du fait qu'elles doivent démontrer « une prouesse et une compétence militaire d'un niveau plus élevé que celui des bataillons plus conventionnels »[21]. David Pugliese, le journaliste de la défense canadienne, était d'accord. Il a défini les forces d'opérations spéciales comme « des combattants militaires les plus d'élite et les plus compétents et certainement énigmatiques »[22].

Dans leur forme la plus pure, les unités d'élite représentent « la partie de choix ou la partie sélectionnée le plus soigneusement d'un groupe »[23]. Les sociologues et les politicologues ont eu tendance à définir les élites comme étant une minorité cohésive, tout groupe ou toute société donnée, qui détient le pouvoir de décision. Ils affirment de plus que les principales forces d'une élite donnée résident dans son autonomie et sa cohésion, lesquelles proviennent d'une exclusivité qui est protégée par des normes d'admission rigoureuses. Les élites sont extrêmement homogènes et elles se perpétuent[24]. Bref, le terme élite a la connotation d'une minorité choisie au sein d'un groupe ou d'une société qui détient un statut et des privilèges particuliers. Traditionnellement, cela a signifié les personnes qui détenaient le pouvoir politique, économique et administratif au sein d'une société[25]. Bien que certains des éléments soient représentatifs des forces d'opérations spéciales, ce n'est toujours pas une explication complète.

L'opinion de l'auteur et analyste militaire Mark Lloyd se rapporte quelque peu à cette approche. Il insiste pour dire que les forces comme les forces d'opérations spéciales, qu'il qualifie aussi d'élite, sont devenues de plus en plus spécialisées et secrètes durant la deuxième moitié du 20e siècle. Il a divisé à son tour les forces d'opérations spéciales en trois catégories: forces spéciales capables de fonctionner dans n'importe quel théâtre dans le monde; forces conçues et formées à des fins particulières, en vue d'un seul genre de guerre; unités de désignation particulière formées et équipées en vue d'une seule opération, qu'il décrit comme un phénomène de temps de guerre[26].

L'historien australien D.H. Horner a eu recours à une tactique comparable. Il croyait que les Forces d'opérations spéciales renvoyaient à une combinaison de forces d'action spéciales « qui jouent des rôles opérationnels qui ne sont pas normaux pour des forces conventionnelles » (c.-à-d. SAS et commando et unités de transmissions des forces spéciales) et forces spéciales, lesquelles comprenaient « le personnel militaire ayant subi une formation polyvalente et acquis des compétences militaires spécialisées, organisé en petits détachements polyvalents ayant pour mission de former, d'organiser, de fournir, de diriger et de contrôler les forces indigènes lors d'opérations anti-insurrectionnelles et de guérilla ainsi que de mener des opérations de guerre non conventionnelle »[27]. Le stratège Colin Gray était du même avis. Il a fait remarquer que les forces d'opérations spéciales « entreprennent des missions que les forces régulières ne peuvent pas effectuer ou bien ne peuvent effectuer à un coût acceptable »[28].

De nombreux autres analystes militaires, chercheurs et érudits ont suivi une approche semblable. Essentiellement, ils ont reconnu que certaines unités, en raison de la qualité de leur personnel, de leur entraînement ou de leur mission, ne sont pas représentatives de leurs consœurs conventionnelles. Elles sont donc d'office étiquetées comme des organismes des forces d'opérations spéciales et on leur conférait également d'office le statut d'élite[29].

Un certain nombre de thèmes récurrents sont devenus évidents. D'abord, on met l'accent sur les forces d'opérations spéciales comme étant celles qui fonctionnent derrière les lignes ennemies. Deuxièmement, il y a le concept d'organismes d'élite. Troisièmement, il y a l'idée d'expertise et d'entraînement particuliers. À ce titre, le correspondant de la défense Christopher Bellamy a décrit « les forces [d'opérations] spéciales » comme étant « des unités volontaires petites et hautement motivées qui possèdent une formation ou une expertise particulière... »[30]. De ce fait, Tom Clancy, l'auteur et analyste militaire américain respecté a écrit: « Elles [les Forces d'opérations spéciales] sont spécialement choisies, spécialement formées et spécialement équipées et on leur donne des missions et un soutien particuliers. En créant des unités spécialisées et superbement entraînées en vue de rôles, de tâches et de missions spécialisés, on peut demander à des unités plus petites et plus dédiées de s'occuper de problèmes qui vont au-delà des capacités des forces polyvalentes générales »[31].

L'étude et l'analyse soutenues des forces d'opérations spéciales ont créé des dimensions supplémentaires qui, bien qu'elles englobent des thèmes récurrents, ont également commencé à cerner la nature en évolution des forces d'opérations spéciales depuis la mentalité de raid de commandos de la Deuxième Guerre mondiale qu'elle était, jusqu'à l'usage de ces forces quant à des objectifs politiques, économiques ou de renseignements dans un contexte politique très opposé aux risques. Le Capitaine de vaisseau William H. McRaven, ancien commandant des SEAL et auteur de *Spec Ops*, a défini les opérations spéciales comme étant celles « ... qui sont menées par des forces spécialement entraînées, équipées et appuyées quant à une cible précise dont la destruction, l'élimination ou la libération (dans le cas d'otages) constitue un impératif politique ou militaire »[32]. Il a maintenu une orientation d'action directe quelque peu limitée qui insistait sur le fait que toutes les opérations spéciales sont menées contre des positions fortifiées[33]. Cette approche met l'accent sur l'entraînement et sur des exercices visant à pénétrer les défenses respectives. Robin Neillands, auteur, journaliste et ancien membre des *Royal Marine Commando*, a expliqué qu'un membre des forces spéciales ou des forces d'opérations spéciales (il a incorrectement traité les deux comme étant la même chose):

> Se définit par son rôle et son entraînement. C'est un soldat qui agit généralement au sein de petits groupes, souvent la nuit, derrière les lignes ou dans un rôle d'attaque amphibie ou de parachutistes. Il utilise de la technologie convenant à la tâche à

exécuter... Il est hautement compétent quant aux techniques militaires nécessaires, bien que son entraînement vise surtout la guerre irrégulière, la reconnaissance et les raids... Le soldat des forces spéciales est avant tout un homme de combat bien entraîné[34].

Essentiellement, les deux définitions suivent une orientation technique qui se concentre sur l'entraînement et l'organisation. Cette approche, comme les autres que nous avons déjà mentionnées, peut s'appliquer à de nombreuses forces, tant aux forces d'opérations spéciales qu'aux forces conventionnelles. Nous devons cependant noter que M. Neillands commence à expliquer l'essentiel des forces d'opérations spéciales, notamment sur le soldat particulier. Cela va bientôt ressortir.

Il y a une approche à la définition des forces d'opérations spéciales que nous devons aborder. C'est une approche qu'on favorise souvent quand vient le temps de citer des définitions officielles, normalement celles de militaires des É.-U. ou de l'OTAN. La faiblesse, cependant, tient au fait que la plupart des définitions officielles sont vastes et englobantes, parce qu'elles cherchent souvent plus à faire le consensus au sein de leur groupe de travail respectif ou au sein des artisans de la politique ainsi qu'à éviter les désaccords, qu'à compiler une définition concise et définitive. Cette approche donne cependant une perspective sur les forces d'opérations spéciales qui est acceptée aux points de vue de la doctrine et de la politique. Ainsi, une définition, rédigée dans un manuel destiné au Congrès et au *American Special Operations Panel*, définit les forces d'opérations spéciales comme suit:

> De petites unités militaires, paramilitaires et civiles qui sont soigneusement choisies et dont les membres possèdent des compétences inhabituelles (parfois exclusives), qui sont entraînées au superlatif à des fins précises plutôt que générales, et qui sont conçues pour entreprendre des tâches non orthodoxes que des unités ordinaires ne pourraient accomplir qu'avec beaucoup plus de difficulté et beaucoup moins d'efficacité ou pas du tout[35].

Selon la définition officielle de l'OTAN qui figure dans le document *AJP-1(A) Combined SOF Concept 3200* (mars 1997), les forces d'opérations spéciales sont:

[des forces qui procurent] une capacité souple, polyvalente et unique en son genre, qu'on les utilise seules ou comme complément d'autres forces ou organismes, pour atteindre des objectifs militaro-stratégiques ou opérationnels. Contrairement aux opérations conventionnelles, les opérations spéciales sont généralement petites, précises, adaptables et innovatrices, pour qu'on puisse les mener de façon clandestine, indirecte ou discrète[36].

L'ancien commandant des *United States Special Operations Command* (USSOCOM) a déclaré que « aujourd'hui, les forces d'opérations spéciales offrent des compétences particulières, des tactiques non conventionnelles; de petites unités, pouvant se déployer rapidement; et des capacités exclusives qui les distinguent des forces conventionnelles »[37]. De même, le commandant du *US Army Special Operations Command* (USASOC) a écrit que « les forces spéciales… sont particulièrement entraînées et préparées pour mener des missions de défense intérieure à l'étranger, de guerre non conventionnelle, de reconnaissance spéciale et d'action directe »[38]. Ces définitions officielles se concentrent clairement sur les capacités ou sur un ensemble de compétences non conventionnels.

La définition américaine officielle, qui figure dans *Doctrine for Joint Operations* relativement aux opérations spéciales, fait la lumière sur le concept corollaire des Forces d'opérations spéciales. Elle révèle que:

des opérations [spéciales] sont menées par des forces militaires et paramilitaires spécialement organisées, entraînées et équipées pour atteindre des objectifs militaires, politiques, économiques ou psychologiques, grâce à des moyens militaires non conventionnels, dans des régions hostiles, d'accès interdit ou délicates au point de vue de la politique. Ces opérations sont menées en vertu de la concurrence en temps de paix, lors de conflits et de guerres, indépendamment ou en collaboration avec des opérations de forces conventionnelles non spéciales. Les considérations politico-militaires donnent souvent forme à des opérations spéciales exigeant le recours à des techniques clandestines, indirectes ou peu visibles ainsi qu'à la surveillance au niveau national. Les opérations spéciales diffèrent des opérations conventionnelles quant au degré de risques physique et politique, aux techniques opérationnelles, aux modes de dotation, à l'indépendance par rapport à un soutien amical et à la dépendance envers des renseignements opérationnels détaillés et des éléments d'actifs indigènes[39].

Elle révèle de plus huit grands rôles qui définissent les forces d'opérations spéciales américaines.

Action directe. Des opérations manifestes, indirectes, clandestines ou peu visibles qui sont menées... dans des régions ennemies ou d'accès interdit. (p. ex. raids, embuscades, assaut direct, sabotage, attaques à distance à partir de l'air et du sol).

Reconnaissance stratégique. Vise à recueillir des renseignements précis, bien définis et à durée de vie critique revêtant de l'importance au niveau de la nation ou du théâtre. (Elle dépend surtout d'agents de renseignements humains.)

Guerre non conventionnelle. Peut remplacer, compléter ou augmenter des opérations militaires conventionnelles. Elle met en cause de l'aide indirecte, clandestine ou à profil bas envers des insurgés. Les raids, le sabotage, la tromperie et les techniques de survie sont des éléments clés de la guerre non conventionnelle.

Défense intérieure à l'étranger. La contrepartie de défense stratégique de la guerre non conventionnelle. Il s'agit essentiellement d'aider des puissances étrangères à prévenir ou à vaincre des insurrections, de l'anarchie et des mouvements de résistance choisis.

Contre-terrorisme. Le contre-terrorisme peut être réactif ou servir à attaquer des terroristes avant que ceux-ci ne frappent. Il met l'accent sur la protection passive du personnel et des installations, mais l'élément passif n'est pas considéré être une fonction des Forces d'opérations spéciales.

Recherche et sauvetage de combat (RESCO). La récupération de personnel militaire en détresse, sur terre ou en mer, dans des conditions difficiles.

Opérations psychologiques. L'utilisation réfléchie d'information et de mesures pour influencer les émotions, l'attitude et le comportement d'auditoires cibles, de façon à atteindre plus rapidement des objectifs de sécurité en temps de paix et en temps de guerre.

Affaires civiles. Le soutien envers des opérations humanitaires et civiques.

Pour glaner l'approche doctrinale quant aux forces d'opérations spéciales, nous pouvons également voir une définition des opérations spéciales qui a été adoptée au Canada, laquelle est en accord avec la politique de l'OTAN:

> Activités militaires exécutées par des forces spécialement constituées, organisées, entraînées et équipées, dont les techniques opérationnelles et la dotation en personnel ne sont pas conformes à celles des forces traditionnelles. Ces activités qui couvrent toute la gamme des opérations militaires sont menées indépendamment ou coordonnées avec les opérations des forces traditionnelles. Les unités des forces d'opérations spéciales constituent des atouts stratégiques qui n'ont pas la taille ni le matériel qui leur permettraient de participer directement aux grandes batailles. Elles sont créées à partir de personnes choisies soigneusement et très bien entraînées et elles dépendent de renseignements, d'opérations furtives, de surprise et de souplesse opérationnelle pour atteindre leurs objectifs[40].

Enfin, la perception des forces d'opérations spéciales qu'a *l'Australian Defence Force* fournit encore un autre exemple doctrinal:

> en tant que personnel militaire spécialement choisi, entraîné à une vaste gamme d'aptitudes de base et spécialisées, qui sont organisées, équipées et entraînées pour mener des opérations spéciales (« mesures et activités qui sont menées par des forces spécialement entraînées, organisées et équipées pour atteindre des objectifs militaires, politiques, économiques ou psychologiques grâce à des moyens qui se trouvent hors de la portée des forces conventionnelles. Ces opérations peuvent être menées en temps de paix, de conflit et de guerre, indépendamment des forces conventionnelles ou de pair avec ces dernières et d'autres ministères du gouvernement[41].

Les définitions doctrinales que nous avons données, y compris les rôles de clarification, font écho à de nombreux concepts antérieurs, en particulier à la notion d'entraînement spécialisé et d'organisation, de techniques et de dotation inhabituelles ainsi qu'à l'idée de domaines d'opérations spécialisés. Cependant, elles mettent aussi l'accent sur l'élément politique et sur la sphère de leur usage en temps de paix, de conflit ou de guerre. En outre, elles amènent particulièrement l'idée d'une surveillance et d'une autorisation politiques. De plus, elles établissent l'idée que le risque lié à l'emploi même définit en soi les forces d'opérations spéciales comme étant « spéciales ».

À ce titre, l'évolution de la définition des forces d'opérations spéciales émerge, en particulier la complexité et le caractère particulier des forces d'opérations spéciales. Colin Gray a correctement cherché une façon plus élargie de voir les forces d'opérations spéciales lorsqu'il a avancé l'idée suivante: « pour acquérir une compréhension suffisamment holistique des opérations spéciales, il est utile d'y penser à trois points de vue: un état d'esprit, des forces et une mission »[42]. Dans cet ordre d'idées, le secrétaire à la défense américain William Cohen a, dans son *Annual Report to the President and Congress, 1998*, écrit que les forces d'opérations spéciales:

> sont les forces de choix dans les situations qui exigent une orientation régionale ainsi qu'une sensibilisation envers la culture et la politique, y compris les contacts entre militaires et les missions sans combat comme l'aide humanitaire, l'aide en matière de sécurité et les opérations de maintien de la paix », et sont « des diplomates-guerriers qui peuvent influencer, conseiller, entraîner et mener des opérations en collaboration avec des forces, des populations et des agents étrangers[43].

Ensemble, ces définitions commencent à dresser le portrait d'une composante qui va au-delà du paradigme traditionnel. Bien qu'on s'accorde à dire qu'une composante de la définition des forces d'opérations spéciales tient au fait qu'elles apportent des compétences particulières et des capacités exclusives qui dépassent la capacité des unités conventionnelles et qu'elles peuvent se déployer rapidement, en temps de paix comme en temps de guerre, la véritable nature des forces d'opérations spéciales se révèle chez les gens qui mènent les missions. Ce qui les distingue va au-delà de l'ensemble de compétences particulier qu'on peut enseigner aux unités conventionnelles, comme le parachutisme et les manœuvres anti-insurrectionnelles ou les exercices de combat rapproché. Le cœur des forces d'opérations spéciales tient plutôt aux capacités intellectuelles et philosophiques, à la façon de penser distincte des ses membres.

C'est pourquoi la sélection constitue un aspect si important des forces d'opérations spéciales. L'historien militaire James Ladd a fait remarquer que depuis le début, le fondement de la réussite des forces d'opérations spéciales est la norme élevée de sélection et l'entraînement méticuleux. Il a déclaré que l'objectif consistait à choisir et à produire les gens qui seraient capables de mener à bien une mission seuls si les autres membres du groupe se faisaient tuer ou mettre hors de combat[44]. Maintenant plus que jamais, les guerriers des forces d'opérations spéciales doivent aussi pouvoir fonctionner efficacement et avec succès dans des contextes instables, incertains, complexes, ambigus et dangereux, qu'on soit en temps de paix, de conflit ou de guerre, souvent avec un minimum d'orientation et de supervision. Il n'est donc pas surprenant que la sélection soit devenue un élément important dans l'identification et la définition des forces d'opérations spéciales. Par exemple, Charles Heyman, rédacteur en chef de *Jane's World Armies*, compte maintenant parmi les nombreuses personnes qui classent les forces d'opérations spéciales à partir du processus de sélection[45]. Le Major-général Miroslav Stojanovski, chef adjoint de l'état-major général, forces spéciales de l'armée macédonienne, est du même avis. « Le facteur humain est la clé; » a-t-il argumenté « sans le bon soldat, le meilleur matériel est inutile »[46].

En conséquence, on a élaboré un système à trois catégories universellement acceptées relativement aux forces d'opérations spéciales, lequel correspond en gros tant à la rigueur des normes de sélection qu'au rôle respectif lié à chaque catégorie. Par exemple, les forces d'opérations spéciales « de première catégorie » comprennent principalement des « opérations noires » ou opérations de contre-terrorisme de libération d'otages. Normalement, seulement 10 à 15 pour 100 des personnes franchissent avec succès le processus de sélection. Ce qui rend ce nombre si impressionnant est le fait qu'un fort pourcentage des postulants sont déjà membres des forces d'opérations spéciales de catégorie deux ou trois. Les organismes qui font partie de cette catégorie comprennent le *First Special Forces Operational Detachment* – Delta américain, le *Grenzschutzgruppe*-9 (GSG 9) allemand, la Deuxième Force opérationnelle interarmées (FOI II) du Canada et les commandos polonais *Grupa Reagowania*

Operacyjno Mobilnego (GROM) (groupe mobile d'intervention opérationnelle), pour n'en nommer que quelques-uns[47].

Les forces d'opérations spéciales « de deuxième catégorie » sont les organismes qui ont un taux de réussite à la sélection se situant entre 20 et 30 pour 100. On leur confie normalement des tâches de haute valeur comme la reconnaissance stratégique et la guerre non conventionnelle. C'est à ce niveau qu'on sépare la sélection de l'entraînement, l'ensemble de compétences étant jugé si difficile que les contrôleurs cherchent seulement des caractéristiques ne pouvant pas être inculquées. Les compétences réelles qui sont exigées peuvent s'enseigner plus tard, durant la phase d'entraînement. Parmi les exemples, mentionnons les *American Special Forces* (bérets verts), les SEAL américains ainsi que les SAS britanniques, australiens et néo-zélandais[48].

Le dernier groupe ou « troisième catégorie » comprend des unités comme les Rangers américains, qui ont un taux de réussite à la sélection de 40 à 45 pour 100, et dont la principale mission est l'action directe. À ce niveau, sélection et entraînement se complètent. C'est cependant ici qu'on trace la ligne du contrôle de la qualité. Les unités situées sous cette ligne ne sont généralement pas considérées faire partie des forces d'opérations spéciales[49]. C'est pourquoi les forces aéroportées ne sont habituellement pas jugées être des forces d'opérations spéciales, le taux de réussite actuel des postulants étant d'environ 70 pour 100[50].

En fin de compte, comment pouvons-nous définir les forces d'opérations spéciales? Il est généralement accepté que les forces d'opérations spéciales modernes sont des forces militaires et paramilitaires spécialement choisies, organisées, entraînées et équipées qui mènent des opérations spéciales très importantes et très risquées visant des objectifs militaires, politiques, économiques ou de renseignements, en général grâce à des moyens non conventionnels, dans des régions qui sont ennemies, dont l'accès est interdit ou qui sont délicates du point de vue politique, que ce soit en temps de paix, de conflit ou de guerre[51]. En outre, les forces d'opérations spéciales, telles qu'elles sont décrites ci-dessus, se définissent davantage à l'interne par un système à trois catégories qui repose sur des normes de sélection. Essentiellement, cependant, le soldat des forces d'opérations spéciales se définit par son rôle, par son intellect et par son approche philosophique de la guerre. En fin de compte, la question se résume aux personnes et aux équipes qui font en sorte de réussir.

NOTES

1 W. Walker, *Shadow warriors — Elite troops hunt terrorists in Afghanistan*, The Toronto Star, le 20 octobre, 2001, A4.

2 A. Bank, *From OSS to Green Berets: the birth of Special Forces*, Novato, CA, Presidio, 1986, 167.

3 *Ibid.*, 167.

4 Colonel J. W. Hackett, *The Employment of Special Forces*, Royal United Services Institute (RUSI), vol. 97, n° 585, février 1952, 28.

5 C. S. Gray, *Explorations in Strategy*, Londres, Greenwood Press, 1996, 151.

6 F. Barnet, B.H. Tovar et Richard H. Shultz, réd., *Special Operations In US Strategy*, Washington, DC, National Defence University Press, 1984, 299.

7 R. Moore, *The Hunt for Bin Laden. Task Force Dagger*, New York, NY, Ballantine Books, 2002, xviii.

8 A. H. Paddock, *U.S. Army Special Warfare. Its Origins*, Washington, D.C., National Defence University Press, 1982, 122. Il a déclaré que les opérations des forces spéciales pouvaient englober l'organisation et la conduite de la guérilla, de sabotage et de subversion, d'évasion et de fuite, les opérations semblables à celles des rangers et des commandos, la reconnaissance de longue portée ou de pénétration à longue distance et la guerre psychologique.

9 E.N. Luttwak, S.L. Canby et D.L. Thomas, *A Systematic Review of "Commando" (Special) Operations, 1939-1980*, Potomac, MD, C and L Associates, 1982, 147.

10 T. White, *Swords of Lightning: Special Forces and the Changing Face of Warfare*, Londres, Brassey's, 1997, 1.

11 J. Thompson, *War Behind Enemy Lines*, Londres, Sidgwick & Jackson, 1998, 6-7.

12 J. Lucas, *Kommando — German Special Forces of World War Two*, Londres, Cassel, 1985, 7.

13 *Ibid.*, 9.

14 *Ibid.*, 9. L'historien Charles Messenger a écrit « la publicité qu'on lui a

faite [commando] durant la guerre avait tendance à le présenter comme une espèce d'assassin, hautement individualiste et ayant peu de considération pour les subtilités et la discipline de la vie militaire ordinaire. » Charles Messenger, *The Commandos 1940-1946*, Londres, William Kimber, 1985, 410.

15 J. F. Dunnigan, *The Perfect Soldier. Special Operations, Commandos and the Future of US Warfare*, New York, NY, Citadel Press, 2003, 3.

16 T. White, *Fighting Skills of the SAS and Special Forces*, Londres, Magpie Books, 1997, 12.

17 J. M. Collins, *Special Operations Forces in Peacetime*, Joint Forces Quarterly (JFQ), vol. 21, printemps 1999, 56.

18 E.A. Cohen, *Commandos and Politicians*, Cambridge, Center for International Affairs, Harvard University, 1978, 17 et 15-28.

19 C.S. Gray, *Explorations in Strategy*, Westport, CT, Praeger, 1998, 158.

20 D. Porch, *The French Foreign Legion: The Mystique of Elitism*, dans *Elite Military Formations in War and Peace*, réd. A. H. Ion et K. Neilson, Wesport, CT, Praeger, 1996, 117.

21 E. Morris, *Churchill's Private Armies*, Londres, Hutchinson, 1986, xiii.

22 D. Pugliese, *Shadow Wars*, Ottawa, Esprit de Corps Books, 2003, 3.

23 D. Guralnik, réd., *Webster's New World Dictionary*, Nashville, TN, The Southwestern Company, 1972, 244.

24 J. Porter, *The Vertical Mosaic — An Analysis of Social Class and Power in Canada*, Toronto, éditions de l'Université de Toronto, 1965, 27 et 207; R. Putnam, *The Comparative Study of Political Elites*, Englewood Cliffs, N.J., Prentice-Hall, 1976, 4; G. Parry, *Political Elites*, New York, Praeger, 1969, 30-32; S. Guillaume, réd., *Les Élites Fins de Siècles - XIX-XX Siècles*, Éditions de la Maison des Sciences de L'Homme D'Aquitaine, 1992, 27; et M.S. Whittington et G. Williams, réd., *Canadian Politics in the 1990s*, Scarborough, Nelson Canada, 1990, 182.

25 H. Bentégeant, *Les Nouveaux Rois de France ou La Trahison des Élites*, Paris, Éditions Ramsay, 1998, 19.

26 M. Lloyd, *Special Forces. The Changing Face of Warfare*, New York, NY, Arms and Armour Press, 1996, 11.

27 D.H. Horner, *SAS: Phantoms of the jungle. A history of the Australian Special Air Service*, Nashville, The Battery Press, 1989, xiv.

28 Gray, *Explorations in Strategy*, 149 et 190.

29 D.R. Segal, J. Harris, J.M. Rothberg et D.H. Marlowe, *Paratroopers as Peacekeepers*, Armed Forces and Society, vol. 10, n° 4, été 1984, 489 et D. Winslow, *Le Régiment aéroporté du Canada en Somalie une enquête socio-culturelle*, Ottawa, Commission d'enquête sur le déploiement des Forces canadiennes en Somalie, 1997, 128-138. Roger Beaumont a déclaré que les parachutistes « créaient de l'élitisme par un supplice qui mettait le courage et l'ardeur d'un homme à l'épreuve avant le combat. » *Military Elites*, New York, NY, The Bobbs-Merrill Coy Inc., 1974, 101. Dans la même veine, Gideon Aran a déclaré que « Sauter en parachute peut être perçu comme une épreuve permettant à ceux qui la réussissent d'être admis dans un club exclusif, d'être initié dans un groupe d'élite. » *Parachuting*, American Journal of Sociology, vol. 80, n° 1, 150.

30 C. Bellamy, *Knights in White Armour — The New Art of War and Peace*, Londres, Pimlico, 1997, 77.

31 T. Clancy, *Special Forces*, New York, NY, Berkley Books, 2001, 3.

32 W.H. McRaven, *Spec Ops — Case Studies in Special Operations Warfare: Theory and Practise*, Novato, CA, Presidio, 1995, 2.

33 *Ibid.*, 3.

34 R. Neillands, *In The Combat Zone*, Londres, Wiendenfield & Nicholson, 1997, 4.

35 J.M. Collins, *Green Berets, Seals and Spetsnaz: US and Soviet Special Military Operations*, Londres, Brassey, 1987, et T. White, *Fighting Skills of the SAS and Special Forcers*, Londres, Robinson, 1997, 11.

36 OTAN, *AJP-1(A) Combined SOF Concept 3200*, mars 1997.

37 Général H. H. Shelton, *Special Operations Forces: Looking Ahead*, Special Warfare, volume 10, n° 2, printemps 1997, 3; et *Defense 97*, numéro 3, 34.

38 Lieutenant-général J. Schoomaker, *Army Special Operations: Foreign Link, Brainy Force*, Défense nationale, février 1997, 25.

39 Chefs d'état-major adjoints, *Joint Publications 3.05: Doctrine for Joint Special Operations*, Washington, D.C., bureau des chefs d'état-major

adjoints, 1990. Les missions d'action directe sont « désignées pour atteindre des résultats précis, bien définis et souvent à durée de vie critique qui revêtent une importance tactique au point de vue stratégique, opérationnel ou critique ».

40 Colonel W.J. Fulton, DDNBC, *Capabilities Required of DND, Asymmetric Threats and Weapons of Mass Destruction*, 4e ébauche, le 18 mars 2001, 16/22.

41 Australian Defence Force, *The ADF Commando Capability*, rapport A87-14356, HQSO 97.

42 C.S. Gray, *Explorations in Strategy*, Westport, CT, Praeger, 156.

43 G. W. Goodman fils, *Regional Engagement Forces*, Armed Forces Journal International, mai 1999, 69.

44 J. Ladd, *Commandos and Rangers of World War II*, New York, NY, St. Martin's Press, 1979, 166. Des instructeurs des commandos britanniques implantaient la croyance que « tout est dans la tête et dans le cœur ». Ibid, 168.

45 C. Heyman, *Special Forces and the Reality of Military Operations in Afghanistan*, en ligne, Jane's World Armies, accès effectué le 26 septembre 2002.

46 Les « Wolves », unité d'élite des forces d'opérations spéciales de l'armée de Macédoine, sont constitués de 22 personnes choisies à partir de 700 postulants, soit un taux de sélection de 2 pour 100. Voir A. Rogers et J. Hill, *Operations in Iraq point the way for Macedonian Military Reform*, Jane's Intelligence Review, avril 2004, 20-21.

47 Colonel C.A. Beckwith, *Delta Force*, New York, NY, Dell Publishing Co., 1985, 123 et 137; une entrevue avec le Major Anthony Balasevicius, ancien officier des normes des forces d'opérations spéciales (et spécialiste reconnu de la sélection des forces d'opérations spéciales ainsi que de la théorie et de la pratique en matière de formation; Leroy Thompson, *The Rescuers. The World's Top Anti-Terrorist Units* Boulder, CO, Peladin Press, 1986, 127-128; Général U. Wegener, présentation faite lors du symposium du Collège militaire royal sur les opérations spéciales, le 5 octobre 2000; et V. Matus, The GROM Factor, http://www.weeklystandard.com/content/public/articles/000/000/002/653hsdpu.asp, accès effectué le 18 mai 2003.

48 Les taux de réussite réels diffèrent quelque peu d'une source à l'autre. Cependant, même avec les variantes, les groupes relèvent tous de la

deuxième catégorie. Voir J.E. Brooks et M. M. Zazanis, *Enhancing U.S. Army Special Forces: Research and Applications*, ARI Special Report 33, octobre 1997, 8; Général H.H. Shelton, *Quality People: Selecting and Developing Members of U.S. SOF*, Special Warfare vol. 11, n° 2, printemps 1998, 3; Marquis, 53; Commander Thomas Dietz, CO Seal Team 5, présentation au Symposium sur les opérations spéciales du CMR, le 5 octobre 2000; Leary, 265; Dunnigan, 269 et 278; et M. Asher, *Shoot to Kill. A Soldier's Journey Through Violence,* Londres, Viking, 1990, 205.

49 Colonel B. Kidd, *Ranger Training Brigade*, US Army Infantry Center Infantry Senior Leader Newsletter, février 2003, 8-9.

50 Cela peut poser un problème, les gens des unités aéroportées partagent généralement des caractéristiques relatives à l'attitude, à la culture et à la philosophie, c.-à-d. ténacité quant à l'objectif, aucune mission trop intimidante, mépris envers ceux qui ne font pas partie du groupe, etc. De plus, beaucoup d'anciennes unités aéroportées suivaient aussi un processus de sélection rigoureux et des normes d'entraînement qui équivalaient facilement à la troisième catégorie, parfois à la deuxième.

51 Cette définition n'est pas originale. Elle a ses racines dans T.K. Adams, *US Special Operations Forces in Action. The Challenge of Unconventional Warfare,* Londres, Frank Cass, 1998, 7, et ajoute d'autres éléments critiques tirés du reste du chapitre.

Chapitre 2

Le recrutement pour les Forces d'opérations spéciales

Major Tony Balasevicius

Deux des « vérités fondamentales » auxquelles adhèrent tous les membres des Forces d'opérations spéciales (SOF) sont les suivantes: les SOF ne peuvent pas être produites en série et des SOF compétentes ne peuvent pas être formées rapidement quand une crise survient[1]. Cela se comprend facilement, car le niveau d'entraînement nécessaire pour faire partie des SOF est très élevé et peu de soldats en réussissent le difficile processus de sélection et d'entraînement. Par exemple, le taux d'échec moyen du cours de Ranger de la *US Army* est de 42 %[2], alors que le taux d'abandon à la *Fort Bragg Special Warfare School* est d'environ 70 % chez les forces spéciales (bérets verts)[2,3]. La même situation se produit chez les *Sea Air Land (SEALS)*[4]. Ces taux d'échec élevés sont lourds de conséquence puisque l'instruction d'un soldat est extrêmement coûteuse en argent et en ressources.

Plus ou moins trois années sont nécessaires pour entraîner un SEAL du moment qu'il est retenu pour le programme jusqu'à ce qu'il soit prêt au combat, et il en coûte environ 800 000 $US pendant la première année seulement[5]. Ce coût prohibitif a forcé de nombreuses forces militaires à élaborer des procédures sophistiquées qui permettent d'évaluer rapidement si un candidat est en mesure de satisfaire aux rigoureuses exigences d'entraînement.

Le mécanisme de présélection s'est avéré très rentable; il garantit un meilleur taux de réussite, ce qui en définitive économise les ressources limitées. Par contre, au fil des ans, divers mythes sur le processus de sélection des SOF et son objectif se sont créés. Même ceux qui le réussissent considèrent que le processus n'est rien de plus qu'une épuisante « épreuve d'endurance », un « rite de passage ». La nature secrète du processus et les rumeurs qui en découlent, principalement fondées sur les perceptions des candidats, aggravent la situation. Cet article vise à examiner le processus de sélection des SOF et, plus particulièrement, à expliquer sa création ainsi qu'à passer au crible certaines des philosophies sous-jacentes qui gouvernent l'organisation et la conduite des SOF[6].

Malgré les nombreux progrès réalisés dans le domaine de la sélection du personnel depuis 1945, le profil du soldat contemporain convoité par les SOF a peu changé depuis la création des premières unités modernes des SOF au début de la Deuxième Guerre mondiale. Bon nombre de ces unités avaient recours à un processus de sélection rudimentaire qui comprenait un test élémentaire de condition physique et une série d'entrevues. La sélection réelle d'un soldat reposait sur l'attrition pendant l'entraînement, c'est-à-dire sur la capacité du soldat à réussir une période d'entraînement physiquement exigeante semblable à celle utilisée par les commandos britanniques. Même si ce type de sélection était efficace, il ne permettait pas de tester les limites physiques des candidats ni de leur enseigner des compétences spécialisées. Par conséquent, le résultat final n'était à peu près rien de plus qu'un soldat bien entraîné. L'*Office of Strategic Services* (OSS) américain[7] et son homologue britannique le *Special Operations Executive* (SOE)[8] ont été les premières organisations à reconnaître la nécessité de créer un programme de sélection distinct et complet à plusieurs étapes.

Les Américains ont créé l'OSS pendant la Deuxième Guerre mondiale dans le but de mener des opérations clandestines dans les pays occupés par l'Axe. Pour ce faire, ils devaient recruter des agents qui, une fois entraînés, allaient pouvoir travailler derrière les lignes ennemies pendant de longues périodes avec un minimum de supervision. On cherchait à repérer les candidats les plus qualifiés. Au lieu d'utiliser le programme d'entraînement militaire normalisé pour procéder à la sélection, une pratique courante à l'époque, William J. Donovan, fondateur et directeur de l'OSS pendant la guerre, a demandé à un groupe d'éminents psychiatres américains d'élaborer une méthode de présélection des candidats fondée sur les exigences particulières de l'OSS[9].

Il n'existait aucune connaissance institutionnelle sur laquelle s'appuyer pour définir les exigences précises du travail des agents puisque l'OSS avait une mission unique et qu'il n'avait pas encore commencé ses opérations. Il s'ensuivit qu'une grande partie de la recherche menée par les psychiatres était innovatrice[10]. L'équipe de recherche s'est penchée sur deux méthodes d'évaluation : la *méthode organismique* et la *méthode élémentaliste*.

Selon le Major Sam Young, ancien inspecteur général adjoint du *Special Operations Command* de la US Army, « la méthode organismique évalue l'exécution individuelle d'une tâche assignée ou le rendement individuel dans une situation difficile. Par exemple, on remet à un soldat une hache et des crampons d'alpiniste et on lui demande de récupérer un objet logé dans un arbre. La façon d'accomplir la tâche en dit long sur la personnalité et le comportement du soldat »[11]. De plus, « selon la méthode organismique, les évaluateurs doivent mettre en situation les soldats pour étudier leur comportement. Par contre, la méthode élémentaliste, qui se trouvait encore au stade embryonnaire au début des années 1940, permet de déterminer les traits de personnalité au moyen de tests écrits. Par exemple, la façon de répondre à une série de questions peut révéler des caractéristiques du comportement ou des traits de personnalité »[12]. Au fil des ans, les chercheurs ont conclu qu'il fallait combiner les deux méthodes pour mieux évaluer les capacités d'un candidat et prévoir son rendement[13].

Finalement, les chercheurs ont réussi à rédiger la description de travail des agents qui participent à un déploiement. Ils ont dressé une liste d'exigences qui a servi à évaluer tous les candidats. Parmi ces exigences, mentionnons la motivation, l'énergie et l'entrain, l'intelligence pratique, la stabilité émotionnelle, la sociabilité, le leadership et la sécurité[14]. Les chercheurs ont aussi conçu des méthodes pour évaluer les candidats sur ces exigences particulières. On a accordé des notes à tous les aspects des candidatsmais l'OSS a axé le processus de sélection sur « la personne dans son ensemble » et sur l'interdépendance des aspects [15]. Soucieux d'obtenir des résultats pertinents, l'OSS a soumis les candidats à trois jours d'évaluation dans ses installations principales (Station S) de Fairfax, en Virginie.

On fait alors passer des tests aux candidats dans un centre d'évaluation pendant que le personnel responsable du processus les observe, ce qui permet une évaluation normalisée du comportement des candidats. Parmi les tests utilisés, mentionnons des simulations liées à l'emploi, des entrevues, des mises en situation, des examens écrits, des jeux de rôles, des observations et des tests psychologiques[16]. Le centre d'évaluation rassemble ensuite les commentaires des évaluateurs ou établit des moyennes pour juger le comportement des candidats[17]. À Fairfax, des tests ont été élaborés pour évaluer un certain nombre de traits de personnalité :

> Parmi les nombreux tests utilisés, mentionnons le travail en équipe sans leader désigné, qu'on appelle le test Brook. Les candidats sont groupés en équipes de six; on les conduits à un ruisseau peu profond et sans remous. Huit pieds séparent les deux rives du ruisseau. Sur une rive se trouve un gros rocher et sur l'autre, un tronc d'arbre. Les candidats disposent de matériel de toute sorte : des rondins, une corde, une poulie et un baril, et doivent faire franchir le ruisseau au rocher, en laissant tout le matériel sur la rive opposée après avoir réalisé la tâche. Certaines caractéristiques des candidats comme le leadership, l'énergie, l'esprit d'initiative et la capacité physique[18] sont ainsi évaluées

Dans d'autres cas, on remet un schéma aux candidats et on leur demande de construire une structure, mais pas de leurs propres mains. Sur le chantier, deux travailleurs, qui ont reçu l'ordre de ne pas se montrer coopératifs avec les candidats, les accueillent. Le but du test est de vérifier si les candidats peuvent faire preuve de leadership et de diplomatie pour garder l'attention des travailleurs sur la tâche à réaliser. On utilise aussi un certain nombre de tests élémentalistes psychologiques, de mémoire et d'interrogation, en plus de discussions de groupe.

Au fil des ans, les chercheurs de l'OSS ont été en mesure d'utiliser ces évaluations psychologiques approfondies pour dresser le profil des candidats les plus aptes à réaliser les missions dangereuses. Tout au long du processus d'évaluation, on a accordé une grande importance à la compatibilité, à l'intégrité et à la stabilité des candidats, et on a modifié de nombreuses procédures à mesure qu'on prenait de l'expérience[19]. Certains mettent en doute l'efficacité des évaluations pour prévoir la réussite des candidats, mais personne ne doute du fait que le travail des chercheurs a eu une grande incidence sur le perfectionnement du processus de sélection du personnel après la guerre.

Les contributions que l'OSS a apportées à la sélection du personnel sont importantes, mais elles n'ont pas eu de répercussions immédiates sur la communauté des SOF, situation qui s'explique en partie par le fait que depuis toujours, elles ont eu tendance à se développer de façon ponctuelle, à l'extérieur des règles de gouvernance institutionnelles de l'armée. De ce fait, elles sont généralement parrainée par un militaire ou une personnalité politique de premier plan, mais ne reçoivent pas toujours un plein appui institutionnel[20]. Les unités de SOF sont ainsi toujours à court de main-d'œuvre et de ressources pour mettre sur pied des organisations internes; elles arrivent difficilement à se concentrer sur leur priorité: la mission opérationnelle. Par conséquent, elles optent habituellement pour des valeurs sûres et ont recours, pendant l'entraînement, au concept de la sélection par attrition.

Même si ce concept est efficace, il peut entraîner d'énormes pertes. Avant la fin des années 1980, les forces spéciales de la *US Army* s'en sont rendu compte et ont cherché des façons de rationaliser les processus de sélection et d'entraînement. Leurs efforts ont donné lieu à une modification des deux processus: grâce aux principes établis par l'OSS, on les a séparés l'un de l'autre sans négliger de conserver des liens étroits entre eux, essentiellement dans le but de réduire la durée de l'entraînement, de limiter les ressources nécessaires et d'accroître l'efficacité globale de la sélection et de l'entraînement.

Une telle décision reposait principalement sur les taux élevés d'attrition du *Special Forces Qualification Course* (SFQC) de la *US Army*. Les échecs obligeaient les organisations de SOF américaines à payer les frais associés au déplacement du candidat à destination et en provenance du lieu d'entraînement. En vue de mieux prévoir si un candidat allait réussir ou non le cours et de réaliser des économies, la *Special Warfare Center and School* (SWCS) a créé le *Special Forces Assessment and Selection Course* (SFASC)[21].

Grâce au SFASC, des candidats en service temporaire pouvaient prendre part aux épreuves; si on déterminait qu'ils avaient le potentiel de réussir, ils étaient alors affectés à la SWCS. « Le nouveau programme de service temporaire, a expliqué le lieutenant-colonel Marrs, constituait pour les SOF un moyen économique d'évaluer les capacités physiques et mentales d'un candidat. De plus, la sélection résultant de la réussite ou de l'échec au SFASC a limité l'attrition pendant le SFQC »[22]. Le changement a commencé à s'opérer en 1987 quand la SWCS s'est engagée à collaborer avec des chercheurs du *Research Institute* de la *US Army* dans le but de déterminer les traits de personnalité souhaités chez les candidats retenus pour ensuite élaborer des méthodes efficaces permettant d'évaluer ces traits. Les progrès ont été rapides au point où l'année suivante, la SWCS a été en mesure de mettre en œuvre le premier SFASC[23]. La nouvelle approche a non seulement permis d'économiser de l'argent, mais elle a aussi offert un certain nombre d'autres avantages aux Américains, ce qui est plus important encore.

Comme elles possédaient un processus de sélection distinct mais perfectionné, les organisations de SOF pouvaient accorder la priorité aux rigoureuses exigences physiques ainsi qu'aux autres exigences qui entraînaient un taux d'échec élevé. Elles pouvaient aussi poursuivre la recherche visant à établir un lien direct entre les exigences opérationnelles en évolution et l'entraînement et, par conséquent, le processus de sélection. Les unités pouvaient ainsi sélectionner leur personnel en fonction des nouvelles exigences opérationnelles. En fait, le processus a créé un environnement davantage axé sur l'apprentissage, environnement qui conservait sa souplesse et son adaptabilité, ce qui s'avérait particulièrement utile puisque les tâches futures des SOF allaient vraisemblablement demeurer variées et complexes.

Même si les soldats des SOF atteignent finalement des niveaux élevés de compétence dans des situations variées et complexes, il n'en demeure pas moinsque la sélection des soldats repose sur les mêmes principes fondamentaux qui régissent la sélection dans bon nombre d'organisations civiles à la recherche de main-d'œuvre pour un poste précis. Ce sont les exigences physiques et cognitives élevées et le fait que ces dernières doivent être mises à l'épreuve qui distinguent le processus de sélection des SOF des autres car, comme ceux-ci, il n'a qu'un objectif, celui de prévoir l'efficacité fonctionnelle d'un candidat selon sa capacité de réaliser des tâches particulières[24]. Il est impossible de mesurer adéquatement la capacité de prévoir l'efficacité fonctionnelle à moins de comprendre complètement le travail du soldat. Par conséquent, avant de pouvoir élaborer un processus de sélection, les SOF doivent procéder à ce qui est connu, dans le domaine de la psychologie du personnel, sous le nom d'*analyse des tâches*.

L'analyse des tâches vise à « diviser les complexités du travail en parties logiques composées de tâches particulières. Cette analyse aide à déterminer et à organiser les connaissances, les capacités et les aptitudes nécessaires pour réaliser correctement le travail. Pour ce faire, la liste des tâches, des activités et des exigences est établie au moyen d'observations, d'entrevues ou d'autres systèmes d'enregistrement »[25]. Il est très important d'effectuer l'analyse des tâches avant toute chose. Selon les résultats de la recherche, « le processus de sélection et le processus d'entraînement des forces spéciales sont inextricablement liés aux exigences de leur travail »[26]. Les résultats font ressortir que l'analyse des tâches a trois grands objectifs :

    a. déterminer ce que les soldats doivent accomplir, c'est-à-dire préciser les dimensions de l'efficacité fonctionnelle des forces spéciales et établir des exemples tangibles de bon et de mauvais rendement pour chaque dimension;

b. se servir de l'information disponible pour dresser des échelles de notation axées sur le comportement, lesquelles pourraient être utilisées pour évaluer l'efficacité fonctionnelle des forces spéciales;

c. définir les attributs qui permettent le mieux de prévoir l'efficacité fonctionnelle des forces spéciales[27].

Il importe aussi de déterminer ces attributs et ces critères chez les SOF. Dans le cas des forces spéciales américaines, les résultats d'une recherche non protégée indiquent qu'il existe pas moins de « onze rôles répartis en 26 catégories de rendement de base, lesquelles sont associées à 29 attributs jugés essentiels à un rendement efficace »[28]. À partir de ces résultats, les chercheurs déterminent les instruments de sélection qui sont les plus susceptibles de correspondre au rendement pour le travail en question. De nombreuses méthodes d'évaluation sont normalement utilisées dans un processus de sélection puisqu'il y a peu de chances qu'une seule méthode puisse évaluer tous les attributs.

Quand de nombreuses méthodes d'évaluation sont utilisées, il est extrêmement important de déterminer ce qui doit être évalué et le nombre de répétition du test pendant le processus. Une mauvaise décision prise à ce stade entraînera une perte de temps et de ressources. Par exemple, les chercheurs Zazanis, Kilcullen, Sanders et Crocker ont déterminé que les forces spéciales américaines accordaient une importance aux attributs liés à la communication. Toutefois, « les résultats de sondage des EM indiquent que le SFASC évalue beaucoup les attributs liés à la condition physique, modérément les attributs liés aux traits cognitifs et à la personnalité, et peu les attributs liés à la communication »[29]. Les chercheurs ont expliqué que « selon les résultats, l'adaptabilité culturelle et interpersonnelle ne constitue pas une exigence avant l'étape III [une fois le processus de sélection bien amorcé] de la SFQC, et ce, même si elle est l'un des dix principaux attributs »[30].

De façon générale, le processus de sélection vise précisément à éliminer ce genre d'omissions. En effet, des incompatibilités entre la sélection et l'entraînement créent des problèmes et, surtout, rendent le processus inefficace car on permet de participer au processus à des candidats qui finiront par échouer parce qu'ils ne possèdent pas les attributs nécessaires. Il faut particulièrement faire attention quand l'entraînement est complexe et s'échelonne sur une longue période. Pour une efficacité accrue, il est essentiel de pouvoir déceler dès le début du processus les candidats qui échoueront. Ainsi, il importe de cerner dès le départ les attributs qu'un candidat doit posséder pour réussir l'entraînement.

Les attributs évalués pendant le processus de sélection sont généralement divisés en grandes catégories: condition physique, traits cognitifs, traits de personnalité/relations interpersonnelles et communication. Ces catégories sont divisées en sous-catégories composées de trois à onze attributs particuliers. Le Lieutenant Sam Simpson, ancien membre des SAS australiens, explique bien quels attributs personnels importants de ces sous-catégories les chercheurs et les évaluateurs doivent mettre en relief. « On peut enseigner l'efficacité technique, mais les qualités personnelles nécessaires pour mener à bien des opérations de longue durée, loin en territoire ennemi, font partie du caractère d'un soldat. Même si elles peuvent être développées avec le temps, elles doivent être apprises dans l'enfance »[31]. Il a ajouté, « Ces qualités sont l'esprit d'initiative, l'autodiscipline, l'indépendance d'esprit, la capacité de travailler de façon autonome, la résistance, l'absence de vertige, la patience et le sens de l'humour »[32].

Pendant le processus de sélection, il faut évaluer les attributs considérés comme des exigences du poste selon l'unité des SOF. Après avoir déterminé tous les attributs obligatoires, il faut les évaluer de plusieurs façons au moyen de tests. Comme dans les exemples de l'OSS, les tests visent un certain nombre d'attributs. La philosophie qui sous-tend ces tests est simple. Examinons un bon exemple, l'absence de vertige. Si l'exigence opérationnelle de l'équipe des SOF est de franchir un obstacle à l'aide d'un pont de corde tendu à 500 mètres au-dessus du sol, le soldat doit alors posséder cette capacité technique. Par conséquent, la capacité de franchir un obstacle à l'aide d'un pont de corde tendu à 500 mètres au-dessus du sol doit être enseignée pendant la dernière étape de l'entraînement, mais le candidat ne doit pas avoir le vertige. Par conséquent, l'absence de vertige est un attribut nécessaire à l'entraînement et il doit être évalué pendant le processus de sélection.

Après avoir déterminé un attribut qui doit être évalué pendant le processus de sélection, il faut ensuite définir les meilleures méthodes d'évaluation. La façon la plus efficace d'évaluer un attribut est de mettre au point un test qui reproduit l'exigence opérationnelle. Dans l'exemple « franchir un obstacle à l'aide d'un pont de corde tendu à 500 mètres au-dessus du sol », il faudrait idéalement demander aux candidats d'exécuter la tâche, mais s'il est impossible de reproduire l'exigence opérationnelle, leur demander de regarder du haut d'une falaise de 500 mètres (retenus par une corde) ou d'escalader un obstacle très élevé permettra de déterminer rapidement s'ils ont le vertige. Les candidats sont nerveux en situation de danger. Ainsi, les normes ont été établies de façon à différencier la nervosité de la peur. Tous les attributs sont évalués en détail et découlent des exigences du poste.

Les processus de sélection cherchent à évaluer à plusieurs reprises, au besoin et dans diverses circonstances les attributs les plus courants ce qui permet aux SOF d'évaluer de façon équitable et générale chacun des candidats. Dès que les attributs sont déterminés et que le test est mis au point, on en fait l'examen pour décider à quel moment ils seront utilisés dans le processus d'évaluation pour obtenir les résultats voulus. Dans la plupart des cas, il est possible d'établir la fréquence et le coût du test, ainsi que le moment où il doit s'insérer dans le processus pour obtenir des résultats optimaux. En vue d'obtenir le nombre nécessaire d'évaluations, la plupart des SOF ont introduit un certain nombre d'étapes de présélection dans le processus.

Les étapes de présélection peuvent être groupées ou encore avoir lieu à des moments et à des endroits différents. Peu importe le nombre d'étapes de présélection ou la façon dont elles sont organisées, elles sont toutes liées aux exigences opérationnelles de l'unité et conçues dans le but d'éliminer les candidats inaptes le plus tôt possible. Même si les tests sont présentés différemment d'une organisation à une autre, les instruments de base utilisés pendant le processus sont clairement établis et relativement uniformes.

Parmi les instruments de base, mentionnons l'évaluation médicale, la collecte de données biographiques, le briefing d'information générale, l'entrevue, le test physique, le test psychologique, le test de personnalité, le test cognitif, le test de rendement, l'autoévaluation et l'évaluation par les pairs[33]. À la fin du processus, la plupart des SOF observent aussi attentivement les candidats dans un centre d'évaluation. Par contre, c'est en demandant au préalable la permission de participer à la sélection que les candidats amorcent normalement la démarche.

Permission en main, les candidats peuvent participer à l'étape de présélection ou de sélection initiale. Cette étape a deux objectifs: montrer l'intérêt des candidats pour les SOF et leur donner une meilleure idée de ce qu'on attend d'eux. De plus, les candidats sont exposés aux conditions de travail de l'unité. Bon nombre de SOF ont mis sur pied des sites

Internet, des centres d'appel et des centres de recrutement qui offrent aux candidats des renseignements de base sur les préalables.

Les candidats intéressés doivent subir une évaluation médicale pour déterminer s'ils répondent aux conditions d'admission. À ce stade, les candidats doivent réussir un test de condition physique qui évalue l'endurance aérobique (course ou marche avec sac à dos), la force du haut du corps (élévations à la barre fixe et tractions) et la force abdominale (redressements assis). Bon nombre d'unités de SOF utilisent habituellement les tests de condition physique normalisés de l'armée de terre, mais exigent des résultats supérieurs, parce que les chercheurs des SOF trouvent facile de comparer les niveaux de rendement qu'ils cherchent à obtenir aux résultats couramment obtenus à ces tests.

En effet, le *Research Institute* de la *US Army* a conclu que les candidats qui obtenaient de 226 à 250 points au *Physical Fitness Test* (PFT) réussissaient à 42 %, alors que les candidats qui obtenaient 276 points ou plus réussissaient à 78 %[34]. En établissant un lien entre les niveaux de rendement physique durant le processus de sélection et les tests militaires couramment utilisés, les unités de SOF peuvent évaluer la condition physique sur place. C'est d'ailleurs une des raisons pour laquelle ces tests font généralement partie du processus de présélection.

Dès que les candidats réussissent le test de condition physique, la demande, les résultats aux autres préalables, le dossier de service et la lettre de recommandation du commandant sont acheminés à un centre de sélection ou de traitement à des fins d'examen. À ce stade, les candidats pourraient être appelés à passer une première entrevue ou certains tests supplémentaires (à peu de frais). L'entrevue consiste en une conversation en personne entre les candidats et les membres du personnel de sélection, et vise à donner aux candidats un aperçu réaliste du rôle, de la tâche et de la mission de l'unité, à décrire les conditions de travail et à répondre à toute question. Au cours de l'entrevue initiale, les SOF peuvent aussi rassembler des renseignements supplémentaires sur les candidats (renseignements généraux sur les états de service, évaluation de diverses aptitudespersonnelles, circonstances personnelles, phobies connues, activités sportives, compétence reconnue en gestion de stress, capacités linguistiques, motivation, etc.). Finalement, selon les renseignements recueillis, on détermine si les candidats sont aptes et une recommandation est formulée.

Selon la complexité du processus, on enregistre généralement l'information dans une base de données pour pouvoir la consulter ultérieurement. Les SOF étudient attentivement le dossier de service du candidat et la lettre de recommandation de son commandant puisqu'elles veulent avoir une description générale du candidat et de son expérience. Un bon rendement dans le passé est généralement garant d'un bon rendement dans l'avenir. De plus, l'information recueillie et l'évaluation initiale sont importantes si, pour la sélection au centre d'évaluation, l'unité dispose d'un grand nombre de candidats, mais d'un nombre limité de places. Les candidats qui répondent aux exigences sont alors évalués en fonction de l'information disponible. Un seuil peut être établi, tous les candidats l'excédant ayant la chance de passer à la prochaine étape.

Cette prochaine étape se déroule normalement au centre d'évaluation et selon le type de SOF, le centre d'évaluation peut garder un candidat de 10 à 30 jours. La *US Army* explique aux soldats qui souhaitent participer au processus de sélection des forces spéciales (bérets verts) qu'ils « sont en service temporaire quand ils suivent le SFASC [et qu'ils] devraient prévoir une séjour d'au plus 30 jours à Fort Bragg (Caroline du Nord) »[35]. Le personnel du centre évalue tous les attributs qui assurent le rendement efficace des soldats des SOF.

Au début, les candidats subissent les premiers tests psychologiques, cognitifs et de personnalité. Ils subissent aussi des tests sur les capacités écrites et verbales, passent des entrevues et peuvent participer à des simulations. Une grande partie de l'évaluation initiale a lieu en classe, dans un petit bureau ou à proximité du camp principal. Le test sur les phobies, par exemple, se déroule habituellement dans des kiosques du même type que ceux utilisés par l'OSS. L'évaluation initiale met toutefois l'accent sur l'acquisition de nouvelles habiletés et la condition physique afin de préparer les candidats au test de condition physique.

Dans le passé, la forme physique était un attribut important pour le soldat des SOF; elle est maintenant un aspect clé du processus de sélection. La condition physique ne doit surtout pas être étudiée indépendamment: il faut l'intégrer aux exigences générales de l'emploi. À cet égard, les qualités personnelles et les capacités nécessaires pour mener à bien des opérations de longue durée, loin en territoire ennemi, montrent que les soldats doivent, entre autres, pouvoir s'orienter tout en transportant des charges lourdes sur de longues distances. Il faut donc évaluer simultanément cette capacité et la condition physique parce que le soldat doit demeurer suffisamment alerte pour s'orienter efficacement quand il est très épuisé physiquement. Par contre, l'orientation est une capacité et pour garantir une évaluation équitable de tous les candidats, il faut prévoir de l'instruction sur cette capacité.

La nécessité de prévoir l'acquisition de nouvelles connaissances, comme l'orientation, avant l'évaluation oblige les concepteurs du processus de sélection à incorporer une étape d'entraînement qui comprend une série d'exercices préparatoires, pour éviter de faire commencer les candidats par des marches de 30 km. Une telle exigence prolonge malheureusement le processus. Pour le cours de sélection du Special Air Service (SAS) britannique, la sélection commence par dix jours d'entraînement physique et de lecture de cartes en petits groupes. Ensuite, pendant les dix jours suivants, les candidats font de longues marches seuls[36]. La période initiale d'entraînement et d'exercices préparatoires donne aux candidats un aperçu des exigences et, surtout, elle permet aux évaluateurs d'identifier les candidats qui ont la capacité de poursuivre le processus.

Pendant l'étape consacrée à l'évaluation, les candidats doivent se déplacer sur de longues distances durant des jours ou des semaines. Ils sont privés de sommeil et ont peu de répit. Ils se déplacent généralement d'un poste de contrôle à un autre et à chaque halte, certains objectifs doivent avoir été atteints. Grâce aux postes de contrôle, le personnel peut surveiller le progrès général et la condition des candidats. De plus, les postes de contrôle servent de kiosques d'évaluation, où on évalue certaines aptitudes quand les candidats sont fatigués ou stressés. Ils y subissent principalement des tests projectifs et situationnels. On pourrait par exemple demander aux candidats d'accomplir une tâche imprévue, comme démonter et remonter une arme qu'ils ne connaissent pas bien, ou encore de répondre à des questions relatives au terrain pour mesurer leur sens de l'observation[37]. Ces tests ne sont qu'une continuité de l'évaluation amorcée à la présélection; il peut en fait s'agir des mêmes tests présentés dans des circonstances différentes.

Cette étape est d'une grande importance parce qu'on ne peut jamais sous-estimer le stress physique et psychologique vécu par les candidats dans le rôle d'un soldat des SOF. Selon la chercheuse Martha L. Teplitzky, qui s'est consacrée aux variables explicatives du rendement physique dans le cadre de l'évaluation des forces spéciales, « de nombreuses caractéristiques distinguent les soldats des forces spéciales, dont l'endurance physique et leur incontournable sac à dos. Les soldats des forces spéciales, déployés sans le soutien logistique offert aux forces classiques, transportent dans leur sac à dos le nécessaire pour survivre et combattre. Un sac à dos opérationnel peut facilement peser jusqu'à 100 lb et, pour de nombreuses missions, il doit être porté sur de longues distances en terrain accidenté »[38].

Comme un grand nombre d'éléments du processus de sélection, les conditions et les normes prévues pour les marches avec sac à dos sont classifiées, premièrement parce qu'il est ainsi possible d'évaluer une partie de l'incertitude psychologique des candidats, mais aussi et surtout parce que si le processus de sélection est fidèle aux exigences opérationnelles de l'organisation, les distances et les conditions sont alors réalistes. Pour mieux illustrer les exigences en termes de condition physique, supposons que l'exigence opérationnelle du soldat des SOF est de réaliser une mission de 20 jours derrière les lignes ennemies, en marchant en moyenne 20 km par jour et en transportant 100 kg d'équipement. Le test du processus de sélection doit alors simuler cette exigence et c'est une des raisons pour laquelle ce processus doit s'échelonner sur une période prolongée[39].

À part les exigences physiques éreintantes, un des aspects les plus difficiles du processus de sélection pour les candidats consiste à ne jamais recevoir de rétroaction sur leur rendement. L'absence de rétroaction s'explique facilement selon Carl Stiner, ancien commandant de forces spéciales:

> Dans leur travail, les soldats des forces spéciales reçoivent un soutien minimal, transitoire ou inexistant. Certains soldats ont ce qu'il faut pour s'accommoder de la situation, mais nombreux sont ceux qui ne l'ont pas. Le programme d'entraînement des forces spéciales axé sur la privation sensorielle vise à trouver le candidat idéal. Les soldats ne sont informés ni des objectifs, ni des normes à atteindre, ni de leur rendement, qu'il soit bon ou mauvais… Ils ne savent pas s'ils ont réussi ou s'ils ont échoué. Ils ne savent pas non plus s'ils ont terminé la mission à temps. Pour réussir cet exercice, ils doivent non seulement réaliser une tâche difficile, mais également la réaliser avec leurs propres moyens[40].

En plus de prouver qu'ils possèdent le niveau de condition physique exigé et la capacité de travailler sans recevoir de rétroaction, les candidats doivent montrer qu'ils peuvent faire preuve d'autres attributs, comme l'esprit d'initiative, l'autodiscipline, l'indépendance d'esprit, la capacité de travailler de façon autonome, la résistance, la patience et le sens de l'humour, et ce, même s'ils sont très fatigués et stressés physiquement et psychologiquement[41]. À un certain moment, l'ensemble de stresseurs commence à avoir une incidence. Selon l'auteur Tony Geraghty, « au fur et à mesure que le cours avance, le candidat constate que son jugement est réduit en raison d'un manque de sommeil. La journée commence à environ 4 h et se termine par un briefing sur l'exercice du lendemain à 22 h 30 ou plus tard. L'effet s'accumule tout au long des 21 jours »[42].

Il ne suffit pourtant pas de posséder la condition physique nécessaire. Bon nombre de candidats croient à tort qu'ils ont réussi s'ils terminent le processus. C'est complètement faux. Un candidat qui termine le processus est tout simplement un candidat qui a montré qu'il possédait les attributs physiques voulus. Pour réussir, les candidats doivent montrer qu'ils possèdent l'ensemble des attributs exigés par la communauté des SOF. Un soldat a beau être la personne la plus en forme au monde, si le test psychologique indique qu'il a des tendances criminelles, si ses capacités cognitives sont inadéquates pour suivre le rythme de l'entraînement ou si le test de personnalité montre qu'il ne peut pas travailler avec divers groupes culturels, la communauté des SOF ne l'acceptera pas. La confusion des candidats, qui ne savent pas s'ils réussissent ou non, et les exigences imposées par la loi et la sécurité (pour le test psychologique par exemple) peuvent empêcher un debriefing complet des faiblesses des candidats.

En définitive, pour être accepté dans la communauté des SOF, un soldat doit prouver qu'il possède tout ce qu'il faut. Il n'est pas surprenant que peu de candidats soient en mesure de répondre aux critères de sélection rigoureux des unités des SOF et que pour bon nombre de forces spéciales occidentales, la pénurie de main-d'œuvre continue de causer problème. La situation s'est aggravée depuis que les SOF jouent un rôle de premier plan dans la « guerre au terrorisme » déclenchée après les attaques du 11 septembre et que le nombre de candidats chute. Selon le Lieutenant-colonel Marrs, des facteurs précis sont à l'origine du problème « Les effectifs de l'armée d'aujourd'hui sont nettement inférieurs, ce qui réduit considérablement le bassin de candidats des forces spéciales. Un changement d'attitudes et un manque de motivation chez les soldats ont aggravé les problèmes de recrutement des forces spéciales. De plus, l'instruction de l'armée sur les tâches fondamentales n'est pas aussi poussée qu'avant »[43].

La pénurie de candidats exacerbe le problème des SOF qui prennent des mesures pour former des soldats qui s'adapteront plus facilement. Elles se rendent compte que « l'orientation régionale s'impose de plus en plus, qu'il existe une plus grande collaboration interorganisme et qu'une importance croissante est accordée aux fonctions associées à la diplomatie, c'est-à-dire au travail accompli continuellement dans le remous de différents organismes et états… ce qui crée des attentes plus grandes en ce qui concerne la souplesse et l'habileté de résoudre des problèmes »[44]. Il est évident que dans l'avenir, il faudra des soldats plus intelligents et mieux adaptés aux unités de SOF. Un tel besoin aura sans aucun doute des répercussions importantes sur le processus de sélection et le processus d'entraînement.

Malgré les progrès tangibles accomplis dans la sélection des SOF au fil des ans, le processus a toujours été et continuera d'être fondé sur la condition physique puisque les capacités essentielles aux missions peuvent être enseignées aux soldats. Selon un point de vue américain, « la capacité d'entraînement se définit comme étant l'aptitude du candidat à apprendre et le SFASC utilise d'abord des exercices de navigation terrestre pour déterminer s'il possède cette aptitude »[45]. Cette philosophie est appuyée par la recherche, qui « suggère que durant le SFASC, les variables explicatives du rendement les plus solides sont les mesures physiques (ce qui comprend le TAPP et les élévations à la barre fixe) et les mesures d'expérience dans l'armée (ce qui comprend la qualification de Ranger, la qualification aux armes de combat et la qualification de soldat aéroporté »[46]. Selon la recherche, « ... les experts en la matière précisent que c'est la condition physique qui est la plus évaluée durant le SFASC et que la possibilité d'évaluer les aptitudes cognitives et de personnalité est plus limitée »[47].

Le recours massif à l'évaluation du rendement physique est la conséquence de l'évolution historique de quoi? Des SOF? et de leur réticence à abandonner les normes physiques qui sont actuellement en place et qui semblent être efficaces. Dans l'espoir de sélectionner le plus grand nombre de soldats possible sans abandonner les normes physiques, les unités des SOF commencent à apporter des changements au traitement des candidats pendant le processus de sélection. En 2000, le *1st Special Warfare Training Group* a présenté un programme destiné au SFASC qui constitue un important changement de méthodologie. Le nouveau cours de sélection insiste sur les aspects suivants: enseignement, encadrement, entraînement et mentorat. Les Britanniques s'orientent aussi vers ce type de programme. « Maintenant, la sollicitude est probablement sincère et le candidat, au lieu d'être incité à abandonner, est encouragé: « Il ne reste qu'un kilomètre. Tu as complété plus de la moitié du parcours. Ne lâche pas »[48]. Cette nouvelle approche est toutefois mise en œuvre au détriment de l'entraînement axé sur la privation sensorielle, qui est considéré comme un aspect crucial du processus.

Il est difficile de savoir si ces changements suffiront pour résoudre les problèmes de recrutement et de sélection dont souffrent actuellement les unités des SOF. Si le soldat de l'avenir doit être plus intelligent et mieux adapté, le fait de modifier le processus en mettant l'accent sur l'enseignement, l'encadrement et le mentorat ne constitue sans doute pas une solution à long terme. À mesure que la complexité et la technicité de la guerre augmentent, la compétition pour des soldats compétents? s'intensifie.

Dans de telles circonstances, les SOF devront prendre une décision difficile. Devront-elles renoncer à un soldat intelligent, ayant une grande capacité d'adaptation mais une condition physique insuffisante, ou le garder et lui faire suivre un entraînement physique? Bien sûr, pour les soldats qui ont réussi le processus de sélection, la question ne se pose pas. Les membres actuels des SOF soutiennent que si un candidat ne répond pas à tous les critères de sélection, y compris la condition physique, il ne possède alors pas les qualités nécessaires pour être un soldat des SOF. On ne peut nier que c'était la norme par le passé, mais les temps ont changé et l'avenir des SOF dépend de leur capacité à s'adapter et à réfléchir sans *a priori*. Comme toujours, la route est semée d'embûches, ce qui n'est pas nouveau pour ceux qui sont chargés du recrutement des membres des SOF.

NOTES

1   Les deux autres sont: *Les êtres humains sont plus importants que le matériel*, et *la qualité est plus importante que la quantité*. Tiré d'un dépliant de la *Joint Special Operations University* des États-Unis. Sans date.

2   Colonel B. Kidd, « Ranger Training Brigade », *Infantry Senior Leader Newsletter*, Infantry Center de la *US Army*, février 2003, 8-9.

3   C. M. Simpson III, *Inside the Green Berets. The First Thirty Years*, Novato, CA, Presidio, 1983, 68.

4   Commandant T. Dietz, Équipe SEAL 5, *Présentation dans le cadre du symposium sur les opérations spéciales au Collège militaire royal*, 5 octobre 2000.

5   Ibid. endnote 3.

6   Il est à noter que le processus de sélection des SOF s'est perfectionné avec le temps et qu'il continue de se perfectionner. Il faut aussi comprendre que chaque organisation de SOF est unique et que les méthodes de sélection peuvent varier énormément d'une organisation à l'autre. Malgré ces différences, les organisations de SOF ont toutes des principes en commun et

elles cherchent toutes un type précis de soldat, celui qui possède les attributs et les qualifications nécessaires pour en devenir un membre efficace

7   P. K. O'Donnell, *Operatives, Spies, and Saboteurs: The Unknown Story of the Men and Women of World War II's OSS*, Londres, Free Press, 2004, xv-xvi. Nota: Dans son livre, Patrick K. O'Donnell donne un aperçu de la création des OSS. « Sous la tutelle des Britanniques, les OSS ont élaboré du jour au lendemain bon nombre de leurs concepts, en insistant sur des techniques interarmes intégrées de guerre fantôme. Selon Wild Bill Donovan, 'la persuasion, la pénétration et l'intimidation (…) sont les équivalents modernes des techniques consistant à saper et à miner les murs en temps de siège.. La propagande représente 'la flèche de la pénétration initiale'. Vient ensuite l'espionnage. Les opérations de sabotage et de guérrilla permettraient alors d'affaiblir un secteur avant l'arrivée des forces classiques. L'intégration de toutes les techniques de guerre fantôme était innovatrice et a changé la conduite de ce type de guerre. Les services secrets britanniques n'étaient pas intégrés, mais ont continué leurs opérations dans des divisions distinctes. Les opérations spéciales étaient un élément central de la guerre fantôme. Il s'agissait d'un nouveau concept élaboré par les OSS pendant la guerre. À la fin de mars 1941, Donovan a pressé le président de lui donner la permission de créer des forces d'opérations spéciales qui s'attaqueraient aux Allemands de façon imprévue. Les forces pénétreraient derrière les lignes de l'ennemi pour détruire les zones arrière. En ce qui a trait à la conduite de la guerre, Donovan considérait les Allemands comme une 'grande ligue de professionnels' et les Américains comme une 'ligue de tranchée' (bush league). Il a expliqué au président que le seul moyen de rattraper rapidement les Allemands était 'de jouer une partie de ligue de tranchée, de voler la balle et de tuer l'arbitre'. »

8   D. Rigden, *How to be a Spy: The World War II SOE Training Manual*, Toronto, ON, The Dundurn Group, 2004, 3. « Dans le plus grand secret, le Special Operations Executive est né en juillet 1940 de la fusion de trois organisations inconnues du public: la section D du Secret Intelligence Service (SIS ou MI6), une branche du EH ou du CS du Foreign Office et un groupe de recherche du War Office nommé au départ GS(R), puis MI(R)2 [GS(R) est l'acronyme de General Staff (Research); MI(R) de Military Intelligence (Research)]. Toutes ces petites organisations mal financées du SOE avaient été créées peu avant la guerre. La section D (certains affirmaient que le D signifiait 'destruction', alors que d'autres croyaient que la lettre avait été choisie au hasard) avait commencé à élaborer divers plans de sabotage et de subversion en Europe dans le cas d'hostilités contre l'Allemagne de Hitler, le EH s'était penché sur les campagnes de propagande antinazies et le MI(R) avait commencé à étudier en détail la guerre irrégulière (un travail qui chevauchait celui de la section D). » De plus, l'auteur explique que « le concept de base de coordination de la guerre irrégulière a été créé parce que les combattants de

la résistance n'accomplissaient que peu ou rien qui ait une valeur militaire lorsqu'ils agissaient seuls; ils suscitaient souvent une riposte sauvage de l'ennemi sur la population civile locale. Formés pour détecter les dangers de guérillas imprudentes, les agents du SOE visaient à ce que la guerre irrégulière soit au service des objectifs stratégiques des leaders alliés. »

9   R. Dunlop, *Donovan America's Master Spy*, Chicago, IL, Rand McNally & Company, 1982, 382-383. « Dès que ses camps d'entraînement ont été opérationnels, Donovan s'est consacré à la sélection du personnel de l'OSS. Il a demandé à Harry Murray, John Gardner et James Hamilton, éminent psychiatre de San Francisco, d'élaborer un programme de tests psychologiques. Hamilton se souvient que le vieil homme l'a regardé de ses yeux bleus et lui a dit: 'Je te donne un mois. Tu auras à ta disposition les meilleurs militaires et civils. Et un domaine en campagne. Je veux que ce soit fait en un mois'. À l'école d'évaluation de l'OSS, des tests psychologiques ont permis de cerner les personnes qui pouvaient être sympathiques à l'Axe, qui n'acceptaient aucune frustration, qui ne toléraient pas l'alcool ou qui possédaient des caractéristiques pouvant restreindre leur efficacité. Van Halsey, qui a évalué le personnel de l'OSS pour des missions à l'étranger, a découvert que les réponses données par les hommes et femmes aux questions suivantes lui apprenaient ce qu'il devait savoir: Quelle expérience vous a atterré? Que détestez-vous voir d'autres faire? Que feriez-vous si vous disposiez de moyens illimités? Qu'enseigneriez-vous à vos enfants? Qu'est-ce qui vous pousserait à la dépression nerveuse? Quels états d'âme et sentiments vous dérangent le plus et à quelle fréquence les ressentez-vous? À mesure que l'OSS a évolué, le programme de tests psychologiques est devenu de plus en plus perfectionné. Après la guerre, le programme a été étudié en psychologie en raison de ses contributions innovatrices dans le domaine de l'étude du comportement dans des situations spécifiques. L'OSS a fait d'énormes progrès depuis la création du COI, alors qu'un recruteur a demandé à un ami: 'As-tu rencontré des psychotiques bien équilibrés dernièrement?'. »

10 S. Young, « A Short History of SF Assessment and Selection », *Special Warfare Magazine*, mai 1996, 23.

11 *Ibid.*, 24.

12 *Ibid.*, 23.

13 *Ibid.*, 23-24. Dans son article, Young donne un excellent aperçu de l'évolution du processus de sélection. « (...) L'équipe savait seulement que les missions courantes comprenaient des opérations de sabotage, l'organisation de groupes de résistance et la mise sur pied de campagnes de propagande. Personne ne pouvait aider l'équipe à déterminer les traits

de personnalité garants d'une mission réussie. Dès qu'elle avait déterminé les traits, l'équipe devait élaborer la méthode la plus efficace pour les évaluer chez les candidats. »

14 S. Highhouse, « Assessing the Candidate as a Whole: A Historical and Critical Analysis of Individual Psychological Assessment for Personnel Decision Making », *Personnel Psychology*, vol. 55 (2002), 371.

15 *Ibid.*, 371.

16 *Ibid.*, 371.

17 *Introduction to Assessment Center*, www.ipmaac.org/files/ac101.pdf, 4, 15 janvier 2004.

18 *Introduction to Assessment Center Exercise Examinations*, http://www.pass-prep.com/overview/introduction.htm, 3 février 2004.

19 Ibid endnote 10, 24. Il est important de noter que les psychiatres n'ont fourni qu'une évaluation d'un candidat et formulé des recommandations selon son rendement général pendant son séjour au centre d'évaluation. Un conseil a été créé pour passer en revue les résultats et décider des candidats à accepter.

20 Des exemples de champions abondent dans l'histoire des SOF. Les commandos ont été créés seulement en raison de l'intérêt personnel de Churchill, qui cherchait un moyen de combattre les Allemands et qui a eu l'idée d'une force de Leopards qui pourrait attaquer l'ennemi et se replier rapidement. Il a écrit aux chefs d'état-major pour leur expliquer que: « les missons doivent inclure des troupes spécialiées de type 'chasseur', qui peuvent créer un règne de terreur visant d'abord le 'boucher', et je demande aux chefs d'état-major de me proposer des mesures pour une mission énergique et une offensive incessante contre les Allemands qui occupent tout le littoral » . Selon Messenger, « les chefs d'état-major se sont réunis le 6 juin et se sont penchés sur ses idées. On leur a notamment demandé de dresser des plans pour organiser des compagnies 'd'intervention', pour transporter et livrer des chars sur la plage, pour élaborer un système complet d'espionnage et de renseignement le long du littoral occupé par l'ennemi et pour créer une force 'de barrage' composée de 5 000 soldats. » C. Messenger, *The Commandos 1940-1946*, Londres, William Kimber, 1985, 25-26. Comme Parker l'explique, « l'armée britannique a enfin accepté de créer des forces 'de guérilla' ». John Parker, *Commandos. The Inside Story of Britain's Most Elite Fighting Force*, Londres, Headline Book Publishing, 2000. Dans le cas du SAS, Eric Morris note ce qui suit: « Auchinleck a donné la permission à Stirling de recruter une dizaine d'officiers et 60 soldats de ce qui restait de la *Layforce* et de les

préparer à une opération imminente. Il avait l'intention de lancer une importance offensive en novembre. L'unité de Stirling devait être parachutée derrière les lignes de l'ennemi et détruire ses aéronefs la veille du combat. Dudley Clarke avait créé une organisation nommée Special Air Service Brigade. En réalité, elle n'existait pas, mais elle visait à confondre l'ennemi et à lui faire perdre temps et ressources à chercher à quoi elle servait. Une telle tromperie serait encore plus crédible s'il y avait bel et bien des 'hommes sur le terrain'. L'unité de Stirling est devenue le détachement L de la Special Air Service Brigade. Un régiment et une légende venaient de naître. Auchinleck a accepté sans hésiter le dernier paragraphe de la note de service de Stirling. Il commandait directement le détachement L. Le comité ne devait pas s'ingérer (où ?) et l'effectif spécialisé devait être utilisé à bon escient. David Stirling a été promu capitaine et affecté au commandement du détachement. La base d'entraînement a été établie à Kabrit, un petit village sur les rives du lac Great Bitter Lake à environ 100 miles du Caire. Stirling était peut-être commandant en chef, mais la vie n'était pas plus facile pour lui. Il était très difficile de trouver matériel et approvisionnements et les premières recrues ont dû s'en remettre à leur esprit d'initiative et à leur ingéniosité comme dans les premiers temps. » E. Morris, *Guerillas in Uniform*, Londres, Hutchinson, 1989; E. Morris, *Churchill's Private Armies*, Londres, Hutchinson, 1986. Le même problème a aussi affligé les Américains. Les Rangers américains modernes ont été formés le 1er juin 1942, alors que le Général George Marshall, chef d'état-major, a ordonné la création d'une organisation de commando américaine. Marshall voulait un personnel qui possédait une expérience du combat pouvant bénéficier à toute l'armée de terre. À cette fin, il a ordonné la mise en service du *1st Ranger Battalion* le 19 juin 1942 à Carrickfergus en Irlande du Nord.

21 *Ibid.*, 3. Il est intéressant de noter que le 23 janvier 1987, les chefs d'état-major interarmées combinés ont annoncé la formation du SOCON.

22 *Ibid.*, 3. Selon la recherche menée par l'AARI, le taux de réussite après sélection est d'environ 85 %.

23 K. Finlayson et C.H. Briscoe, « Case Studies in the Selection and Assessment: The First Special Service Force, Merrill's Marauders and the OSS », *Special Warfare Magazine,* automne 2000, 29.

24 N. Schmitt et R.A. Noe, « Chapter 3: Personnel Selection and Equal Employment Opportunity », *International Review of the Industrial and Organizational Psychology,* sous la direction de C.L. Cooper et I. Robertson, 1986, 71.

25 Glossaire de termes, http://www.neiu.edu/~dbehrlic/hrd408/glossary.htm, 12 décembre 2003.

26 T.L. Russell, M.R. Rohrback, M.T. Nee, J.L. Crafts, N.G. Peterson et F.A. Mael, *Development of a Roadmap for Special Forces Selection: Forces Selection and Classification Research*, États-Unis, Army Research Institute for the Behavioural and Social Sciences, Technical Report 1033, octobre 1995, 4-5.

27 *Ibid.*, 4.

28 *Ibid.*, 11.

29 M.M. Zazanis, R.N. Kilcullen, M.G. Sanders et D.A. Crocker, « Special Forces Selection and Training: Meeting the needs of the Force in 2020 », *Special Warfare Magazine*, été 1999, 27.

30 *Ibid.*, 27.

31 A. Weale, *Secret Warfare*, Londres, Coronet Books, 1997, 195. Weale a tiré un extrait de D.M. Horner, *SAS: Phantoms of the Jungle*, Battery Press, 1989, 259.

32 *Ibid.*, 195. Parmi les autres attributs, mentionnons l'esprit d'équipe, le jugement, la condition physique et l'honnêteté. Les attributs les plus importants, nommés les attributs cruciaux, font partie des sous-catégories. L'importance accordée à chacun de ces attributs varie selon l'unité et dépend de ce que l'unité recherche chez un candidat. Par contre, s'il est déterminé qu'un candidat ne possède pas un attribut crucial, il est immédiatement RTU.

33 C.L. Cooper et I. Robertson, *Review of the Industrial and Organizational Psychology 1986*, John Wiley & Sons Ltd, 1986, 53. « L'évaluation par les pairs est une démarche qui permet aux candidats de s'évaluer entre eux. Cette évaluation sert aux fins de sélection du personnel. Selon Kane et Lawler (1978), trois techniques sont couramment utilisées. La première est la nomination par les pairs (chaque candidat nomme un nombre précis de membres du groupe qui, selon lui, accomplissent mieux une dimension particulière). La notation par les pairs permet à chaque membre d'un groupe d'évaluer ses pairs sur un ensemble de dimensions à l'aide d'un des nombreux types d'échelles de notation. Finalement, le classement par les pairs permet à chacun des membres d'une équipe d'évaluer un ou plusieurs aspects des autres et de les classer du meilleur au pire. La notation par les pairs est la technique la plus souvent utilisée, alors que le classement par les pairs est la moins utilisée. Pourquoi les évaluations par les pairs ont-elles un pouvoir de prédiction? Il semble que les subalternes tentent de mieux se comporter en présence des superviseurs. Ainsi, l'évaluation par le superviseur est influencée par l'image quelque peu trompeuse présentée

par le subalterne, ce qui peut diminuer la validité de l'évaluation. Par contre, les membres d'une équipe semblent être davantage sincères entre eux et affichent parfois des aspects de leur personnalité qui peuvent être décelés par leurs pairs. »

34 Ibid endnote 29, 22. Le PFT est un test de performance physique en trois étapes (qui comprend des redressements assis, des tractions et une course de deux miles) qui sert à évaluer l'endurance. Dans le cadre du programme de conditionnement physique, le PFT vise à fournir une évaluation de base peu importe le GPM ou la fonction. Les points sont en fonction du sexe et de l'âge et permettent de calculer la note de passage. Les points sont en centile, le 60e centile étant le minimum. Le Center for Health Promotion and Preventive Medicine de la *US Army*, http://www.hooah4health.com/4You/apft.htm, le 17 juillet 2004.

35 M.L. Teplitzky, *Physical Performance Predictors of Success in Special Forces Assessment and Selection*, Washington, D.C., Research Institute de la *US Army*, novembre 1991, 1.

36 T. Geraghty, *Who Dares Wins: The Special Air Service-1950 to the Gulf War*, Londres, Time Warner Paperbacks, 1993, 503.

37 *Ibid.*, 509.

38 Ibid endnote 35, 1.

39 Les SOF ne veulent pas de tests prédictifs dans ce domaine. Ils veulent que les candidats passent toutes les étapes et soient encore efficaces à la fin du processus.

40 T. Clancy et C. Stiner, *Shadow Warriors: Inside the Special Forces*, New York, NY, Penguin Putnam, 2002, 132.

41 Dans certains cas, pour un attribut crucial comme l'honnêteté par exemple, si un candidat échoue, ce qui signifie qu'il a montré qu'il n'était pas digne de confiance, il est peu probable qu'il ait une deuxième chance; il sera alors rapidement RTU. Contrairement à ce que l'on croit généralement, les soldats des SOF ne sont pas des solitaires du type « Rambo » que l'on voit dans les films. Ils doivent s'adapter facilement au travail d'équipe. Peu importe s'ils sont de bons soldats ou de bons soldats des SOF, car s'ils ne peuvent pas travailler en équipe, ils ne réussiront pas le processus de sélection. En fait, la capacité de travailler en équipe est probablement un attribut crucial. S'il est déterminé que le soldat ne possède pas cette capacité, il sera rejeté.

42 Ibid endnote 35, 509. Même s'ils sont prévenus des difficultés, de nombreux candidats ne sont pas prêts quand ils se présentent pour le test au centre d'évaluation. Il est précisé dans la documentation électronique produite par les forces spéciales américaines que « vous recevrez de l'instruction sur les sujets militaires faisant l'objet de l'évaluation. Le parcours est un exercice de navigation terrestre sur une distance allant de 18 km à environ 50 km. La distance et le poids transporté augmentent pendant le parcours, mais on ne saurait trop insister sur la préparation mentale et physique nécessaire. » Ainsi, pendant l'exercice 1991, 2 236 candidats se sont présentés au camp Mackall pour le test initial des forces spéciales et seulement 1 863 (83 %) ont été retenus pour la première étape. Il est surprenant que 10 % des candidats aient été rejetés pour avoir échoué au PFT. Martha L. Teplitzky, 1.

43 Lieutenant-colonel Robert W. Marrs, 3

44 *Ibid.*, 3.

45 Ibid endnote 35, 1-4.

46 Ibid endnote 29, 21-23.

47 *Ibid.*, 21-23.

48 Ibid endnote 36, 508.

Chapitre 3

Comprendre l'excellence:
entraînement des SOF

Major Tony Balasevicius

Les Forces d'opérations spéciales (SOF) ont accru leur rôle dans les opérations militaires qui se déroulent en maints endroits du globe dans le cadre de la lutte au terrorisme, lancée dans les premiers jours suivant l'attaque terroriste du 11 septembre 2001 contre les États-Unis. Par exemple, les SOF déployées en Afghanistan ont montré leur capacité à s'adapter aux circonstances. En effet, avec seulement 300 soldats, leurs équipes ont réussi à rallier, sous l'Alliance du Nord, des groupes anti-talibans, rivaux et mal organisés, alliance qui a éventuellement défait les forces talibanes. Dans ce cas, la contribution des SOF s'est avérée extrêmement efficace. Kandahar est tombée en seulement 49 jours de combat après la participation de ces nouvelles forces aux opérations[1].

Cette efficacité, surtout la capacité de mener des opérations contre un ennemi asymétrique, avec une économie de forces, propulse les SOF à l'avant-plan des activités militaires courantes. Un exemple éloquent s'est produit aux États-Unis quand la Maison-Blanche a confié aux SOF américaines de plus grandes responsabilités à l'égard de la planification et de la direction des opérations de contre-terrorisme mondiales[2]. Cette tendance n'étonne pas les personnes qui connaissent la nature de ces organisations et la qualité des soldats dont elles disposent. Les combattants des SOF sont à l'aise dans les situations équivoques et possèdent les compétences nécessaires pour mener à bien des missions complexes. Ces attributs, jumelés à un extraordinaire esprit d'initiative, ont permis aux SOF de transformer les compétences acquises par un entraînement spécialisé en capacités appropriées qui, jusqu'à maintenant, se sont avérées suffisamment adaptables pour faire face aux nouvelles menaces et relever les défis du XXIe siècle.

Pour atteindre de hauts niveaux d'efficacité opérationnelle, les soldats des SOF doivent suivre une longue période d'entraînement afin d'acquérir un ensemble de compétences très spécialisées. Avec le temps, cet entraînement s'est transformé en un programme complexe comptant de nombreuses phases s'appuyant chacune sur les résultats de la phase précédente. Les éléments de base de l'entraînement des SOF sont plutôt simples et incluent, entre autres, les compétences individuelles, les compétences avancées, l'instruction collective, les techniques d'infiltration et l'apprentissage des langues. L'entraînement est conçu de manière à produire des soldats très compétents possédant une grande capacité d'adaptation, ayant une grande confiance dans leurs propres moyens et une confiance absolue dans les compétences de leurs co-équipiers[3]. Dans le présent chapitre, nous parlerons de l'évolution de l'entraînement moderne des SOF et surtout des critères opérationnels qui ont fait de l'entraînement particulier une composante essentielle de leurs nombreux programmes actuels.

Les principes fondamentaux qui gouvernent l'entraînement des SOF sont les mêmes qui guident les forces militaires traditionnelles. À cet égard, l'entraînement est conçu pour produire un certain nombre de résultats, notamment, donner aux soldats une compréhension commune des tactiques, techniques et procédures (TTP) d'une organisation donnée et leur permettre de les mettre périodiquement en pratique. Mais avant tout, l'entraînement permet à une organisation d'inculquer à ses soldats un code uniforme d'éthique et de valeurs, lequel, espère-t-on, contribuera à créer une atmosphère de compréhension et de confiance mutuelles, de cohésion et d'excellence professionnelle[4]. Pourtant l'entraînement des SOF se distingue par son intensité et est davantage axé sur la production de soldats autonomes et polyvalents, quoique capables de travailler en équipe. D'ailleurs, cette philosophie est un aspect clé de l'entraînement des SOF qui a ses racines dans les expériences des premières unités SOF de la Deuxième Guerre mondiale.

Les premières SOF modernes ont été les unités d'action directe issues des commandos britanniques. Il s'agissait de « troupes légères, mobiles et agressives, capables d'effectuer des raids ou des missions de courte durée derrière les lignes ennemies »[5]. Au cours de la Deuxième Guerre mondiale, une trentaine de ces commandos (nom qu'on donnait aux unités tactiques) ont été mis sur pied. Ils ont été entraînés et équipés pour mener des offensives contre les défenses allemandes établies sur les côtes de l'Europe occupée. Pour les chefs militaires, ces opérations étaient des « missions d'action directe traditionnelles comprenant des frappes rapides et d'autres actions offensives pour capturer des ennemis ou détruire, endommager ou récupérer du matériel »[6]. Le programme d'entraînement élaboré pour ces unités mettait l'accent sur le perfectionnement du soldat et même si les ensembles de compétences à acquérir n'étaient ni plus ni moins que des techniques perfectionnées de combat, les conditions de leur acquisition étaient extrêmement exigeantes et réalistes[7].

L'intensif entraînement des commandos a produit d'excellents soldats prêts à combattre, tout en écartant rapidement les candidats plus faibles. À cet égard, l'expérience britannique dans le domaine a tant intéressé les Alliés, que les Américains ont décidé d'envoyer leur premier groupe de Rangers suivre le cours de commando qui se donnait au château d'Achnacarry en Écosse[8]. L'analyse de l'entraînement des Rangers permet des observations intéressantes et révèle surtout la philosophie d'entraînement qui avait été élaborée pour les unités d'action directe, ce qui est particulièrement pertinent compte tenu que les Rangers sont toujours un élément très actif des SOF américaines[9].

Pendant le séjour des Rangers au centre d'entraînement des commandos d'Achnacarry, les Britanniques ont transformé le cours en un remarquable programme d'entraînement[10] reposant sur trois éléments distincts: le maniement de tous les types d'armes et d'équipements de l'unité, la préparation au combat qui comprenait un entraînement le plus réaliste possible et le conditionnement physique[11].

La pierre angulaire du programme de conditionnement physique des commandos était la marche. Il y avait d'abord de courtes excursions de quelques milles qui graduellement s'allongeaient en sorties de seize milles. Le Colonel William Darby, premier commandant des Rangers, espérait que ses hommes, « transportant tout leur équipement, aient une allure moyenne supérieure à quatre milles à l'heure sur un parcours accidenté »[12]. Les marches, selon ce dernier, « permettaient le développement maximal des poumons et des jambes, et surtout, des pieds »[13]. « Au cours des premières sorties, on comptait les ampoules par dizaines. Mais à la longue, nous nous sommes endurcis et nos pieds ont pu résister à tous les chocs »[14]. Le programme de conditionnement physique comprenait également des combats à mains nues et d'éreintantes courses à obstacles. En plus d'éprouver la condition physique des hommes, certains exercices avaient été spécialement conçus pour mettre leur courage à l'épreuve, par exemple, la « descente de la mort ». Les hommes devaient grimper jusqu'à une plate-forme, juchée à quarante pieds dans les airs, puis se laisser descendre le long d'un câble à « un angle vertigineux de près de 45 degrés jusqu'à un arbre sur l'autre rive d'une rivière aux eaux rugissantes »[15].

Le deuxième élément du programme d'entraînement mettait l'accent sur le perfectionnement des techniques de combat. Chaque homme devait atteindre des standards très élevés de maniement des armes et de l'équipement de l'unité, allant de la radio et des véhicules aux armes de section comme les mitrailleuses et les bazookas. « L'instruction sur les armes, précise le Colonel Darby, était plus complète que celle que recevait à l'époque le soldat d'infanterie moyen »[16]. Mais la maîtrise des armes n'était qu'une des techniques de combat exigées des soldats de ces premières SOF. Ils apprenaient également l'orientation, la traque, la façon de tuer sans bruit, les techniques élémentaires de survie, les missions de reconnaissance, les patrouilles, les combats de rue, le démantèlement des fortifications, la destruction des casemates et l'utilisation des explosifs. Pour que l'enseignement soit le plus réaliste possible, les Britanniques avaient incorporé dans leur programme d'entraînement un troisième élément, la préparation au combat[17].

La préparation au combat visait à exposer les soldats aux conditions rencontrées au cours des affrontements. Les Britanniques ont utilisé à cette fin une série de cours mettant l'accent sur l'agressivité et le travail en équipe. Le Colonel Darby se souvient qu'un de ces cours s'intitulait « *me-and-my-pal* » (mon compagnon et moi). L'instruction insistait sur l'importance pour deux hommes de travailler en équipe :

> Un homme couvrait constamment son compagnon et quand ce dernier s'approchait d'un bâtiment de faible hauteur, il brisait une fenêtre et en se blottissant contre le mur, jetait une grenade à l'intérieur. Ensuite, sous la couverture de son compagnon, il pénétrait dans le bâtiment afin de s'assurer que la voie était libre. Il faisait alors signe à son compagnon de le rejoindre. Quand, durant le cours, les hommes franchissaient des murs de pierre, rampaient sous des enchevêtrements de barbelés, traversaient des cours d'eau, grimpaient des collines, un des deux devait couvrir l'autre. Des cibles surgissaient à l'improviste, ce qui obligeait parfois l'un des deux à tirer par-dessus la tête de son compagnon. Même si c'était dangereux,

l'entraînement soulignait l'importance de faire confiance à ses amis et le type de coopération exigé dans les Rangers[18].

Un autre volet important de cette phase d'entraînement était les exercices d'endurance de trois jours dont chacun se terminait par une simulation de bataille. Selon ce qu'en pensaient les commandos, la plupart des soldats réussissaient sans trop de difficultés à passer à travers les exercices physiques de la première journée, les bons soldats survivaient à la deuxième journée mais seuls les meilleurs pouvaient endurer les trois jours d'abus et être en état de combattre[19]. Après avoir bien intégré ces techniques élémentaires de combat, les Rangers passaient à la phase suivante, l'infiltration.

Puisque les commandos étaient avant tout des spécialistes des raids côtiers, cette phase privilégiait les assauts amphibies et contre des falaises. Les compagnies « franchissaient le lac à bord d'embarcations en toile qu'elles échouaient tant bien que mal sous les tirs de tireurs embusqués »[20]. L'entraînement terminé, le premier bataillon de Rangers a été envoyé au combat le 8 novembre 1942 pour l'Opération Torch, soit l'invasion anglo-américaine en Afrique du Nord française. C'est au cours de cette opération qu'on constata toute l'efficacité de l'entraînement que les Rangers avaient reçu au château d'Achnacarry. En effet, dès leur entrée dans la bataille, ils s'emparèrent rapidement de leurs objectifs et dans les mois suivants, ils établirent un standard d'excellence sur les champs de bataille qui allait les faire entrer dans l'histoire en tant qu'unité de combat de première classe.

Grâce à son programme, le centre d'entraînement des commandos au château d'Achnacarry a jeté les bases de l'entraînement des SOF. Il a établi la référence pour les techniques de combat exigées des soldats des SOF, et surtout pour « la condition physique, le maniement des armes (des forces amies et ennemies), la destruction, l'orientation, le combat rapproché, l'abattage silencieux, la transmission de messages, les techniques élémentaires de survie, les assauts amphibies et contre des falaises et la conduite des véhicules »[21]. On ne s'étonne pas que d'autres routines classiques d'entraînement aient vu le jour avec les commandos, et qu'elles réapparaissent depuis sous diverses formes dans les programmes d'entraînement des SOF. Les longues journées d'entraînement dans des conditions réelles, telles la collaboration entre les officiers et les soldats sur les mêmes parcours, le maintien de standards élevés, le « système de compagnons » et l'instruction commune sur les armes et l'équipement de toutes les unités pour n'en énumérer que quelque-unes. En réalité, le programme d'entraînement des commandos de 1942 était si bon que le concept de l'entraînement individuel comme base du perfectionnement de techniques plus avancées est devenu un élément clé de la philosophie moderne de l'entraînement des SOF.

Pourtant, dès 1942, le besoin pour des missions d'action directe de grande envergure avait commencé à diminuer. Les unités comme les commandos et les Rangers, d'abord entraînées comme des spécialistes des raids, ont vu leur rôle péricliter durant la guerre à un point tel qu'au moment de l'Opération Torch, ces dernières n'étaient plus que des forces d'infanterie légères spécialisées dans les assauts amphibies[22]. Mais heureusement, avant même le déclin des missions d'action directe de grande envergure dans le programme des SOF, on avait commencé à employer pour des opérations spéciales de petites équipes entraînées pour exécuter un plus large éventail de tâches pendant des périodes beaucoup plus longues[23].

Toutefois, pour être en mesure de se déployer durant de longues périodes, ces petites équipes devaient être autonomes. C'est-à-dire qu'elles devaient posséder des compétences très particulières, lesquelles devaient nécessairement être réparties parmi leurs effectifs. Avec le temps, ces spécialisations sont devenues cruciales au succès des missions des SOF puis indispensables à l'organisation des équipes. Le Long Range Desert Group (LRDG), dont la mission consistait à se déployer derrière les lignes ennemies et à rendre compte des mouvements et des activités des forces ennemies dans le désert africain constitue un bon exemple de cette évolution.

Le LRDG avait organisé ses patrouilles de 15 hommes autour de quatre spécialités. Ainsi chaque patrouille était dotée d'un signaleur, d'un navigateur, d'un mécanicien et d'un infirmier. Le reste des membres étaient des chauffeurs et des mitrailleurs à qui on pouvait également donner une instruction dans une des quatre spécialités afin de disposer de remplaçants[24]. « Les hommes du L.R.D.G. avaient tous une spécialité », relate le Capitaine Shaw Kennedy, un officier du LRDG. Il ajoute que, « de tous ces spécialistes, les signaleurs étaient probablement les plus indispensables, suivis de près par les navigateurs »[25].

Selon le Capitaine Kennedy, le LRDG était surtout une unité de reconnaissance et, en cela, la capacité de maintenir les communications avec le quartier général des opérations était essentielle. « Sans elles, une patrouille éloignée de trois à quatre cent milles de sa base ne pouvait ni transmettre des renseignements cruciaux ni recevoir les derniers ordres. Si les transmissions échouaient, la meilleure chose à faire était de rentrer à la base »[26]. Selon l'historien Eric Morris, « ces opérateurs étaient l'élément vital de l'équipe et leur tâche consistait à s'assurer que, le moment venu de transmettre au quartier général des données codées, eux et leur appareil étaient toujours en état d'alerte »[27]. En outre, les signaleurs devaient savoir utiliser l'équipement de communication, connaître les procédures et les techniques élémentaires de communication et, surtout, savoir comment réparer et entretenir leur équipement sur le champ.

L'importance de maîtriser les techniques de navigation dans le désert saute aux yeux « lorsqu'on sait que sur un trajet de 500 milles, une erreur de deux degrés vous fera rater l'objectif de 17 milles, ce qui peut être catastrophique, pour une patrouille qui se trouve derrière les lignes ennemies, ou qui cherche désespérément un dépôt de ravitaillement »[28]. Comme les cartes de l'Afrique étaient rares, le LRDG devait naviguer à la boussole et à l'observation des astres fixes. C'est pourquoi on dispensait aux membres de l'équipe une instruction poussée sur la fabrication d'un compas solaire, qui est, ni plus ni moins, qu'un cercle fixé sur un plan horizontal gradué de 360 degrés. Les soldats apprenaient « qu'en tournant le cercle, fixé sur le tableau de bord du camion, ils pouvaient suivre la trajectoire du soleil dans le ciel et que pendant le jour l'ombre projeté indiquait l'orientation à suivre pour le camion »[29].

Manifestement, les patrouilles LRGD dépendaient entièrement de leurs véhicules. Les conducteurs devaient donc apprendre à entretenir et à réparer les véhicules afin qu'ils puissent fonctionner durant les longues périodes passées loin du camp. Les soldats, quant à eux, devaient apprendre la mécanique, surtout la façon d'entretenir, de réparer et de modifier les nombreuses pièces des véhicules, connaître les routines de l'entretien courant et résoudre les incertitudes qui survenaient. Ils devaient également connaître les routines d'entretien des circuits de refroidissement, de lubrification et d'échappement du moteur ainsi que des systèmes de transmission, de direction et de suspension, et du moteur lui-même. Mais leur principal atout était la capacité d'improviser avec le peu de pièces de rechange dont ils disposaient[30].

Malgré l'impressionnant niveau de compétence atteint par bon nombre de ces soldats, l'élément le plus important des équipes demeurait l'infirmier. Les soldats détenant la spécialité médicale devaient posséder suffisamment de connaissances pour être capables de prodiguer à leurs collègues les soins primaires de base durant les missions. Ils devaient surtout pouvoir maintenir en vie pendant quelque temps les blessés de guerre. On devait donc former les infirmiers des SOF comme des fournisseurs autonomes de soins durant les déploiements de leur équipe. Tony Geraghty, auteur et spécialiste renommé du *Special Air Service* (SAS)[31], souligne l'importance de cette spécialité pour le fonctionnement de l'équipe SOF. « Le poste de spécialiste compétent en soins d'urgence et en chirurgie élémentaire, fait-il observer, n'a pas à être comblé par un médecin attitré. Si la situation est critique, un médecin sera parachuté sur les lieux et le blessé sera évacué. Un bon « médecin de brousse » [infirmier] saura juger de l'urgence. Il soupèsera le besoin en regard du risque que la turbulence et le bruit engendrés par l'évacuation d'un blessé annihile la sécurité d'une opération secrète ... »[32]. Il ajoute que « l'infirmier de la patrouille est également utile en prodiguant aux civils et à leurs animaux de ferme des soins élémentaires dans un cadre rudimentaire conformément à la ... politique visant à solliciter la coopération de la population indigène ... »[33].

Dans les organisations militaires traditionnelles, ce niveau de savoir se retrouve que dans les sections ou les unités spécialisées. En outre, étant donné qu'il y a souvent pénurie de ce type de compétences, on affecte temporairement les infirmiers auprès de sous-unités selon le besoin et en fonction des priorités et des besoins de la mission. Comme les équipes SOF ne peuvent se fier à ce type de soutien limité, surtout lorsqu'elles sont déployées, elles doivent connaître les compétences les plus indispensables, ce qui est le but de leur entraînement spécialisé.

Le membre des SOF doit également pouvoir vivre pendant des périodes prolongées dans des milieux isolés où les conditions sont rudes. La capacité de fonctionner derrière les lignes ennemies durant de longues périodes exige de la part des soldats de comprendre les réalités du milieu qui les entoure. Pour les forces militaires occidentales basées dans des zones tempérées, cela pose parfois des difficultés. Le Capitaine Kennedy replace dans son contexte la situation à laquelle les Britanniques ont dû faire face en Afrique du Nord durant la Deuxième Guerre mondiale:

> Il ne fait aucun doute qu'une part importante du succès hâtif et durable du L.R.D.G. a été attribuable à la vitesse et à la rigueur avec laquelle les Néo-Zélandais ont appris à vivre et à travailler dans le désert. En effet, il ne suffit pas d'avoir appris à fonctionner, dans le sens militaire du terme, dans le désert, quoique cela puisse représenter la moitié du combat. Naturellement, le conducteur doit être en mesure de conduire son véhicule dans des conditions complètement nouvelles pour lui, le signaleur de maintenir le contact, le navigateur de trouver son chemin et le mitrailleur de maintenir sa Vickers pleine de sable en état de marche. Mais ce

n'est pas tout. Survivre dans la Dépression de Kattara ou dans la Mer de sable en juin ou dans le Gebel Akhdar en février est en soi une science dont la pratique devient de l'art. Le problème est de maîtriser les éléments dévastateurs de la nature— chaleur, soif, froid, pluie, fatigue— de manière à conserver suffisamment d'énergie physique et de force mentale pour poursuivre le but premier, gagner la guerre, avec tout ce que cela comporte chaque jour[34].

La maîtrise des rigueurs de la nature peut s'avérer une tâche ardue. C'est pourquoi la plupart des SOF s'emploient à enseigner à leurs effectifs des techniques particulières d'adaptation au milieu. À cette fin, elles intègrent l'acclimatation à l'environnement dans leur programme d'entraînement normal, comme ce fut le cas pour le LRDG, en déplaçant la totalité ou une partie de l'entraînement dans des régions ou des milieux spécifiques. À propos, l'entraînement moderne du SAS s'inspire toujours largement de l'expérience acquise par l'unité dans la jungle au cours de la campagne de Malaisie dans les années 1950.

Le SAS a été créé en 1941 sous l'initiative de David Stirling pour effectuer des missions d'action directe de petite envergure derrière les lignes allemandes en Afrique du Nord[35]. Les premières recrues ont été choisies en majorité parmi les soldats du 8e Commando, dont Stirling était un officier. Comme la principale tâche de l'unité consistait à effectuer des missions d'action directe, les techniques de commando, maîtrisées par un bon nombre des soldats de l'unité, ont servi de bonne base pour l'entraînement subséquent. En réalité, l'entraînement initial de l'unité a permis de perfectionner bon nombre de ces techniques et d'en ajouter d'autres même s'il était surtout centré sur des critères particuliers, jugés essentiels pour fonctionner dans le désert[36].

Malgré quelques contretemps au début, l'idée de confier à de petites unités des missions d'action directe de petite envergure a très bien fonctionné. Avec la défaite des Allemands en 1945, le SAS, comme bien d'autres unités SOF formées durant la guerre, a été retiré de l'ordre de bataille. Il continua cependant d'exister comme unité territoriale. Le SAS a été ramené à la vie dans les années 1950 à cause d'une lacune particulière dans les capacités de l'armée britannique régulière. Les Britanniques, qui tentaient de mettre fin à une guérilla en Malaisie, cherchaient un moyen de contrer les insurgés qui opéraient au cœur de la jungle malaise[37]. Le SAS a été perçu comme l'élément capable de combler le vide.

Au cours des opérations en sol malais, le SAS a fait face à d'énormes difficultés dans la jungle et l'expérience a laissé des marques durables sur le régiment. Les anciens combattants de la campagne affirment qu'il n'y a pas de pire endroit que la jungle et croient que quiconque peut fonctionner dans un tel milieu est capable de fonctionner partout sur la planète. C'est pour cette raison que les candidats pour un poste dans le SAS sont encore aujourd'hui envoyés à la *British Jungle School* pour suivre un entraînement de six semaines. Au cours de cette phase de leur entraînement, on leur enseigne comment vivre, se déplacer, naviguer, utiliser des explosifs de destruction et combattre dans la jungle[38].

Ils s'initient aussi à d'autres techniques pendant cette phase d'adaptation au milieu, notamment, la fabrication d'outils et de matériel de survie, la façon d'apprêter le gibier, la construction d'abris et la façon d'allumer un feu. Ils apprennent à reconnaître les plantes vénéneuses ainsi que les végétaux et les animaux comestibles[39]. Après avoir acquis les techniques de base de survie, le soldat accroît sa confiance en lui-même et en sa capacité à maîtriser son destin quel que soit l'endroit où il se trouve.

Quoiqu'il en soit, l'autonomie et l'auto-suffisance constituent un seul des aspects importants. Pour être efficaces, les soldats des SOF doivent également être en mesure de très bien fonctionner au sein d'une équipe. Le LRDG a très bien compris cette exigence. Après l'entraînement spécialisé et d'adaptation au milieu, on a formé des patrouilles, et les hommes ont immédiatement commencé la phase suivante de leur entraînement. Le but de cette phase n'était pas seulement de confirmer les nouvelles techniques acquises mais surtout de modeler les soldats pour qu'ils puissent fonctionner dans un cadre collectif en tant que membres d'une équipe.

L'instruction collective, comme on l'appelle aujourd'hui, est un moyen par lequel un commandant prend une équipe complète de soldats qualifiés et, en y mettant le temps et les ressources nécessaires, et en imposant une doctrine et des critères précis, produit un groupe tactique cohérent et apte au combat[40]. Il s'agit d'une phase progressive qui comporte parfois des niveaux selon la taille des équipes. Chaque niveau offre trois stades: l'entraînement initial, la mise en pratique et la confirmation. Ce dernier stade, la confirmation, est l'étape ultime de chaque niveau de l'instruction collective. Il prend habituellement la forme d'un exercice militaire de portée et de durée suffisantes pour mettre adéquatement à l'épreuve les équipes dans tous les aspects des missions et des tâches qu'on pourrait leur assigner[41].

Pour le LRDG, le stade de la confirmation a été une partie cruciale du programme d'instruction collective. Chaque patrouille devait se déplacer dans le désert suivant des trajets en boucle le long desquels des caches de produits pétroliers, d'eau et d'autres approvisionnements avaient été aménagées. L'exercice permettait aux patrouilles de commencer leur travail d'équipe dans le cadre de missions à faible risque. Dans les faits, l'entraînement de confirmation s'est très bien déroulé pour l'unité et, en relativement peu de temps, les patrouilles étaient prêtes pour des missions[42].

En fin de compte, les nombreuses méthodes novatrices d'entraînement du LRDG ont ajouté de nouvelles dimensions à l'organisation et à l'entraînement des SOF. Par exemple, pour pouvoir se déployer durant de longues périodes sans soutien de la part de leurs troupes, les petites équipes devaient compter sur des hommes beaucoup plus autonomes et spécialisés que les soldats généralistes bien entraînés des commandos[43]. Mais surtout, le LRDG a créé le concept d'une phase d'instruction spécialisée dans laquelle chaque membre d'une équipe SOF apprenait une technique différente en plus des techniques de combat générales. Le LRDG a aussi introduit l'idée d'un entraînement d'adaptation au milieu et d'une phase d'instruction collective et d'entraînement de confirmation, deux éléments qu'on retrouve systématiquement dans beaucoup de programmes des SOF. En réalité, le régime d'entraînement et l'organisation mis en place par le LRDG pour combler ses propres besoins, sont maintenant des éléments fondamentaux de bon nombre d'unités SOF actuelles. En outre, les opérations menées subséquemment par le LRDG ont validé le concept de l'emploi de petites patrouilles derrière les lignes ennemies pour de longues périodes. Il a montré que de telles opérations pouvaient réussir si de petits groupes très compétents effectuaient une planification minutieuse, étaient capables de s'adapter, étaient bien entraînés et bien équipés, s'ils établissaient des communications adéquates et s'ils pouvaient bouger vers l'intérieur ou l'extérieur de leur zone d'opérations.

La capacité des SOF de pouvoir bouger vers l'intérieur ou l'extérieur de leur zone d'opérations a été une caractéristique importante dès leur formation et elle demeure un élément clé du processus d'entraînement. Dans le cas des commandos et des Rangers, les moyens d'insertion étaient centrés sur les opérations amphibies et étaient enseignés à la fin du programme d'entraînement[44]. À cause en partie de la nécessité d'effectuer des missions d'action directe de grande envergure, ces unités se concentraient en général sur une seule méthode d'infiltration, laquelle se limitait aux moyens de déployer et de soutenir un grand nombre de soldats, notamment les opérations aéroportées (sauts à ouverture automatique), maritimes (amphibies) et héliportées. Les petites équipes SOF, comme le SAS, avaient tendance à utiliser de plus petits groupes et, en conséquence, elles avaient le choix de plusieurs méthodes d'infiltration, ce qui leur donnait plus de marge de manœuvre et une meilleure occasion d'entrer dans une zone d'opérations sans être découvertes.

La philosophie de l'instruction des méthodes d'infiltration aux membres des équipes SOF a ses racines dans la création du SAS au cours de la Deuxième Guerre mondiale. Son fondateur, David Stirling, avait émis l'hypothèse qu'en frappant simultanément plusieurs cibles, on aurait besoin de moins de soldats et d'équipements, car on pourrait exploiter l'effet de surprise. Mais Stirling a constaté que son hypothèse avait des failles et que la clé du succès de telles opérations dépendrait de l'effet de surprise, de la mobilité et de la capacité d'infliger des dégâts majeurs à l'ennemi grâce à la rapidité, à l'effet de choc et à la violence des actions, ce qui permettrait à son groupe de retraiter avant que l'ennemi réagisse[45]. Il croyait obtenir l'effet de surprise et la mobilité nécessaires en employant plusieurs techniques d'insertion. Stirling a finalement réussi à convaincre la chaîne de commandement de la valeur de son idée et le SAS voyait le jour[46]. Dans les faits, le SAS a utilisé pendant la guerre une combinaison de véhicules aéroportés, marins et terrestres comme principaux moyens d'insertion.

Avec le temps, les moyens courants d'infiltration ont évolué et ont inclus des techniques issues de ces trois catégories, notamment, l'utilisation de petites embarcations et de véhicules sous-marins, le parachutage, le parapente, la marche et l'utilisation de véhicules terrestres[47]. Le fait de disposer d'une multitude de moyens pour investir une zone d'opérations a procuré aux unités SOF une latitude accrue et, en conséquence, une meilleure chance de surprendre l'ennemi. Toutefois, chaque nouveau moyen ajoute à l'exigence générale d'entraînement. Non seulement y a-t-il une facture pour la phase initiale de qualification, mais le programme d'instruction de récupération et, parfois, l'infrastructure nécessaire pour appuyer la capacité, peuvent représenter des coûts considérables, par exemple dans le cas de la technique d'insertion par parachutage.

Le cours élémentaire de saut à ouverture automatique dure trois semaines et doit obligatoirement précéder les stades avancés de saut à ouverture commandée. Après cet entraînement, le soldat doit faire un saut en parachute tous les trois mois afin de maintenir sa technique. Si le soldat perd son accréditation, il doit suivre un stage de récupération avant de sauter de nouveau. Pour maintenir cette capacité, l'unité a besoin de spécialistes, soit pour assurer la sécurité du moyen, soit pour planifier et coordonner les opérations d'insertion. Mais si l'unité confie ces tâches à ses propres soldats, elle est contrainte à réduire ses équipes.

Pour résoudre ce problème, les unités SOF tendent à enseigner aux soldats, durant les diverses phases de l'entraînement initial, des techniques élémentaires d'insertion, comme la marche ou l'utilisation d'embarcations, si des opérations dans des cours d'eau intérieurs peu profonds sont prévues. Cette instruction est complétée par l'apprentissage de techniques plus avancées une fois que les soldats ont été intégrés aux unités. Pour pouvoir absorber la liste de plus en plus longue de nouvelles techniques d'infiltration et d'adaptation au milieu, les organisations de SOF ont désigné, centres de spécialisation, certaines de leurs sous-unités. Par exemple, le SAS actuel a établi un réseau de groupes spécialisés dans chacun de ses escadrons. Chaque escadron est « composé d'une troupe aérotransportée spécialiste des insertions par parachutage, d'une troupe alpine, d'une troupe marine et d'une troupe mobile »[48].

La troupe mobile est chargée de conduire les véhicules spécialisés. À cette fin, ses membres doivent suivre des semaines d'instruction sur l'entretien mécanique et la réparation des véhicules, qui traite aussi de la conduite hors route. Fait intéressant à noter, le groupe mobile a toujours eu comme terrain d'action le désert et apprend encore à se servir d'un compas solaire et d'un théodolite, et à s'orienter en observant les astres. La troupe marine se spécialise dans tous les types d'insertion par voie d'eau. Les soldats qui la composent apprennent à effectuer des opérations amphibies au moyen d'embarcations ou de canots, voire dans certains cas, de sous-marins.

La troupe des insertions aériennes suit une instruction sur les techniques avancées de saut en chute libre, comme le saut en haute altitude. Ce groupe a habituellement la tâche de repérer le terrain, et devance la force principale dans le but d'établir et de délimiter une zone de largage ou un terrain d'atterrissage, s'il y a lieu[49]. Les membres de la troupe alpine, quant à eux, doivent apprendre les techniques d'alpinisme et du ski. Leur entraînement inclut l'escalade ainsi que la construction d'ouvrages avec de la glace et de la neige[50]. Les exigences de la mission déterminent quelle troupe sera déployée ou prendra les commandes de l'opération.

Un autre élément clé de la capacité des soldats des SOF, surtout lorsque les équipes en mission doivent traiter avec la population locale, est la formation linguistique et culturelle. On ne saurait surestimer l'importance de cette formation pour les soldats des SOF puisque les avantages de parler la langue du pays se sont clairement manifestés lorsque les alliés ont déployé des équipes dans les territoires occupés par les Allemands durant la Deuxième Guerre mondiale pour y mener des activités secrètes[51]. Le bureau britannique des opérations spéciales [*British Special Operations Executive* (SOE)] et le bureau américain des services stratégiques [*American Office of Strategic Services* (OSS)] ont été spécialement créés pour coordonner les activités secrètes en Europe occupée. Ces activités allaient des émissions de radio en territoires occupés à l'insertion d'équipes très entraînées pour appuyer les mouvements de résistance en leur fournissant conseils, armes et autres types d'assistance. En réalité, beaucoup d'agents du SOE et de l'OSS étaient des ressortissants de pays alliés qu'on avait recrutés pour leur connaissance de la langue et de la culture locales[52].

La connaissance de la langue et de la culture a revêtu une importance accrue pour les Britanniques qui désiraient gagner le cœur et l'esprit des Malais. Comme ils devaient établir le contact avec la population, il leur a été crucial de comprendre la langue. Pour satisfaire aux exigences d'une campagne contre des insurgés, quelques soldats du SAS « ont commencé à apprendre le malais ou une pseudo « langue franque », ce qui leur a permis de tenir des conversations sommaires avec les Aborigènes qui vivaient et travaillaient dans les nombreuses zones d'intérêt. Mais étrangement, l'unité nouvellement créée n'a saisi l'importance de cette compétence que très tard dans le conflit et c'est à ce moment que l'apprentissage officiel de la langue commença »[53]. Depuis le virage de nombreuses SOF vers les opérations de guerre non classique avec l'intention d'organiser, d'entraîner, d'équiper, de conseiller et d'aider les forces indigènes et subalternes en vue d'opérations militaires et paramilitaires, et quand les interactions avec les populations locales sont cruciales au succès de la mission, la formation linguistique et culturelle s'est imposée comme compétence essentielle des SOF.

En théorie, chaque soldat des SOF reçoit une formation culturelle approfondie et acquiert des connaissances élémentaires de la langue parlée par la majorité dans le secteur d'intérêt particulier où son unité est affectée. Ainsi lorsque l'unité arrive dans le pays, elle comprend les coutumes de la population locale et ne s'aliène pas les gens qu'elle vient aider[54]. Mais la réalité est souvent tout autre. À moins que le soldat ait été choisi en partie pour ses compétences linguistiques, la formation nécessaire pour qu'il atteigne un niveau d'aisance adéquat sera énorme. Chose plus importante encore, la plupart des unités SOF étant petites, elles n'ont d'autre choix que de se concentrer sur les langues parlées dans certaines zones. Mais si elles ne sont pas déployées dans ces zones, la plus grande partie de leur formation aura été inutile. Par conséquent et malgré de gros efforts, la maîtrise d'une deuxième langue parmi les soldats des SOF est au mieux irrégulière.

Quoiqu'il en soit, la formation linguistique n'est pas une priorité pour la plupart des SOF et elle est dispensée de deux façons: à la fin du programme d'entraînement initial dans le cadre d'un cours de un, neuf ou dix mois ou dans le cadre d'une série de cours, en blocs de trois à quatre mois, répartis à différents moments dans le programme. La formation linguistique, comme tous les autres types d'instruction fournis aux soldats des SOF, se poursuit après l'affectation dans l'unité opérationnelle. Pour placer toutes ces compétences dans le contexte d'un programme d'entraînement moderne de SOF, nous examinerons la progression et les objectifs de l'entraînement des Forces spéciales (SF) américaines.

Les SF américaines modernes se spécialisent dans la guerre non classique. Fait étrange, cette spécialité des SOF n'est pas vraiment apparentée aux activités militaires classiques de la Deuxième Guerre mondiale. Cette spécialité a vu le jour lorsque l'OSS a défini le concept des groupes opérationnels (GO). Les GO pouvaient soit fonctionner seuls ou en coopération avec des groupes de partisans et exécuter un certain nombre de missions comme tendre une embuscade à des colonnes ennemies, couper les lignes de communications, faire exploser des voies ferrées et des ponts, de même que participer à l'approvisionnement des diverses factions de résistance[55].

À la fin de la guerre, l'OSS a été démantelé et la majorité de ses activités ayant trait au renseignement opérationnel a été transférée à la nouvelle *Central Intelligence Agency* (CIA). Au début, l'armée des États-Unis ne voyait pas la nécessité de se doter d'une capacité de guerre non classique; toutefois, pour faire face à la menace croissante des Soviétiques en Europe, on a créé en 1952 le *10th Special Forces Group* (Airborne) dans le but de mener une guerre non classique derrière les lignes de l'armée soviétique car on craignait une éventuelle invasion de l'Europe par les Russes[56].

L'organisation du détachement opérationnel des SF ressemblait à celle des GO qui s'étaient déployés en France[57]. On lui accorda un effectif de 15 hommes dont un commandant de détachement, un second et 13 hommes de troupe. L'équipe SF était en théorie apte à organiser, à soutenir et à diriger un groupe de guérilla de la taille d'un régiment. Ses spécialités incluaient les soins médicaux, les explosifs, les communications, les armes de même que les opérations et le renseignement[58].

L'organisation du détachement a été grandement influencée par des personnages comme le Colonel Aaron Bank, « qui était un membre de la branche des opérations spéciales de l'OSS, et qui avait participé aux activités de l'OSS/du SOE dans les théâtres d'opérations en Europe, en Méditerranée et en Chine, en Birmanie et en Inde »[59]. Au fil des années, la structure des SF est demeurée essentiellement la même mais son programme d'entraînement a été considérablement raffiné. À la fin des années 1980, les SF ont apporté quelques changements majeurs aux processus de sélection et d'instruction[60]. Elles les ont regroupés dans le cours de qualification des Forces spéciales [*Special Forces Qualification Course* (SFQC)], lequel comporte cinq phases: Compétences individuelles, Qualification de groupe professionnel militaire (GPM), Instruction collective, Formation linguistique et Libération[61].

Le programme d'évaluation et de sélection des Forces spéciales (SFAS) est le mécanisme par lequel sont choisis les candidats au SFQC. Le processus de sélection permet aux SOF d'évaluer les qualités jugées essentielles à un soldat des SOF. Le processus dure parfois 30 jours et comprend une instruction sur les principaux sujets militaires sur lesquels portera l'évaluation. L'élément central de cette phase est l'exercice de navigation entre des points distants de 18 à 50 kilomètres en transportant des charges de plus en plus lourdes à mesure que la phase d'évaluation progresse. Les candidats qui réussissent l'exercice sont admis à la phase suivante, appelée la phase des compétences individuelles. La matière de cette phase ressemble, à bien des égards, aux compétences qui étaient enseignées aux commandos en 1942 et qui sont toujours enseignées aux Rangers aujourd'hui[62].

La phase d'apprentissage des compétences individuelles dure environ 13 semaines. Les candidats commencent par un exercice de navigation terrestre (hors route), suivi de l'instruction sur l'adresse au tir et les opérations militaires en zones urbaines[63]. Ils abordent ensuite des sujets plus complexes comme les tactiques pour petites unités et la planification des missions et font des exercices de tir réel et quelques patrouilles[64]. Le Général Carl Stiner, ancien commandant du SOFCOM, a saisi l'essence de cette instruction:

On dispensait à chaque membre d'un détachement A l'enseignement suivant: l'adresse au tir avec l'arme personnelle (pistolet) et avec la carabine M-16, et l'utilisation des autres armes comme le fusil AK-47... Le soldat devait acquérir une précision de tir acceptable et savoir comment démonter et entretenir ces armes. Pour les grosses armes, comme les mortiers et les mitrailleuses, il devait savoir les installer et les utiliser adéquatement... Chaque soldat recevait aussi une instruction sur les explosifs.... [et] apprenait à se servir de tous les types d'appareils de communications. Il recevait une instruction poussée sur les premiers secours [et] apprenait à... aménager un terrain d'atterrissage et à guider les aéronefs de même qu'à préparer des zones de largage[65].

Après avoir terminé la phase des compétences individuelles, les soldats passent à l'apprentissage des spécialités opérationnelles. Ce stage d'instruction dure de 26 à 59 semaines et peut comprendre certaines activités comme la formation linguistique selon la durée de l'instruction spécialisée. D'après des sources non confidentielles, les postes spécialisés comprennent, entre autres, le commandant de détachement, le sergent d'armement, le sergent du génie, le sergent infirmier et le sergent des communications.

L'instruction pour le poste de commandant de détachement met l'accent sur les qualités de chef nécessaires pour « commander et employer les autres membres du détachement »[66]. Le deuxième poste spécialisé de l'équipe est celui de sergent d'armement. L'instruction porte sur « les tactiques, l'utilisation des armes antiblindés, le fonctionnement de tous les types d'armes légères américaines et étrangères, les opérations de tir indirect, les armes antiaériennes portables, l'emplacement des armes ainsi que sur la planification du contrôle de tir interarmes »[67]. Le sergent du génie suit une instruction sur les « techniques de construction, les fortifications de campagne et l'utilisation des explosifs ». Le sergent infirmier reçoit une instruction sur « les procédures médicales avancées dont le traitement des traumatismes et les interventions chirurgicales »[68]. Enfin, l'instruction du sergent des communications comprend l'installation et l'utilisation des appareils de communications haute fréquence et par rafales, la théorie des antennes, la propagation des ondes radio ainsi que les routines et les techniques de communications[69]. Selon les Américains, le choix des candidats pour les spécialités est déterminé par certains facteurs dont les antécédents, l'aptitude et l'intérêt de la personne ainsi que les besoins de l'organisation[70].

SFQC (Phase IV) : Formation linguistique – Cette phase peut durer jusqu'à 24 semaines. Le soldat qui possède déjà le profil linguistique SF en est exempté[71]. Après l'instruction spécialisée, les candidats des SF sont regroupés pour la phase de l'instruction collective et de la confirmation, qui dure environ 38 jours. On leur dispense une instruction supplémentaire sur les compétences courantes se rapportant surtout au but principal des missions des SF, soit les techniques de guerre non classique[72].

Le dernier exercice de la phase s'appelle « Robin Sage ». Il sert à faire l'amalgamation de l'instruction et de l'entraînement dans tous leurs aspects. Durant l'exercice, les candidats sont groupés en détachements fictifs et se déploient dans un pays fictif où ils forment des groupes de guérilla avec les habitants. La dernière phase (phase V) dure environ une semaine. Il s'agit ni plus ni moins de la phase de libération des soldats qui sont alors affectés à leur poste initial auprès des SOF, où ils devront exploiter à fond leur instruction en tant que membres clés de l'équipe SOF.

Le niveau de qualité d'entraînement que les soldats des SOF d'aujourd'hui apportent à leurs équipes s'inspirent directement des missions pour lesquelles les SOF avaient été entraînées à l'origine et des conditions dans lesquelles elles étaient censées fonctionner. Ces facteurs ont eu une grande incidence sur le mode d'organisation des unités SOF et sur la façon dont elles entraînent leurs soldats. Malgré leur complexité et leur durée, les éléments essentiels de ce processus d'instruction demeurent plutôt simples. Ce qui diffère d'une unité SOF à l'autre est la prépondérance accordée au type de spécialité et à la phase de l'instruction.

À cet égard, il n'y a pas de bonne ou de mauvaise combinaison car les bons programmes d'instruction sont un mélange d'art et de science. Tous les soldats reçoivent d'abord une instruction élémentaire quelconque qui ressemble à celle que les commandos britanniques ont reçue durant la Deuxième Guerre mondiale. Après cette introduction, les unités SOF passent à une instruction plus spécialisée au cours de laquelle, comme dans le cas des SF américaines et du LRDG, elles acquièrent les compétences spécialisées nécessaires au bon fonctionnement des équipes déployées et à l'exécution de leurs missions. Elles se soumettent après coup à une sorte de stade de confirmation. Qui plus est, les soldats appelés à travailler dans des théâtres d'opérations difficiles durant de longues périodes recevront un entraînement d'adaptation au milieu et une instruction sur les techniques de survie. Ils recevront aussi une instruction sur les techniques avancées d'infiltration, laquelle peut avoir lieu durant l'instruction initiale ou plus tard. Toute cette instruction donne aux organisations de SOF une grande latitude, une caractéristique qui explique pourquoi on fait si souvent appel à elles pour toutes sortes de choses.

Bien que les organisations SOF possèdent une grande capacité d'adaptation, cette dernière a ses limites. Il faut se rappeler que cette capacité découle de l'éventail des moyens mis à la disposition des soldats et du fait que ces derniers peuvent accomplir correctement de nombreuses tâches. Sur ce point, il y a une limite quant au nombre de compétences qu'un soldat peut acquérir tout en maintenant un haut standard d'efficacité. Toutefois, peu importe ce que l'avenir réserve aux SOF, leur succès sera toujours à la base du fait que des soldats bien préparés peuvent abattre n'importe quelle tâche. Cela est impossible sans une excellente instruction. Par contre, il ne faut pas oublier que l'instruction, aussi bonne soit-elle, n'est efficace que si elle est dispensée aux bons candidats. Et, évidemment, les bons candidats doivent être dirigés par de bons chefs.

NOTES

1 J.T. Carney et B.F. Schemmer. *No Room for Error: The Covert Operations of America's Special Tactics Units From Iran to Afghanistan*, New York, NY, Ballantine Books, 2002, 23

2 A. Feickert. *US Special Operations Forces (SOF): Background and Issues for Congress* <www.au.af.mil/au/awc/awcgate/crs/rs21048.pdf+Afghanistan+SOF+&hl=en>, consulté le 15 mars 2004. Selon l'auteur « les unités des U.S. SOF comptaient quelque 47 000 militaires actifs et réservistes dans l'Armée de terre, la Marine et la Force aérienne, soit environ 2 % de l'ensemble des effectifs actifs et de réserve. » *Ibid.*., 1.

3 R.N. Kilcullen, F.A. Mael, G.F. Goodwin, M.M. Zazanis. *Predicting Special Forces Field Performance*, United States Army Research Institute, mai 1988, 3.

4 Canada. Force terrestre, *L'instruction de l'Armée de terre du Canada (Français), But et Objectif de l'instruction*, B-Gl-300-008/Fp-002 MDN, chapitre 1, 1-2.

5 Encyclopédie Wikipedia en ligne. Commandos britanniques http://en.wikipedia.org/wiki/British_Commandos#Formation, consulté le 15 février 2004.

6 Joint Pub 3-05. II-11.

7 P. Young, "The First Commando Raids," *History of the Second World War*, 1966, 1-4

8 D. Bohrer. *America's Special Forces: Seals, Green Berets, Rangers, USAF Special Ops, Marine Force Recon* St. Paul, MN, MBI Publishing Company, 2002, 45.

9 En fait, depuis la formation d'unités d'action directe de grande envergure au début de la Deuxième Guerre mondiale, cette capacité est passée de la compétence des SOF au champ d'action des forces classiques. Malheureusement, les établissements militaires ont créé les unités en croyant, à tort, qu'ils pourraient les affecter à d'autres tâches traditionnelles. Cette méconnaissance des SOF, en général, et de la capacité d'action directe de grande envergure, en particulier, est souvent responsable du mauvais emploi des unités car les commandants n'en connaissent pas les limites. Le problème du mauvais emploi est extrêmement pertinent de nos jours parce que les SOF sont très en demande et que le recours à une solution de rechange rapide, sous la forme d'une capacité hybride comme les Rangers, est bien tentant. Les Rangers sont un corps d'infanterie légère extrêmement bien entraîné et très spécialisé dont la compétence s'intègre très bien à l'ensemble du spectre de domination de l'armée américaine. Lorsqu'elle est employée dans ce contexte limité, cette compétence peut produire de remarquables résultats. Mais à quelques exceptions près, les occasions d'employer de telles forces d'action directe pour des opérations appropriées sont limitées. Lire M.J. King. *Rangers: Selected Combat Operations in World War II*, Fort Leavenworth, KA, Combat Studies Institute, U.S. Army Command and General Staff College, June 1985.

10 Rangers: *World War Two Ranger Battalions* http://www.geocities.com/Pentagon/Quarters/1695/Text/rangers.html consulté le 17 mars 2004.

11 W.O. Darby et W.H. Baumer, *Darby's Rangers: We Lead the Way*, United States, Random House, 1980, 31.

12 *Ibid.*, 37.

13 *Ibid.*, 37.

14 *Ibid.*, 37.

15 *Ibid..*, 39.

16 *Ibid.*, 38.

17 *Ibid.*, 38-39.

18 *Ibid.*, 40.

19 Ibid endnote 8, 45. Bohrer écrit que l'entraînement était si rigoureux « que des 600 volontaires qui accompagnaient Darby, 500 ont survécu à l'entraînement des commandos en vue de la formation d'un bataillon. » *Ibid.*, 45. On lit dans *History of the US Army Rangers "Rangers Lead the Way"* http://www.grunts.net/army/rangers.html (consulté le 8 mars 2002) que « le 1st Ranger Battalion a été envoyé au centre d'entraînement des commandos de l'Armée britannique en Écosse. Durant plusieurs semaines, les Rangers américains ont été poussés à leurs limites par les instructeurs du centre. Quatre-vingt-cinq pour cent des candidats ont réussi le programme. »

20 Ibid endnote 11, 44. On passa ensuite aux groupes plus nombreux et à l'entraînement aux opérations amphibies et aux assauts pour les compagnies et les unités. Les compagnies devaient « franchir le lac à bord d'embarcations de toile qu'elles devaient échouer tant bien que mal sous les tirs de tireurs embusqués. » Cette phase d'entraînement portait également sur les techniques de navigation maritime. Malheureusement les Rangers ont eu peu d'occasions d'acquérir de l'expérience des combats avant que l'Armée américaine s'engage en Afrique du Nord.

21 M.J. King. *Rangers: Selected Combat Operations in World War II,* Fort Leavenworth, KA, Combat Studies Institute, U.S. Army Command and General Staff College, June 1985.

22 A. Weale. *Secret warfare: Special Operations Forces from the Great Game to the SAS,* London, Hodder Headline, 1998, 76.

23 A. Hoe et E. Morris. *Re-Enter the SAS: The Special Air Service and the Malayan emergency,* London, Leo Cooper, 1994, 3-5.

24 S. Kennedy, "Britain's Private Armies: Western Desert, August 1940/ December 1941," *History of the Second World War,* 1966, 776. « Bien que les premières patrouilles fussent plus grosses, la composition adoptée en fin de compte comptait un officier et une quinzaine d'hommes répartis dans cinq véhicules. Quatre de ces hommes détenaient une spécialité – un signaleur, un navigateur, un mécanicien et un infirmier. Les autres étaient des chauffeurs et des mitrailleurs. Sans transmissions, une patrouille ne servait à rien car elle ne pouvait recevoir d'ordres ni transmettre de l'information. Ne pas pouvoir indiquer à quelle distance en milles on se trouvait du QG du groupe illustre le type de problème de communications avec lequel on devait composer. »

25 *Ibid.*, 776.

26 Kennedy ajoute ceci: « Il ne fait aucun doute qu'une part importante du succès hâtif et durable du L.R.D.G. a été imputable à la vitesse et à la rigueur avec laquelle les Néo-Zélandais ont appris à vivre et à travailler dans le désert. En effet, il ne suffit pas d'avoir appris à fonctionner, dans le sens militaire du terme, dans le désert, quoique cela puisse représenter la moitié du combat. Naturellement, le conducteur doit être en mesure de conduire son véhicule dans des conditions complètement nouvelles pour lui, le signaleur de garder le contact, le navigateur de trouver son chemin et le mitrailleur de maintenir sa Vickers pleine de sable en état de marche » Shaw, Kennedy, *The Long-Range Desert Group,* (California: Presidio Press, 1989), 18

27 E. Morris. *Guerrillas in Uniform: Churchill's Private Armies in the Middle East and the War Against Japan 1940-1945,* London, Hutchinson, 1989, 71-75.

28 *Ibid.*, 776-777. Selon Kennedy, « L'absence de points de repère en haute mer oblige le marin à se fier au soleil, aux étoiles, à sa boussole et au registre d'infos pour connaître sa position; dans le désert, où les éléments de repère sont presque aussi inexistants - ou souvent non reportés sur les cartes - le navigateur doit recourir aux mêmes moyens. La méthode employée par le LRDG consistait, le jour, à se repérer à l'aide d'un compas solaire et de la polygonation des positions déterminées la nuit par observation des étoiles. »

29 *Ibid.*, 776-777

30 *Ibid.*, 13 -14.

31 Le SAS a été créé en 1941 par David Stirling pour effectuer des missions d'action directe de petite envergure derrière les lignes allemandes en Afrique du Nord. Le SAS, comme bien d'autres unités de SOF formées durant la guerre, a été retiré de l'ordre de bataille en 1945 mais il a été ramené à la vie dans les années 1950 lorsque les Britanniques, qui tentaient de mettre fin à une guérilla en Malaisie, cherchaient un moyen de contrer les insurgés qui opéraient au cœur de la jungle malaise. On demanda au Major Mike Calvert, DSO, qui avait commandé la brigade SAS durant la guerre, de proposer des moyens de régler la situation. Il suggéra de créer une unité SOF semblable au SAS. Sa suggestion fut acceptée et la nouvelle unité fut mise sur pied sous le nom de Malayan Scouts (SAS). T. Geraghty, *Who Dares Wins: The Special Air Service-1950 to the Gulf War,* London, Time Warner Paperbacks, 1993, 331-334.

32 T. Geraghty, *Who Dares Wins: The Special Air Service-1950 to the Gulf War*, London, Time Warner Paperbacks, 1993, 516 - 553.

33 *Ibid.*

34 S. Kennedy. *The Long-Range Desert Group*, Nevato, CA, Presidio Press, 1989, 18-19.

35 Ibid endnote 22, 96. Lire aussi Philip Warner. *The Secret Forces of World War II* (London: Granada, 1985), 18. Selon ce dernier, « Le LRDG était très bien établi dès le mois de novembre 1941 mais comme sa tâche principale était les reconnaissances discrètes, il contrastait quelque peu avec le SAS qui ne manquait presque jamais d'attirer l'attention sur lui. Quoiqu'il en soit, après la désastreuse mission des 17 et 18 novembre, le LRDG s'est offert pour récupérer et emporter ce qui restait du SAS, et lorsqu'on demanda s'il était prêt à refaire la même chose dans des prochains raids, il accepta volontiers. D'ailleurs, le LRDG accepta de mettre ses ressources à la disposition des hommes de Stirling afin qu'ils atteignent leurs objectifs. C'est ainsi que prit forme une fructueuse coopération entre le SAS et le LRDG. Incidemment, les camions du LRDG avaient été peints en rose en guise de camouflage, une couleur qui les rendait presque invisibles du haut des airs. La propriété du rose pour le camouflage avait été découverte par hasard: quelques années auparavant, on avait peint un aéronef en rose en croyant que cela le rendrait plus facilement visible. Mais l'avion fut abattu au-dessus du désert et resta introuvable de nombreuses années durant jusqu'au jour où on le découvrit par hasard. » *Ibid.*, 18.

36 Ibid endnote 22, 155. À cette fin, « on mit l'accent sur l'instruction de survie, le recyclage en maniement des armes, la navigation dans le désert, le maniement des armes, la destruction et les techniques d'infiltration. »

37 Ibid endnote 23, 101. Un des éléments clés du redressement du SAS en Malaisie a été la pause imposée par le nouveau commandant pour reprendre l'entraînement. Le SAS se rendit à Singapour pour se reposer et suivre un stage intensif de perfectionnement de six semaines. La pause a permis au régiment de se ressaisir et de se concentrer sur des façons d'améliorer son efficacité opérationnelle. Ce fut aussi l'occasion pour les officiers et les soldats d'apprendre à mieux se connaître. Cette période d'entraînement intensif et les déploiements qui suivirent ont eu un effet immédiat et ont permis d'améliorer considérablement les techniques de patrouille et de navigation. L'unité commença également à insister sur les techniques de base comme l'effacement des traces de passage et la traque. Une autre conséquence digne de mention de la pause a été l'auto-critique, une pratique qui perdure dans le SAS d'aujourd'hui. Selon Alan Hoe et Eric Morris, « le principe était simple. On examinait dans les moindres

détails les erreurs et on incitait tous les hommes, sans égard au grade ou à l'ancienneté, à émettre leurs commentaires. Les réussites étaient rarement analysées. C'était des situations où quelque chose avait cloché qu'on pouvait tirer des leçons. C'était et c'est toujours un principe des plus utiles et, dans ce cas-ci, c'était une partie importante du renforcement du squelette avec des muscles et des tendons. »

38 Ibid endnote 32, 516.

39 Parfois ces techniques sont enseignées ou perfectionnées dans le cadre d'exercices combinés de fuite et d'évasion qui ont lieu à la fin de la période d'entraînement. Pour les SOF américaines, cet entraînement est dispensé dans le cadre d'un cours de survie, d'évasion, de résistance et de fuite (SERF). Il s'agit d'un cours officiel de 19 jours qui se donne au Camp MacKall, en Caroline du Nord. Les stagiaires apprennent comment survivre lorsqu'ils sont séparés de leur unité, comment échapper à une force ennemie et revenir vers les forces amies, et comment éviter d'être capturés. L'entraînement SERF prépare aussi les soldats à une éventuelle capture. Ils apprennent comment résister aux tentatives de l'ennemi pour les faire collaborer et comment s'échapper. Pour le SAS, cet entraînement est dispensé au moment où les candidats passent à la phase *Escape and Evasion and Tactical Questioning (TQ)* qui a lieu à la fin de l'instruction. Durant cette phase, les candidats apprennent comment survivre dans la nature en trouvant de quoi se nourrir. Les cours magistraux comprennent des exposés par d'anciens prisonniers de guerre qui racontent leurs expériences et la façon dont ils ont survécu. On enseigne aussi comment s'échapper. Le cours se termine par un exercice de trois jours. Visiter le site du Special Air Service. http://www.specwarnet.com/europe/sas.htm (consulté le 2 février 2004).

40 Force terrestre, *L'instruction de l'Armée de terre au Canada (Français)*, 1-4.

41 *Ibid.*, 1-4

42 Long Range Desert Group Preservation Society. http://www.lrdg.org/Trevor, consulté le 15 février 2004. Her Majesty's Stationery Office : « Au cours du mois de septembre 1940, la nouvelle unité effectua sa première longue patrouille. Elle explora plus en profondeur les pistes qui traversaient la mer de sable, repéra et détruisit plusieurs terrains d'atterrissage italiens entre Jalo et Kufra; explora les voies de sortie de Kufra et d'Uweinat et captura quelques prisonniers et des véhicules de transport. L'unité établit aussi le contact avec les Français près de Tekro. Pendant sa mission, l'unité laissa dans des dépôts de l'autre côté de la frontière libanaise des réserves de pétrole, de nourriture et d'eau, et avec l'aide de la Force aérienne, elle repéra quelques endroits pour aménager des terrains d'atterrissage. Ces exploits

ont confirmé l'opinion du Général Wavell voulant que la patrouille contribuait à accroître les craintes et les difficultés de l'ennemi et le ministère de la Guerre accepta l'idée de doubler les effectifs de l'unité et la baptisa Long Range Desert Group. »

43   Ces compétences spéciales incluaient les communications, les soins médicaux, la navigation et la mécanique. Mais de nos jours, tous les soldats des SOF doivent connaître la navigation. En effet, la navigation est une compétence qu'il faut détenir pour réussir le processus de sélection.

44   Ibid endnote 11, 44.

45   *"History of the Second World War"* Volume I, http://hem.passagen.se/inlajn/info/usual/history.htm consulté le 17 février 2003. « Stirling était d'avis que l'unité devait pouvoir choisir entre plusieurs méthodes d'infiltration et réussit à mettre la main sur des parachutes. Après un difficile entraînement, l'unité était prête mais a eu peu d'occasions de recourir à ce moyen sur le terrain. »

46   Ibid endnote 23, 3-5.

47   Sur le plan tactique, les véhicules avaient l'avantage d'assurer la mobilité des SOF dans leur zone d'opérations. Ce qui est un atout dans les endroits où la distance joue un rôle, comme dans le désert.

48   Selon Geraghty, « la troupe à laquelle le SAS est affecté fait partie d'une plus grande unité appelée l'escadron. Le 22 SAS, le régiment régulier, en possède quatre. Chaque escadron est constitué de quatre soldats, d'un commandant (un major), d'un second, d'un sergent-major, d'un quartier-maître et de commis – soit au total 72 hommes et six officiers. En théorie, le novice n'est pas compétent tant qu'il n'a pas participé aux exercices généraux, quoique les exercices de combat auxquels participe un escadron complet SAS sont rares. Les éléments de l'escadron sont parfois dispersés en maints endroits du globe en « petites unités opérationnelles » soit pour entraîner des forces amies soit pour effectuer des opérations ultra secrètes qui, le plus souvent, concernent la lutte contre le terrorisme dans des États amis. En revanche, un escadron complet du 22 SAS se tient en état d'alerte constant à Hereford, fourbi prêt, et mot code d'alerte mémorisé. L'état de préparation de l'escadron est périodiquement testé et les hommes doivent s'arracher de leur lit ou de leur pub préféré à des heures indues. »

49   Ibid endnote 23, 114. « Le parachutage fut mis à l'essai dans le désert mais fut rapidement abandonné. La méthode s'avéra toutefois très utile en Malaisie où l'atterrissage dans les arbres fut finalement reconnu comme

un moyen d'insertion pour le SAS et utilisé à quelques reprises. On finit par conclure qu'il était plus sûr de larguer les hommes en pleine jungle que dans les zones de largage, lesquelles pouvaient flanquer des cours d'eau au fond rocheux ou des peuplements de bambou. La méthode qui, de nombreux mois plus tard, émergea après les premiers sauts, fut l'utilisation d'une sangle tissée, d'environ deux cents pieds de longueur, enfilée dans une petite ganse et un anneau en acier. Le soldat attachait l'extrémité libre de la sangle soit à une des sangles du harnais du parachute soit à une branche et pouvait alors contrôler sa descente jusqu'au sol. » Les auteurs poursuivent: « Vers la fin de 1951, un peu comme cela s'était produit aux premiers jours dans le désert, c'est un officier du SAS, pas le commandant, qui commença à envisager le parachutage comme moyen de pénétrer dans la jungle profonde. Bien des gens croient que c'est le Major Freddie Templer (un cousin du Général Templer) qui a inventé la chose avec l'aide d'Alistair MacGregor. Véritable projet à l'aveuglette, le largage dans les arbres a d'abord été considéré comme une aventure risquée plutôt que comme une tactique intentionnelle et "d'étranges dispositifs de descente" ont été bricolés en faisant appel aux talents d'un fabricant local de meubles! MacGregor se souvient que malgré son entraînement de parachutiste, la seule consigne sommaire qui lui revenait à l'esprit était de maintenir ensemble les pieds et les genoux lors de l'atterrissage. Néanmoins, lui et son compagnon exécutèrent une trentaine de sauts en une semaine. Quelque temps plus tard, l'intérêt s'étant suffisamment accru, on effectua un essai officiel dans la région de Betong Gap dans l'état du Selangor. Johnny Cooper (un membre du premier détachement L de Stirling), le Sergent 'Crash' Hannaway et Peter Walls de l'escadron C se joignirent à l'équipe. Malgré quelques contretemps durant les essais, on réussit à mettre au point une méthode pour descendre au sol depuis un parachute coincé dans les arbres. »

50 Special Air Service http://www.specwarnet.com/europe/sas.htm, consulté le 5 juin 2004. Lire aussi Geraghty, 521 – 524.

51 W. Mackenzie, *The Secret History of the SOE, 1940-1945,* London, St Ermin's Press, 2000, 228-230.

52 Le Général Donovan, chef de l'OSS, croyait que la composition ethnique des États-Unis donnerait aux soldats américains des compétences linguistiques et que « si ces derniers étaient organisés en petits groupes et s'ils apprenaient les techniques des commandos, ils pourraient être parachutés en territoire occupé dans le but de harceler l'ennemi et d'aider et de soutenir les organisations locales de résistance ».

53 Ibid endnote 23, 101-102.

54 T. Clancy et J. Gresham, *Special Forces: A Guided Tour of the U.S. Army Special Forces*, New York, NY, Berkley Books, 2001, 89.

55 I. Southerland, "The OSS Operations Groups: Origin of Army Special Forces," *Special Warfare Magazine*, vol. 15, no 2 , juin 2002, 10. Le Général Donovan, chef de l'OSS, croyait que la composition ethnique des États-Unis donnerait aux soldats américains des compétences linguistiques et que « si ces derniers étaient organisés en petits groupes et s'ils apprenaient les techniques des commandos, ils pourraient être parachutés en territoire occupé dans le but de harceler l'ennemi et d'aider et de soutenir les organisations locales de résistance. »

56 Sam Young. "A Short History of SF assessment and Selection," *Special Warfare Magazine*, mai 1996, 23.

57 History of the 10th Special Forces Group (Airborne), http://www.soc.mil/SF/history.pdf,consulté le 10 janvier 2003, 1.

58 Southerland, 10-11. « On greffa un réparateur de radio à l'équipe FA à la suite des problèmes avec l'équipement de communications qu'avaient rencontrés les équipes opérationnelles de l'OSS. La prestation dans le sud de la France de l'échelon immédiatement supérieur dans l'organisation OG fut semblable à ce qu'on avait prévu pour l'équipe FB, le détachement du district B de la Force des opérations spéciales. »

59 *Ibid.*, 11.

60 L. Marquis. *Unconventional Warfare: Rebuilding U.S. Special Operations Forces*, Washington, D.C., Bookings Institution Press, 20.

61 L'instruction des Forces spéciales américaines comporte les phases suivantes: Phase I, Évaluation et sélection des membres des Forces spéciales; Phase II, Tactiques pour petites unités; Phase III, Instruction spécifique aux groupes professionnels militaires (GPM); Phase IV, Exercice « Culmination » (Robin Sage); Phase V. Formation linguistique; Phase VI, Survie, évasion, résistance et fuite (SERF). On prendra note que les Américains ont apporté dernièrement des modifications importantes à leur programme. La formation linguistique, qui auparavant était dispensée dans un cours par modules à la fin de l'instruction, est maintenant offerte à toutes les étapes du programme d'instruction.

62 Les Rangers actuels de l'armée américaine perpétuent bon nombre des traditions des commandos. On croit toujours que pour être efficace, l'entraînement doit être physiquement et mentalement exigeant. Le réalisme est l'élément clé de l'entraînement des Rangers. On croit que les

soldats doivent être placés à l'entraînement dans des situations qui exigent d'eux la même concentration que durant une bataille. On croit également que le réalisme et l'intensité de l'entraînement accéléreront l'acquisition et le maintien des habilités. (Appendice G, Field Manual, no 7-85.) On met l'accent sur la navigation terrestre, les patrouilles, les techniques de déplacement, les positions de combat, le minage et le contreminage, les opérations en visibilité réduite et la sécurité. Le tir réel fait aussi partie intégrante de l'entraînement des Rangers. Ce volet accorde une place particulière aux aspects comme la condition physique, l'instruction sur les armes et la préparation aux combats. Contrairement à la plupart des organisations SOF, les soldats qui désirent se joindre aux Rangers n'ont pas à suivre au préalable un cours d'introduction. Cet enseignement vient plus tard. Mais ceux qui désirent occuper un poste de chef dans le régiment doivent suivre le cours de 56 jours qui ressemble beaucoup au premier cours des commandos. C'est un cours très exigeant sur le plan physique qui porte sur les techniques de commandement, les ordres d'opération et les patrouilles de petites unités. Les soldats doivent satisfaire aux critères de condition physique suivants: 1) Obtenir 80 points à chacun des examen d'évaluation de la forme physique de l'armée [Army physical readiness test (APRT)] et faire six tractions à la barre fixe; 2) Réussir l'épreuve de natation; 3) Courir huit kilomètres en 40 minutes; 4) Marcher 12 kilomètres en trois heures (avec havresac, casque et arme); 5) Satisfaire aux critères de taille et de poids de l'armée. S'ils sont choisis, les soldats suivent le cours d'introduction de trois semaines. Ce cours, tout aussi physiquement exigeant, porte sur les compétences essentielles et les techniques de base utilisées par les unités de Rangers. Les candidats qui ne montrent pas de dévouement et de motivation, et dont la forme physique et la stabilité émotionnelle sont déficientes sont facilement repérés et éliminés. Les officiers et les MR qui désirent joindre les Rangers doivent suivre un programme semblable. Bohrer, 53-57.

63 DOD. *Special Forces Assessment and selection: Overview of SFAS and "Q" Course*. http://www.goarmy.com/job/branch/sorc/sf/sfas.htm, consulté le 14 décembre 2003.

64 *Ibid.*.

65 T. Clancy et C. Stiner, *Shadow Warriors: Inside the Special Forces*, New York, NY, Penguin, Putnam 2002, 132-134.

66 DOD. *Special Forces Assessment and selection: Overview of SFAS and "Q" Course*. http://www.goarmy.com/job/branch/sorc/sf/sfas.htm, consulté le 14 décembre 2003. On lit également: « La 1-4 Company A, 4th Bn, donne le cours d'officier 18A, qui dure 65 jours. Ce cours porte sur les compétences et les connaissances de base exigées du commandant d'un

détachement SFODA. On y traite de sujets généraux, des opérations spéciales, de la planification d'une force spéciale (à l'aide du processus décisionnel militaire), du génie et du maniement des armes, des communications et des soins médicaux, de la reconnaissance spéciale, de l'action directe, de la guerre non classique, de la défense interne des pays étrangers et des opérations anti-insurrectionnelles. Consulter aussi http://www.globalsecurity.org/military/agency/ army/jfksws-training.htm.

67 *Ibid.*

68 *Ibid.*, 133-134 La Company D, 4th Bn, offre le cours de sergent infirmier des 18D Special Forces d'une durée de 322 jours. C'est cette compagnie qui assure l'ensemble de l'instruction médicale au USAJFKSWCS. Le cours comprend une partie théorique de 24 semaines, soit le cours d'infirmier des opérations spéciales (SOCM), suivie d'une période d'entraînement de 22 semaines qui clôt l'instruction médicale des 18D Special Forces. Le cours pour infirmiers de 24 semaines (SOCM) est aussi offert aux membres du Ranger Regiment, du Special Operations Aviation Regiment (SOAR) et du Special Operations Support Battalion (SOSB). Le personnel de l'USN SEAL et de l'USN qui accompagne les unités de reconnaissance de l'USMC de même que les parachutistes-secouristes de l'Air Force Special Operations Command (AFSOC) suivent également le cours SOCM. Dix-neuf des 24 semaines de cette instruction portent sur l'anatomie, la physiologie et les soins paramédicaux, et les cinq semaines restantes couvrent des sujets militaires spécifiques comme la visite aux malades et la médecine particulière aux services. Le cours SOCM se termine par un exercice extérieur de quatre jours durant un combat simulé. Les stagiaires reçoivent l'accréditation en technique spécialisée de réanimation cardio-respiratoire, niveaux élémentaire et avancé, de l'American Heart Association ainsi que l'accréditation de technicien d'urgence médicale, niveaux élémentaire et paramédical, du National Registry of Emergency Medical Technicians. Après obtention du diplôme, un infirmier SOCM peut prodiguer des soins primaires élémentaires aux membres de son équipe des opérations spéciales durant une période maximale de sept jours et peut maintenir en vie un blessé pendant 72 heures. Les stagiaires du cours SOCM reçoivent une formation clinique à la fois hors établissement hospitalier (soins d'urgence) et en établissement hospitalier. Cette formation est dispensée durant un déploiement de quatre semaines dans un grand centre métropolitain, soit les villes de New York et de Tampa (Floride). Les stagiaires des U.S. Army Special Forces suivent le cours de sergent infirmier de la Force spéciale d'une durée de 46 semaines. Ils doivent réussir le cours SOCM de 24 semaines avant de suivre la formation spécialisée subséquente de 22 semaines en soins médicaux, chirurgie, soins dentaires, soins vétérinaires, laboratoire, pharmacie et médecine préventive. À la fin de cette formation, les stagiaires apprennent

comment fonctionner en tant que fournisseurs de soins autonomes. En plus des quatre semaines de formation clinique qui s'insèrent durant le cours SOCM, les stagiaires des SFMS suivent un stage pratique en clinique de quatre semaines dans des établissements de soins de santé un peu partout aux États-Unis. Le but principal de cette formation est de perfectionner les compétences des stagiaires afin qu'ils deviennent des généralistes autonomes. http://www.globalsecurity.org/military/agency/army/jfksws-training.htm

69 Ibid endnote 66, 1-4.

70 *Ibid.*, 1-4.

71 *Ibid.*, 1-4. Consulter aussi http://www.globalsecurity.org/military/agency/army/jfksws-training.htm. Il y a quatre catégories de langues: Catégorie 1: Espagnol, français et portugais (18 semaines, 3 jours); Catégorie 2: Allemand, indonésien (18 semaines, 3 jours); Catégorie 3: Tchèque, persan, polonais, russe, serbo-croate, tagal, siamois et turc (24 semaines, 2 jours); Catégorie 4: Arabe, coréen et japonais (24 semaines, 2 jours).

72 *Ibid.*, 1-4.

Chapitre 4

Sortir des sentiers battus:
comprendre le leadership des SOF

Major Tony Balasevicius

Selon des spécialistes dans le domaine du leadership, les organisations militaires devront, pour être efficaces au 21ᵉ siècle, former des leaders qui peuvent analyser et résoudre des problèmes complexes dans le nouvel environnement politique, militaire et social multidimensionnel qui s'est créé au cours des dix dernières années. De façon plus importante, ils croient que la réussite des leaders militaires dépend de leur capacité d'harmoniser rapidement leurs activités opérationnelles avec celles d'autres organismes gouvernementaux et non gouvernementaux[1]. Cette capacité s'applique à tous les échelons de commandement, mais plus particulièrement aux subalternes. Les leaders subalternes sont les plus inexpérimentés et se trouvent souvent sur la ligne de front où ils ont peu ou pas le temps de rationaliser les décisions qu'ils doivent prendre. Selon le Colonel Bernd Horn, auteur prolifique sur le leadership et la guerre de l'avenir:

> « À l'avenir, l'espace de combat sera instable, incertain, ambigu et se modifiera sans cesse. On aura de plus en plus recours à des opérations d'information et au déploiement de petites unités rapides, dispersées et connaissant parfaitement la situation, qui mèneront des opérations dans un milieu non linéaire avec l'appui

d'armes de précision pouvant être utilisées instantanément [...] Les conflits deviendront de plus en plus complexes à cause de la nature asymétrique de la menace [et] des combats en milieux urbains [...] De plus, les opérations seront multidimensionnelles et, pour atteindre leurs objectifs, demanderont une bonne intégration non seulement des trois éléments mais aussi des organismes gouvernementaux et non gouvernementaux [...] Pour intervenir dans ce milieu déprimant, nous devrons changer notre façon de penser et d'agir sur le champ de bataille »[2].

À bien des égards, cet environnement en évolution peut constituer une « nouvelle » réalité pour les forces militaires classiques, mais les SOF ont toujours dû œuvrer dans un tel espace de combat asymétrique et multidimensionnel[3]. Dans de telles circonstances, dans le but de réussir, les SOF ont fait confiance à des leaders subalternes bien entraînés, intelligents et ingénieux. Ces leaders doivent travailler de façon autonome pendant de longues périodes, souvent dans des environnements durs et hostiles où ils doivent contrôler tous les aspects des activités politiques, administratives et opérationnelles dans la zone d'opérations qui leur est assignée[4].

Les fonctions des SOF sont d'une telle ampleur qu'elles exigent des leaders capables de mener les missions à bien, de façon autonome ou avec une supervision minimale. Les candidats choisis doivent non seulement posséder des capacités cognitives et physiques et des compétences techniques supérieures, mais également un style de leadership souple et adéquat qui permette de maximiser les capacités des soldats et les ressources sous leur commandement. Dès leur création, au début de la Deuxième Guerre mondiale, les SOF modernes ont eu la chance d'attirer de tels leaders.

Les premiers leaders étaient en excellente forme physique et possédaient des capacités cognitives supérieures ainsi qu'un style de leadership très charismatique. De plus, ils étaient des visionnaires qui ne se bornaient pas aux idées conservatrices. Ils sortaient des sentiers battus et élaboraient souvent des solutions pratiques à leurs problèmes opérationnels. Par nécessité, ils ont inculqué bon nombre de ces caractéristiques aux générations futures de leaders des SOF et par le fait même, ont mis au point un style de leadership unique et plus souple que celui des unités militaires classiques. Au fil des ans, ce style de leadership a dominé la philosophie de commandement des SOF et a créé une culture souple, mais très innovatrice.

Un certain nombre de facteurs sont à l'origine de cette culture, dont l'inexpérience militaire de bon nombre des premiers officiers des SOF nouvellement créées et le niveau élevé de compétences et d'expérience techniques exigé des soldats. Par conséquent, les soldats étaient plus indépendants et avaient plus tendance à accepter la responsabilité de leurs actions que les soldats classiques. La notion de « soldat indépendant » est fondée sur le premier concept opérationnel des commandos, qui a d'abord été conçu pour former des soldats capables de mener un combat non conventionnel et au besoin, se rassembler rapidement pour constituer des unités et conduire des missions spéciales[5].

L'indépendance est une caractéristique qui a toujours été fondamentale aux SOF. Il est devenu évident que les soldats indépendants, innovateurs, intelligents et très motivés étaient les plus aptes à mener à bien des opérations de SOF. On s'est aussi vite rendu compte que ces soldats devaient être traités différemment et qu'il n'était pas nécessaire de les soumettre à la même discipline que les unités classiques pour qu'ils soient efficaces. En fait, après un certain temps, cette nouvelle attitude, consistant à traiter des soldats très qualifiés comme des partenaires dans la planification et la réalisation des missions a commencé à être utile aux SOF et a beaucoup influencé le développement de leur philosophie de leadership[6].

Pour bien comprendre le leadership des SOF, il faut savoir que son évolution s'est faite en regard des exigences particulières de ces dernières. Toutefois, avant d'entreprendre une telle étude, il faut d'abord définir de façon générale le leadership et fournir un examen du modèle de leadership commun aux unités militaires classiques lequel servira de base à l'analyse. Dès lors, il sera possible d'examiner le développement du leadership des SOF. Ainsi, le présent chapitre examinera la philosophie de leadership des SOF et son développement à partir des modèles militaires classiques.

Le leadership et les leaders ont toujours fasciné les gens, mais bien qu'il existe de nombreuses recherches sur le sujet, le leadership demeure toujours un concept mal compris. Au cours des 30 dernières années, le leadership a été défini de multiples façons[7]. Malheureusement, la plupart des définitions sont fondées sur des expériences et des perceptions personnelles qui ne sont pas nécessairement liées à la pratique directe du leadership. Selon Gary Yukl, chercheur de premier rang dans le domaine, « le leadership a été défini en termes de traits de caractère, de comportements, d'influences, de modèles d'interaction, de liens entre différents rôles et d'occupation d'un poste administratif »[8]. De plus, Yukl avance que la plupart des définitions du leadership reposent , dans une certaine mesure , sur l'hypothèse que le leadership est un processus par lequel une personne en influence intentionnellement d'autres pour guider, structurer et faciliter le déroulement des activités et des relations dans un groupe ou une organisation[9].

Cet énoncé définit le leadership efficace pour des forces militaires classiques. Dans de nombreux manuels militaires, le leadership est défini comme « l'art d'influencer le comportement humain pour accomplir la mission selon la volonté du leader »[10]. La doctrine de l'armée américaine sur le leadership est semblable: « Le leadership consiste à influencer les gens (par l'indication d'un objectif, d'une orientation et d'une motivation) tout en travaillant à l'accomplissement de la mission et à l'amélioration de l'organisation »[11]. Dans ce contexte, un bon leader, c'est quelqu'un qui peut donner des ordres précis, respecter les subalternes, faire preuve de professionnalisme et servir d'exemple[12]. Les applications pratiques de ce type de leadership militaire doivent toutefois être mises en contexte.

La complexité des forces modernes est grandissante et des soldats de plus en plus qualifiés et intelligents continueront d'être nécessaires, mais les compétences des subalternes, qui doivent mener la plus grande partie des combats rapprochés, resteront inévitablement fondamentales. C'est d'ailleurs la raison pour laquelle l'instruction militaire en périodes de conflits importants est axée sur les réservistes et vise à produire des soldats le plus rapidement possible. Dans cette perspective, les soldats combattants n'acquièrent que les compétences qui sont absolument nécessaires pour accomplir les fonctions de base sur-le-champ de bataille[13]. Par conséquent, les fonctions spécialisées de l'articulation de base d'une section (dix soldats) ou d'un peloton (35 soldats) sont limitées et l'interaction entre le leader et les subalternes est aussi limitée (donner et recevoir des ordres).

Grâce au modèle de leadership transactionnel, on veille à ce que les subalternes s'adaptent facilement aux normes du groupe et aux normes institutionnelles[14]. Bernard M. Bass, spécialiste renommé de la théorie du leadership, croit que le leadership transactionnel « repose sur le renforcement contingent, soit le renforcement positif (méthode qu'utilise un leader quand il assigne des tâches ou fait accepter ce qui doit être fait, et promet de récompenser ceux qui font un travail satisfaisant), soit le renforcement négatif actif ou passif (gestion par exceptions). Dans la forme active, le leader surveille activement les écarts par rapport aux normes et les erreurs commises par les subalternes dans leur travail, et prend des mesures correctives au besoin »[15].

Bass explique de plus que dans la forme passive du leadership transactionnel, le leader attend passivement que les subalternes s'écartent de normes et commettent des erreurs pour prendre des mesures correctives[16]. Ce processus, qui insiste sur les aspects conventionnels du leadership autoritaire, est le style de commandement dominant à tous les niveaux de la chaîne de commandement des forces militaires classiques.

L'armée américaine définit trois styles très distincts de leadership: le leadership stratégique, le leadership organisationnel et le leadership direct[17]. Toutefois, les leaders subalternes des SOF et des forces classiques travaillent généralement au niveau du leadership direct. Le style de leadership de chacun diffère beaucoup à ce niveau. Selon l'armée américaine, le leadership direct est « un leadership face à face et de première ligne qui est utilisé dans les organisations où les subalternes sont habitués de côtoyer leurs leaders tout le temps: les équipes et les escouades, les sections et les pelotons, les compagnies, les batteries et les troupes, même les escadrons et les bataillons. L'étendue de l'influence du leader direct, c'est-à-dire le nombre de soldats qu'il peut rejoindre, va d'une poignée à des centaines »[18].

Dans n'importe quelle organisation militaire, les sous-officiers (s/off) et les officiers subalternes sont ceux qui ont le plus recours au leadership direct. Leur travail est généralement plus certain et moins complexe que celui des leaders organisationnels et stratégiques parce qu'ils sont à proximité de l'action et voient la situation se dérouler. Ils sont chargés de la supervision des soldats qui exécutent les ordres et par conséquent, ils peuvent voir comment vont les choses. Ainsi, ils ont la capacité d'évaluer rapidement les problèmes et, au besoin, de les régler à temps[19].

De plus, les officiers subalternes et les s/off supérieurs sont principalement responsables de l'instruction des soldats qu'ils commandent et doivent développer les compétences de ces derniers en mettant l'accent sur l'obéissance aux ordres et aux instructions tout en inculquant la notion selon laquelle la mission passe avant tout[20]. À cet égard, le style de leadership transactionnel s'est révélé très efficace au combat, surtout quand une armée doit mobiliser rapidement un nombre élevé de citoyens inexpérimentés et les transformer en soldats qui peuvent combattre.

Le principal point faible de ce style de leadership: le leader doit posséder les connaissances et l'expérience nécessaires pour accomplir toutes les tâches assignées au groupe. Les leaders subalternes au combat n'ont pas nécessairement été instruits dans l'art du leadership militaire autant qu'ils ont été instruits dans la direction et la supervision des activités particulières. Par exemple, les soldats qui reçoivent de l'instruction sur le leadership apprennent à mener une attaque (ils reçoivent une liste de vérification et doivent suivre chacune des étapes). S'ils réussissent, ils sont alors considérés comme des leaders efficaces. Malheureusement, dans ce style de leadership, on accorde davantage d'importance au contrôle des soldats à chacune des étapes qu'à leur orientation[21].

En effet, le leader dirige ses subalternes dans chaque mission en les supervisant de très près grâce au principe « j'ordonne, vous exécutez », qui prévaut dans le style de leadership transactionnel. Il les contrôle en se basant sur son autorité et sa connaissance des capacités particulières nécessaires pour réaliser toutes les tâches du groupe. Il exerce un contrôle sur le groupe grâce à son niveau de connaissances. Selon William Darryl Henderson, ancien officier dans l'armée américaine et auteur, « le leader tire son influence de plusieurs sources de pouvoir. Une d'entre elles est le pouvoir de prééminence »[22].

Selon Henderson, la définition du pouvoir de prééminence est la suivante: « le soldat respecte les ordres du leader parce qu'il croit que ce dernier possède des connaissances et des capacités supérieures qui sont importantes à sa survie dans la situation actuelle ou prévue. Dans des situations difficiles, en particulier au combat, l'expertise qui permet au leader de s'adapter avec succès est une source importante de pouvoir. » Henderson soutient également que « la capacité de mettre en œuvre un plan tactique, de prévoir le tir d'artillerie nécessaire et de le régler, de faire preuve de compétences dans le maniement d'armes, de savoir s'orienter et de fournir des approvisionnements et des soins médicaux constituent une importante source de pouvoir[23] ». Le style de leadership transactionnel présente certains inconvénients même s'il fonctionne bien dans des situations de stress élevé où le leader est expérimenté et bon nombre des subalternes ne le sont pas.

Par contre, ce style de leadership ne permet presque pas aux subalternes d'apporter leur contribution et d'être des membres proactifs de l'équipe parce qu'on suppose qu'ils ne possèdent pas les capacités spécialisées nécessaires pour participer efficacement. Les jeunes soldats ont habituellement acquis peu d'expérience et c'est la raison pour laquelle le leader d'une force militaire classique peut difficilement s'éloigner du style de leadership transactionnel. D'ailleurs, on en dissuade généralement les leaders. Dès qu'un leader a affaire à des soldats expérimentés ou qui possèdent des capacités spécialisées, comme bien des membres des forces militaires professionnelles établies depuis longtemps ou la plupart des membres de SOF, cependant, ce style de leadership entraîne parfois des problèmes.

En général, les soldats des SOF sont plus âgés, plus intelligents et mieux entraînés en plus de posséder plus d'expérience que les soldats des forces classiques. Le Brigadier Michael Calvert, ancien commandant de brigade du Special Air Service (SAS) et fondateur du SAS de l'après-Deuxième Guerre mondiale, a résumé la difficulté que représentent ces meilleurs soldats dans les forces militaires classiques: « Les unités de volontaires comme le SAS attirent des officiers et des soldats qui possèdent un esprit d'initiative, de l'ingéniosité, une indépendance d'esprit et une confiance en soi. Dans les unités régulières, les possibilités de mettre ces qualités à profit sont beaucoup moindres. En fait, ces qualités deviennent un handicap dans de nombreuses formations puisqu'une attitude individualiste nuit au bon travail d'équipe. C'est particulièrement vrai dans la façon européenne de faire la guerre, où le soldat doit dominer son esprit d'initiative pour s'intégrer au système »[24].

Kennedy Shaw, ancien officier du Long-Range Desert Group (LRDG), appuie l'argument de Calvert: « L'intelligence, l'esprit d'initiative, la fiabilité, l'endurance et le courage étaient probablement tous de la même importance »[25]. En recrutant des personnes qui possèdent ces qualités, les SOF peuvent disposer de soldats qui possèdent les capacités spécialisées qui jouent un rôle essentiel dans la réussite générale de l'équipe[26]. En fait, l'idée de faire acquérir un plus grand nombre de capacités aux soldats faisait partie de la philosophie du LRDG.

Le LRDG pouvait travailler derrière les lignes ennemies pendant de longues périodes grâce à l'auto-suffisance de petits groupes. Peu de soldats composaient les patrouilles et c'est la raison pour laquelle les soldats, peu importe leur grade, devaient posséder diverses capacités. Au fil des ans, ces capacités sont devenues très spécialisées et les leaders ont été obligés de s'appuyer sur les qualifications des soldats pour garantir l'efficacité de la patrouille. Shaw explique cette situation militaire unique: « Les soldats du LRDG étaient spécialisés dans un domaine. Parmi ces spécialistes, les signaleurs étaient probablement les plus importants, suivis de près par les navigateurs, parce que de bonnes transmissions étaient essentielles à une unité de reconnaissance. Sans eux, une patrouille à 300 ou 400 milles de la base ne pouvait ni transmettre de l'information indispensable ni recevoir de nouveaux ordres. Si les transmissions étaient interrompues, la meilleure chose à faire était de revenir à la base »[27].

Dans de telles circonstances, les leaders des SOF ne pouvaient plus se fier uniquement à leurs connaissances, à leurs capacités et à leur autorité institutionnelle pour dominer leurs subalternes comme dans le cas du style de leadership transactionnel. Pour avoir des équipes fonctionnelles, les SOF devaient développer un style de commandement souple qui tirait pleinement profit des capacités très spécialisées des soldats. La solution consistait à s'éloigner de la relation leader-subalterne pour se concentrer sur le leader et son commandement de l'équipe. Ce changement d'éclairage recentrait la dynamique du leadership à l'intérieur du groupe et bouleversait le rôle du leader militaire. Par conséquent, le leader devait inviter les membres de l'équipe à participer au processus de prise de décisions et coordonner l'expertise de chacun vers l'accomplissement de la mission de l'équipe[28].

Bien que des raisons pratiques aient inspiré le leadership axé sur l'équipe dans les SOF, l'origine et la philosophie des premiers leaders des SOF ont également beaucoup influencé le développement de ce style de leadership unique. Dans la plupart des cas, ces leaders possédaient une expérience militaire limitée ou avaient des idées plutôt originales. David Stirling, fondateur et premier commandant du SAS britannique, en est un exemple.

Avant la guerre, Stirling avait fréquenté Ampleforth College et Cambridge et étudié les arts à Paris. Sa formation d'architecte achevée, il a décidé de devenir cow-boy en Amérique du Nord. Il est intéressant de noter qu'il s'entraînait dans les Rocheuses dans le but d'escalader le mont Everest quand la guerre s'est déclarée. Il est rapidement rentré en Angleterre et s'est porté volontaire comme membre des commandos qui en étaient alors au stade embryonnaire[29]. Il était comme tous les leaders qui ont été attirés par les premières SOF : un brillant aventurier, mais également un intellectuel qui avait la vision et l'influence nécessaires pour tranformer depuis l'intérieur ce qui semblait vouloir être une institution très conservatrice et peu favorable au changement. Le Major Ralph A. Bagnold a sans doute été un des leaders les plus intellectuels de l'époque.

Bagnold est devenu officier des *British Army Royal Engineers* en 1915 et après la Première Guerre mondiale, il a étudié en génie à Cambridge. Il a obtenu un baccalauréat spécialisé en 1921 et a repris son service actif dans l'armée. Entre les deux guerres mondiales, il a passé la plus grande partie de son temps libre à explorer le désert africain et après avoir pris sa retraite, il a poursuivi ses recherches et publié ses conclusions en 1941 sous le titre « *The Physics of Blown Sand and Desert Dunes* ». Même s'il était à la retraite, il a été rappelé en service à titre d'officier des transmissions en Afrique du Nord après le début de la guerre en Europe[30].

Bagnold, comprenant la dynamique de la guerre dans le désert, s'inquiétait des grandes zones désertiques non protégées à l'ouest et au sud du Caire et a suggéré la création d'une petite organisation pourvue de véhicules adaptés aux conditions désertiques pour se déplacer loin derrière les lignes ennemies pendant de longues périodes. Cette organisation devait observer la circulation sur la route côtière au nord de la Libye et de l'Égypte et si l'occasion se présentait, attaquer les avant-postes et les terrains d'aviation éloignés dans le désert. Sa suggestion a en fin de compte été acceptée et le LRDG a été créé[31]. Bagnold et d'autres commandants de SOF ont choisi des leaders qui paraissaient étranges à première vue, pour leurs nouvelles équipes. Dans le cas du LRDG, très peu de soldats expérimentés ont été choisis, ce qui semblait aller à l'encontre de l'opinion populaire qui voulait que pour être efficaces, les SOF devaient être commandées par des officiers expérimentés.

Tous les officiers de Bagnold étaient toutefois intelligents et possédaient des compétences dans des domaines très spécialisés. Ils avaient également une vaste connaissance du désert et savaient comment vivre et se déplacer sur ce terrain inhospitalier. Pat Clayton, qui a servi sous les ordres of Bagnold à titre de capitaine du LRDG, avait été arpenteur gouvernemental à Tanganyika avant la guerre. Pendant les années 1930, il avait exploré presque tout le désert en compagnie de Bagnold. Shaw, avait été conservateur du musée de la Palestine à Jérusalem et pendant la décennie, avait également exploré le désert au cours des expéditions de Bagnold[32].

Au départ, Bagnold était le seul leader du LRDG qui possédait une connaissance des affaires militaires et de l'environnement complexe du désert, mais il a été en mesure d'utiliser son savoir et son leadership pour réunir des gens d'horizons divers et les transformer en une entité cohérente en assez peu de temps. Selon Shaw, « le LRDG a été créé en cinq semaines à partir de zéro. Je crois que Bagnold était le seul à pouvoir y arriver. Certains possédaient des connaissances militaires, d'autres avaient une expérience du désert, mais personne ne possédaient les deux ». Les universitaires et les aventuriers qui sont devenus les leaders des patrouilles de Bagnold connaissaient mal les aspects classiques du leadership transactionnel dans l'armée et tant par nécessité qu'en raison des circonstances, ils ont introduit une façon très différente de commander les soldats des SOF[33].

Cette façon de commander, qui met l'accent sur le potentiel de la relation leader-subalterne dans l'équipe, est importante étant donné le succès historique de bon nombre d'unités de SOF comme le LRDG. La plus grande partie de ce succès est attribuable aux qualités de leadership extrêmement développées des premiers leaders. Il est important de comprendre les qualités particulières de ces pionniers en matière de leadership pour se faire une idée de la philosophie de leadership des SOF. Par contre, il faut d'abord se représenter ce qu'est un leader efficace et sa relation avec les subalternes, et déterminer les traits particuliers qui sont synonymes de succès.

Il est intéressant de noter que Bass croit que les leaders efficaces doivent posséder cinq compétences de base qui leur permettent non seulement de mieux répondre aux demandes du nouvel environnement, mais également de se préparer à des postes supérieurs. Ces compétences sont les suivantes: évaluation critique et détection de problèmes, vision, habileté à communiquer, conduite stratégique des relations et capacité de responsabiliser les subalternes[34]. Fait intéressant, les fondateurs et premiers leaders en vue de SOF possédaient la plupart de ces compétences. Ce style de leadership est couramment nommé modèle transformationnel[35].

Les leaders transformationnels adoptent une approche proactive envers les subalternes et produisent souvent d'excellents résultats:

> « [Ils] collaborent davantage avec leurs collègues et subalternes au lieu d'établir de simples échanges ou ententes. Ils agissent de façon à obtenir des résultats supérieurs en utilisant une composante du leadership transformationnel ou plus [...] Parmi les composantes, mentionnons le leadership charismatique qui pousse les subalternes à s'identifier aux leaders et à suivre leur exemple. Les leaders inspirent les subalternes par le défi, la persuasion et les aident à comprendre. Ils les stimulent intellectuellement et développent leurs capacités. Finalement, ils leur accordent une attention individuelle, les soutiennent et les encadrent »[36].

Dans ce contexte, les leaders de SOF, grâce à leurs qualités et à leur capacité d'utiliser les ressources mises à leur disposition, ont un vrai pouvoir au lieu d'une simple autorité symbolique. Il s'agit ici de la capacité de comprendre la dynamique de l'équipe et d'exploiter les désirs, les motivations, les attentes, les attitudes et les valeurs pour inciter ou obliger les membres de l'équipe à agir de la façon voulue[37]. Le pouvoir des leaders de SOF repose davantage sur leur capacité de combler les besoins particuliers des subalternes tout en respectant les objectifs du groupe que sur leur style de leadership et leur rôle[38]. Par conséquent, les leaders de SOF doivent développer et utiliser un certain nombre de styles de leadership pour répondre aux différents besoins constamment en concurrence.

Le concept de SOF s'est développé avec succès parce que des leaders comme Stirling et Bagnold ont été en mesure de présenter une façon souple de commander qui était nécessaire et qui garantissait l'accomplissement de la mission. De plus, les premiers leaders de SOF possédaient les qualités nécessaires telles que Bass les décrit dans son modèle transformationnel. Ils pouvaient, par exemple, prévoir que des opérations militaires classiques réussies étaient possibles avec l'aide de méthodes non classiques. Ils pouvaient sortir des sentiers battus et proposer une vision convaincante de ce qu'ils pouvaient faire et de la manière dont ils le feraient. La vision est le processus d'examen et de compréhension de l'art du possible et peut « être aiguisée au moyen de programmes d'apprentissage axés sur la créativité. Grâce à ces deux compétences, le leader apprend à changer son comportement et à envisager des modifications profondes »[39]. Stirling et Bagnold devaient, pour élaborer leurs propres concepts ou visions, pouvoir évaluer de façon critique la situation. Pour ce faire, ils devaient définir le problème et trouver une solution. Selon Bass, l'évaluation et la détection des problèmes sont « la capacité de cerner un problème et de trouver une solution efficace ».

À cet égard, Shaw met en contexte l'importance de l'évaluation et de la détection des problèmes que Bagnold a définies et qui l'ont inspiré pour le LRDG: « Trois ans plus tard, on s'est reporté en 1940 et on a observé la validité de la conception originale de Bagnold. L'organisation, qui a subi quelques petits changements, a résisté au passage du temps et au combat [...] et surtout, je crois que personne n'avait envisagé les exigences du travail »[40]. En fait, Stirling a mis au point un concept de SAS pour les missions d'action directe à petite échelle qui était fondé sur la même réflexion et la même évaluation critique que celles que Bagnold a utilisées et que Bass a recommandées.

En 1941, Stirling, qui n'était qu'un lieutenant à l'époque, croyait que les raids de commandos comme ceux lancés contre des positions allemandes le long de la Cyrénaïque par la Layforce[41] avaient été peu utiles parce que les Allemands avaient commencé à construire de solides positions défensives autour des principales installations côtières. Ces opérations ont par conséquent exigé beaucoup d'hommes et de ressources et ont au mieux causé un désagrément temporaire à l'ennemi. De plus, l'expérience a montré que même si le raid pouvait produire un effet de surprise au départ, il faisait toujours appel aux réserves locales et se soldait toujours par un désengagement au contact et de lourdes pertes[42]. Stirling croyait que si une petite force pouvait surmonter les difficultés présentées par les déplacements dans le vaste désert vers le sud, elle pourrait alors se glisser derrière les lignes de l'ennemi et se retirer rapidement. Il a écrit un document intitulé « *A Special Service Unit* » dans lequel il précise ses idées sur le potentiel de petites forces spéciales pour attaquer des terrains d'aviation, des véhicules et des dépôts d'essence ennemis[43]. Stirling a finalement été en mesure de présenter un argument convaincant à l'appui d'une telle organisation et c'est ainsi que le SAS a été créé[44].

Stirling et Bagnold ont tous deux pu utiliser des techniques avancées d'évaluation critique et de résolution de problèmes pour créer une vision. Ils ont aussi pu exprimer leur vision à leurs supérieurs et l'incorporer à des opérations militaires existantes qui ont fonctionné à merveille. La capacité de sortir des sentiers battus et de trouver des solutions originales est essentielle aux leaders efficaces[45]. La créativité, la vision ainsi que la capacité d'exprimer cette vision aux supérieurs et aux subalternes ne sont qu'un aspect du monde des leaders et n'expliquent pas pourquoi les équipes opérationnelles des SOF ont aussi bien fonctionné ni pourquoi nombre d'entre elles présentaient une aussi grande cohésion.

Les SOF comme le LRDG et le SAS devaient aussi leur succès à l'instruction et à la cohésion de leurs patrouilles. La cohésion est fondée sur l'identité du groupe et repose sur un certain nombre d'éléments comme le respect mutuel et la confiance entre les membres ainsi qu'entre les leaders et les subalternes. Les soldats des SOF développent ce lien parce qu'ils se considèrent comme des membres appréciés de l'équipe. Ce sentiment de valeur découle de la volonté du leader d'accepter les conseils de ses subalternes en raison de leur expertise et de la force de leurs idées, et non pas de leur grade. En fait, c'est la capacité du leader de SOF de laisser ses subalternes accomplir leur travail comme ils le souhaitent selon les capacités propres à chacun qui instille cette confiance. L'habilitation est une composante essentielle du leadership de SOF et de la dynamique de l'équipe de SOF.

L'habilitation est le processus qui consiste à donner aux subalternes la possibilité d'offrir des conseils et de prendre des décisions. Les subalternes se rallient alors à la mission et deviennent des partenaires ayant un intérêt commun dans la réussite de la mission. L'habilitation est plus marquée encore quand les subalternes ont le sentiment de participer au processus de prise de décisions[46]. Depuis la création des premiers commandos britanniques en 1940, l'habilitation joue un rôle important dans la culture des SOF[47]. Jumelée à une importance accrue accordée à l'individu, l'habilitation a aidé à créer le milieu de travail informel, mais innovateur des SOF.

Les observateurs extérieurs comprennent souvent mal cet environnement moins structuré et ont l'impression que l'organisation manque de discipline. Un tel point de vue négatif est particulièrement répandu chez les leaders militaires classiques qui ne comprennent pas les concepts de leadership et de discipline dans un contexte transformationnel. Malheureusement, les conditions de travail uniques des soldats des SOF, la nécessité pour eux de s'adapter à des milieux extrêmes et parfois à de mauvaises décisions du commandement ont accentué cette perception. Shaw fournit des détails sur la situation : « Un observateur externe qui rencontre une patrouille du LRDG revenant d'une mission d'un mois en Libye aurait de la difficulté à déterminer à quelle race ou armée et encore moins à quelle unité elle appartient. L'hiver, les soldats du LRDG portent la tenue de combat par souci d'uniformité, mais l'été, ils ont une barbe d'un mois pleine de sable et ils sont sales (la ration d'eau est limitée et ne peut pas être utilisée pour se laver), leur peau brûlée est couleur café et ils ne portent qu'un short déchiré et des « chapplies » (c.-à-d. les sandales importées par Bagnold de la province frontalière du Nord-Ouest). Les soldats ressemblent à des créatures d'un autre monde »[48].

Le SAS a vécu une expérience semblable en Malaisie, où la chaîne de commandement a critiqué la tenue décontractée des soldats. Le Capitaine John Woodhouse, futur commandant du SAS, a expliqué que « les soldats pouvaient se laisser pousser la barbe dans la jungle. C'était une bonne idée, car ils pouvaient ainsi cacher leur peau blanche, mais ils n'ont malheureusement pas eu la permission de garder leur barbe quand ils sont sortis de la jungle[49]. C'était contraire à toutes sortes de traditions militaires et la vue de soldats nauséabonds, débraillés et barbus sortant de la jungle a effrayé l'état-major et fait rigoler toutes les autres unités »[50]. Il ne faut pas oublier que les conditions d'opérations des SOF sont extrêmement difficiles et que l'équipement classique ne leur convient pas toujours. C'est la raison pour laquelle les leaders de SOF permettent une certaine marge de manœuvre en ce qui a trait à l'uniforme quand il s'avère pertinent de le faire[51].

Malgré tous les avantages qu'il offre, le style de leadership pratiqué des SOF n'est pas parfait. Il peut être dangereux quand les leaders ne comprennent pas entièrement la dynamique en jeu ou laissent les soldats abuser de leur latitude et essayer d'établir des normes culturelles pour dominer l'équipe. La remise en service du SAS pendant la campagne en Malaisie démontre clairement ce qui se produit dans de telles circonstances. « Malgré un concept opérationnel sensé, la capacité d'origine de Calvert avait des lacunes parce que bon nombre de soldats ne possédaient pas la capacité ou l'auto-discipline nécessaire pour répondre aux demandes particulières des SOF »[52]. Woodhouse croyait que les nombreux problèmes s'expliquaient par le fait que « les officiers et les soldats n'étaient pas choisis, n'étaient pas soumis à un processus de sélection. Les soldats se portaient simplement volontaires et, à ce que je sache, ils étaient tous acceptés »[53].

Il semblait surtout que les leaders du SAS ne pouvaient pas ou ne voulaient pas régler le cas des soldats qui n'auraient pas dû faire partie de l'unité[54]. Woodhouse explique que « la discipline n'existait vraiment pas [dans l'unité]. Je n'ai jamais vraiment compris pourquoi le Colonel Calvert n'a pas pris des mesures rigoureuses [...] d'autres officiers, moi y compris, n'avons pas été fermes avec les troupes à cette époque »[55]. Même un petit nombre de piètres soldats dans une unité de SOF peut devenir problématique et déstabiliser toute l'unité parce que l'efficacité opérationnelle de cette dernière repose sur la capacité et la compétence des petites équipes. Si ces équipes ne sont pas fonctionnelles, l'unité en souffre. Comme Woodhouse le souligne: « C'est un peu injuste de qualifier les membres de l'escadron « A » de pirates. Beaucoup, en fait presque la majorité des soldats de cet escadron étaient compétents et cela était également vrai des premiers officiers. Je dirais que quatre officiers sur cinq auraient certainement pu faire partie du SAS plus tard. Le potentiel était donc assez bon »[56]. Pendant la crise en Malaisie, le SAS s'est trouvé dans une situation qui a fait ressortir un aspect clé du leadership des SOF, c'est-à-dire que peu importe le style de leadership utilisé, le leader commande toujours et est toujours responsable de la discipline de l'équipe ainsi que de la réussite ou de l'échec des activités.

Ainsi, le leader doit pouvoir garder en équilibre les besoins des soldats hautement spécialisés et déterminés et les exigences de la mission, ce qui peut parfois être difficile. L'environnement de travail souvent complexe cause d'importants ennuis aux nouveaux leaders transactionnels qui sont rapidement confrontés à des situations inconnues et souvent violentes parce qu'avant d'entrer dans le monde des SOF, les leaders sont respectés en raison de leur grade, une attitude renforcée par la structure institutionnelle en place qui fait en sorte qu'ils conservent le respect qu'ils le méritent ou non.

Par contre, dans le contexte des SOF, le respect est fonction de la compétence du leader et des contributions qu'il apporte à l'équipe. Il est aussi fort probable que tous les membres des SOF sont en soi des leaders et pourraient facilement commander efficacement s'ils en avaient la chance. Dans de telles circonstances, le leader peut être nommé, mais aux yeux des membres de l'équipe, il doit se mériter le droit de commander. Il doit donc montrer aux membres de l'équipe qu'il a réussi, comme eux, les processus de sélection et d'entraînement et qu'il possède la capacité de coordonner les membres et les fonctions de l'équipe. En fin de compte, s'il prouve qu'il peut accomplir le travail, il sera respecté. Shaw donne un exemple de la façon de mériter le respect des autres dans les SOF:

> « Le commandement d'une patrouille de la Nouvelle-Zélande revenait parfois à un officier britannique. Étant donné l'opinion que les Néo-Zélandais avaient du Britannique moyen, l'officier craignait cette fonction. Par contre, s'il réussissait à montrer qu'il voulait d'abord et avant tout accomplir le travail et qu'il en savait autant, voire même un peu plus que les autres, la patrouille répondait à toutes ses demandes et même plus puisqu'elle cessait de le considérer comme une espèce de salaud »[57].

La nécessité pour le leader de gagner le respect de son équipe avant qu'elle commence à travailler en tant qu'entité cohésive n'est pas un concept connu du style de leadership transactionnel. Ce processus peut intimider un leader. Dans une telle situation, les réactions des leaders sont variées, mais sont généralement de trois types. D'abord, un bon leader adaptera naturellement son style de leadership aux besoins de l'équipe ou à la situation. Ensuite, si le leader a un style de leadership rigide et qu'il ne peut pas l'adapter, il conservera probablement sa démarche transactionnelle. Un tel style de leadership permettra de maintenir la discipline, mais nuira probablement à la cohésion de l'équipe et entravera le rendement potentiel des membres de l'équipe. Finalement – la situation la plus dangereuse qui explique d'ailleurs les problèmes du SAS en Malaisie – le leader peut céder et adopter une attitude de laisser-faire, croyant que c'est ainsi que de bonnes équipes travaillent et se développent[58].

En adoptant une telle approche, le leader permet au groupe de prendre le contrôle de la situation et s'imagine à tort que c'est la façon de procéder dans l'unité ou que c'est ainsi qu'une équipe travaille. Un laisser-faire, jumelé à de piètres soldats qui tentent de dominer l'équipe, peut être dangereux. Pour éviter une telle situation, les SOF essaient de recruter le type de leaders dont elles ont besoin en soumettant les candidats à un processus de sélection, puis en leur fournissant de l'entraînement et des possibilités de perfectionnement qui leur permettront d'être des leaders efficaces dans l'environnement de travail des SOF.

Avant de décrire le processus de sélection des leaders, il est important d'examiner les compétences nécessaires aux leaders pour commander des soldats de SOF. Il ne faut pas oublier que la fonction principale d'un leader militaire est et sera toujours de commander des soldats pendant des opérations très stressantes. C'est d'ailleurs la raison pour laquelle le style de leadership transactionnel a résisté au passage du temps. Les leaders de SOF devront donc toujours inclure le style de leadership transactionnel dans leur philosophie de commandement. De plus, l'instruction habituelle sur le leadership est un bon fondement sur lequel s'appuyer pour former des leaders de SOF. Les leaders de SOF doivent toutefois adopter une démarche efficace et multidimensionnelle envers leurs subalternes, qui s'attendent à jouer un rôle plus actif et significatif dans l'accomplissement de la mission que les soldats classiques.

Pour ce faire, les leaders de SOF doivent être de bons commandants militaires qui s'adaptent facilement, qui connaissent leur travail et qui comprennent leurs subalternes. Les premiers leaders de SOF ont donné un exemple des qualités communes nécessaires pour commander des soldats de SOF. Ces qualités ont été décrites de façon générale par Bass (évaluation critique et détection des problèmes, vision, aptitude à communiquer, conduite stratégique des relations et capacité d'habiliter les subalternes). En plus de ces qualités, les leaders doivent aussi être en forme, posséder la capacité de diriger par l'exemple, posséder la capacité de maximiser les ressources disponibles et posséder la capacité d'accepter les critiques et les conseils des subalternes[59].

Le processus de sélection des leaders de SOF, qui dure normalement de trois à cinq jours et qui comprend des stands ou des tests semblables à ceux utilisés au cours du processus de sélection des MR, sert à évaluer un certain nombre de fois ces caractéristiques chez les candidats. Dans ce cas-ci, par contre, les stands ou les tests sont plutôt précis et visent la résolution de problèmes, la planification et la capacité de déléguer. Dans un contexte militaire, les candidats devront analyser un problème tactique et préparer, à l'intention d'un évaluateur, un briefing sur les solutions possibles. Ensuite, ils devront recommander le meilleur plan d'action. En fait, dans le cadre du processus de sélection moderne du SAS, les soldats chevronnés serviront d'évaluateurs et évalueront le rendement des candidats. Par exemple :

> « Chez les officiers qui se sont portés volontaires pour le SAS, le facteur du « malaise », bien qu'il ne soit plus nommé ainsi, est toujours visible. Pendant une semaine avant le début du cours de base, ils font de longues et épuisantes marches dans les collines, puis ils reviennent à la base Hereford où on leur assigne des fonctions d'état-major. Par exemple, ils doivent calculer la quantité d'essence et le nombre de munitions nécessaires pour déplacer une troupe jusqu'à un objectif particulier et le démolir, et élaborer un plan de l'opération. Les officiers doivent présenter leur plan à des membres du SAS et à des s/off chevronnés qui les critiqueront. 'Vous blaguez sûrement!' et 'Où avez-vous reçu votre instruction chez les scouts?' ne sont pas des commentaires auxquels de jeunes lieutenants s'attendent de la part de militaires du rang. Pour certains, c'est une expérience émotive pénible. Les réactions des officiers à de telles critiques sont notées avec soin »[60].

Les réactions aux critiques sont notées avec soin parce que ce type de test peut déterminer si un leader, dans le présent cas un officier, est prêt à accepter les critiques des soldats qu'il considère inférieurs à son grade. S'il ne peut pas tolérer les critiques de subalternes, il est alors probable qu'il ne peut pas ou ne veut pas s'adapter aux besoins particuliers des SOF où les soldats s'attendent à pouvoir s'exprimer en toute liberté. Il faut comprendre que pendant le processus de sélection, les évaluateurs cherchent des candidats qui ont le potentiel d'adopter un style de leadership transformationnel puisqu'ils savent que la plupart des candidats ont reçu de la formation axée sur le style transactionnel et qu'ils s'y rapporteront beaucoup au départ. Le candidat qui réussit l'étape de sélection commence immédiatement l'entraînement.

Le style de leadership voulu est inculqué aux leaders de SOF pendant la plus grande partie de l'entraînement. Par exemple, les candidats des forces d'opérations spéciales américaines doivent réussir le cours d'officier de détachement, qui constitue une étape distincte et qui comprend de l'instruction sur les tactiques, les techniques et les procédures ainsi que la planification de missions des SOF. Un tel entraînement vise l'innovation en cas d'incertitude. Susan Marquis, chercheuse et auteure sur les forces d'opérations spéciales américaines souligne que « l'entraînement des forces spéciales met l'accent sur la créativité et l'esprit d'innovation en situations de stress physique, ainsi que sur le leadership et la résolution de problèmes en cas d'isolement et d'incertitude »[61]. En effet, les soldats doivent être à l'aise quand il y a changement et ambiguïté.

Pour ce faire, l'entraînement accorde de l'importance à la planification et les stagiaires (des capitaines de l'armée de terre et des s/off membres d'équipe) analysent en détail les données et la mission et planifient pendant quelques jours. Ensuite vient le briefing au cours duquel chacun des membres de l'équipe présente sa partie du plan et la façon dont elle appuie la mission en général. Il s'agit d'un aspect important du processus de conditionnement du leader. Pendant l'entraînement, le leader doit apprendre à déléguer des fonctions à tous les membres de son équipe. Ainsi, ils connaîtront réussite ou échec devant lui. À mesure que le temps passe, le leader qui sait s'adapter aura de plus en plus confiance aux capacités de ses subalternes et acceptera l'idée de partager le contrôle pour atteindre les objectifs de l'équipe. C'est alors que l'équipe atteindra son potentiel maximum.

La capacité des SOF de faire passer leurs leaders d'un style de leadership transactionnel à un style de leadership transformationnel exigera des efforts constants, mais cela en vaut la peine. Après tout, comme Walter F. Ulmer l'a indiqué: « Dans un environnement militaire tout comme dans un environnement civil, on a réalisé que les leaders de l'école transformationnelle étaient plus efficaces que les leaders qui s'appuyaient énormément sur le style de leadership transactionnel ou la gestion par exceptions »[62]. Il faut rechercher des leaders plus instruits et plus sophistiqués pour commander, dans des situations opérationnelles de plus en plus complexes, des soldats bien entraînés, expérimentés et possédant des compétences techniques.

En fait, pour commander de tels soldats, le type de leader que les SOF recherchent a peu changé depuis que des SOF ont été créées. Ces leaders doivent posséder les qualités de base, soit évaluation critique et détection des problèmes, vision, aptitude à communiquer, conduite stratégique des relations et capacité d'habiliter, en plus d'être en forme, de posséder la capacité de diriger par l'exemple, de posséder la capacité de maximiser les ressources disponibles et de posséder la capacité d'accepter les critiques et les conseils des subalternes[63]. Ces qualités ont été synonymes de leadership efficace des SOF dès le départ et seront la base sur laquelle nous nous appuierons pour les projeter dans l'avenir.

NOTES

1 B.M. Bass, *Transformational Leadership*, New Jersey, Lawrence Erlbaum Associates Publishers, 1998, 3.

2 Lieutenant-Colonel B. Horn, « La complexité au carré: les opérations dans le futur espace de combat », *Revue militaire canadienne*, vol. 4, no 3, automne 2003, 14.

3 W.S. Cohen, United States Secretary of Defense, *Annual Report To the President and Congress 1998*, avril 1998, http://www.dtic.mil/execsec/adr98/ index.html. Les forces d'opérations spéciales (SOF) sont des unités militaires spécialisées qui interviennent dans des situations variées. Selon le rapport, « elles offrent diverses options aux décideurs qui font face à des crises et à des conflits qui se situent en deçà du seuil où l'on bascule dans la guerre, comme le terrorisme, les soulèvements et le sabotage. Puis, elles sont des multiplicateurs de force dans les conflits d'envergure parce qu'elles augmentent l'efficacité de l'effort militaire des États-Unis. Finalement, elles constituent les forces de prédilection dans des situations qui exigent une orientation régionale ainsi qu'une sensibilité culturelle et politique, ce qui comprend les communications entre militaires et les missions non-combattantes comme l'aide humanitaire, l'assistance en matière de sécurité et les opérations de maintien de la paix ».

4 S. Marquis, *Unconventional Warfare: Rebuilding U.S. Special Operations Forces*, Washington D.C., Brookings Institution Press, 1997, 15. Cet extrait est tiré d'une publication de Charles M. Simpson III, *Inside the Green Berets: The First Thirty Years, A History of the U.S. Army Special Forces*, Berkley Books, 1983, xv-xvi et 29. De nombreux officiers subalternes des MR et de SOF américaines ont été confrontés à ces circonstances au Vietnam. L'expérience qu'ils ont vécue pendant le conflit illustre non seulement l'ampleur de leurs responsabilités, mais également la qualité de leur capacité de commander. Ces leaders ont commandé leurs détachements pendant des opérations et leurs missions les ont souvent appelés à conseiller des soldats et des leaders chevronnés d'une force militaire d'un pays hôte, à former des unités militaires composées de 400 à 500 soldats pour les rendre opérationnelles au combat, à assumer la responsabilité d'équipement valant des millions de dollars et de feuilles de solde mensuelles ainsi qu'à superviser la distribution de fonds pour le renseignement. Ils ont de plus supervisé les dépenses de milliers de dollars en ravitaillement mensuel et devaient mener diverses opérations, dont des opérations psychologiques et de renseignement, et des projets d'action civique.

5 J. Parker, *Commandos: The Inside Story of Britain's most elite Fighting Force*, Londres, Headline Book Publishing, 2000, 7-8. Parker explique bien

le concept de commandos. Dans son livre, il souligne que « l'armée britannique avait enfin accepté de former des 'forces de guérilla' dont le recrutement était d'abord axé sur la région de résidence. L'idée venait de petites unités militaires spéciales qui étaient d'abord apparues parmi les Boers à la fin du 19e siècle et qui avaient fait l'objet de plusieurs études menées par des stratèges militaires britanniques, dont le comité Madden, dans les années qui ont suivi. Les forces de guérilla ont d'abord été utilisées dans des raids et des assauts contre des tribus africaines hostiles, puis pendant la guerre des Boers contre les Britanniques. Il s'agissait de commandos qui attaquaient des installations, sabotaient de la machinerie et de l'équipement de communication et harcelaient des troupes ennemies. Les Boers les formaient par district électoral. Chaque district avait sa propre force. Comme les hommes avaient été « réquisitionnés » (en anglais « commandeered »), ils ont adopté le nom de commando. Ils étaient caractérisés par leur autosuffisance. En effet, ils devaient tous fournir leur cheval, ne touchaient aucune solde, ne recevaient aucun uniforme et n'avaient pas de base ou de quartier général permanent. Ils menaient des attaques éclairs contre les forces britanniques et se repliaient dans le veld avant que ces dernières ne puissent réagir. Grâce aux activités des commandos, la guerre des Boers s'est prolongée d'au moins un an ».

6   Selon la documentation contemporaine, les SOF tentent de favoriser un style de leadership couramment nommé leadership transformationnel. Il est facile de comprendre pourquoi elles accordent une si grande importance au développement d'un style de leadership transformationnel. En effet, le style de leadership nécessaire pour commander les soldats matures et spécialisés des SOF est différent du style de leadership transactionnel, qui est souvent utilisé pour commander des soldats inexpérimentés des unités classiques pendant le combat. S'ajoute le fait que les SOF recrutent généralement leurs soldats et leaders parmi les unités classiques, où le style de leadership transactionnel est bien ancré dans les esprits. Les SOF doivent parvenir à élaborer des programmes de sélection et d'entraînement axés sur le leadership et visant à produire des leaders équilibrés qui sont en mesure de maximiser les capacités et les connaissances des soldats des SOF et d'améliorer le rendement général de l'équipe. Les leaders militaires classiques n'ont jamais complètement compris ce concept, ce qui les pousse souvent à croire que les soldats des SOF ne sont qu'une bande de cow-boys ou qu'un groupe de prima donna qui ne possèdent aucune discipline.

7   Y. Gary, *Leadership in Organizations: Fourth Edition*, New Jersey, CT, Prentice Hall Inc., 1998, 2-3.

8   *Ibid.*, 2.

9   *Ibid.*, 3.

10 Commandement de la force terrestre, *Plan du cours de sous-officier subalterne CFT*, vol. 1, Ottawa, MDN, 1996.

11 http://www.adtdl.army.mil/cgi-bin/atdl.dll/fm/22-100/ch3.htm#3-1, FM 22-100, chapitre 3.

12 *Ibid.*, vol. 1. Voir aussi Lieutenant-colonel Peter Bradley et Mme Danielle Charbonneau, Ph.D., « Le leadership transformationnel: au carrefour de l'ancien et du nouveau », *Revue militaire canadienne*, vol. 5, no 1, printemps 2004, 7-8. Selon le Lieutenant-colonel Peter Bradley et Mme Danielle Charbonneau, Ph.D., il existe beaucoup de documentation sur le sujet. « Joseph Rost relève 221 définitions de cette notion. Il suffit d'ailleurs de lire rapidement un ouvrage universitaire sur ce sujet pour découvrir une panoplie de théories. Yukl les divise en cinq catégories générales. La première, l'*approche des traits de caractère*, examine des paramètres tels que la personnalité et les valeurs pour différencier les leaders des suiveurs. La deuxième, les *études béhavioristes*, se penche sur les activités et les responsabilités des leaders afin de déterminer quels comportements sont efficaces. La troisième, l'*approche de l'influence du pouvoir*, s'intéresse aux types de pouvoir que détiennent les leaders et à la façon dont ces derniers exercent ce pouvoir pour influencer leurs suiveurs (par exemple, de façon participative ou plus directive). La quatrième, l'*approche situationnelle* analyse l'influence sur le leadership de facteurs contextuels comme la nature de la tâche, les caractéristiques des suiveurs et le type d'organisation. La cinquième, la *perspective intégrative*, combine des éléments des quatre autres modèles. »

13 Cette hypothèse est en voie de changer et de nombreuses forces militaires commencent à se rendre compte qu'il faut adopter une nouvelle approche envers les soldats. Voir Bernard M. Bass, *Transformational Leadership*, pour une explication complète de ce processus de pensée.

14 Ibid endnote 1, 35.

15 *Ibid.*, 6-7.

16 *Ibid.*, 7.

17 United States Field Manual, *The Army: Leadership Framework*, Washington (DC), DOD, 1999, 9-11, (http://www.adtdl.army.mil/cgi-bin/atdl.dll/fm/22-100/ch5.htm). Dans ce manuel, vous trouverez une bonne définition de chacun des niveaux de leadership. « Les leaders stratégiques sont responsables de grandes organisations et peuvent influencer plusieurs

centaines de milliers de personnes. Ils établissent la structure de la force, allouent des ressources, communiquent une vision stratégique et préparent leur commandement et l'armée de terre dans son ensemble à leurs rôles. » Les leaders organisationnels, quant à eux, peuvent influencer plusieurs milliers de personnes de façon indirecte et généralement par l'intermédiaire d'un certain nombre de niveaux de subalternes. « Les autres niveaux peuvent les empêcher de voir rapidement les résultats. Les leaders organisationnels ont du personnel qui les aide à diriger les gens et à gérer les ressources de l'organisation. Ils établissent des politiques et le climat organisationnel qui appuient les activités des leaders subalternes à un niveau inférieur. »

18   *Ibid.*, 10.

19   *Ibid.*, 15-18.

20   W.F. Ulmer, « Leadership into the 21st Century: Another Bridge Too Far? », *Parameters, US Army War College Quarterly*, printemps 1998, 10.

21   *Manuel d'instruction des chefs subalternes du Commandement de la force terrestre.* Vous trouverez dans ce document un résumé des tâches.

22   W. Darryl Henderson, *Cohesion: The Human Element in Combat*, Washington (DC), National Defense University Press, 1985, 114.

23   *Ibid.*, 114.

24   A. Kemp, *The SAS at War: The Special Air Service Regiment 1941-1945*, Londres, John Murray Publishers, 1991, annexe D.

25   W.B. Shaw Kennedy, *The Long-Range Desert Group*, Novato, CA, Presidio Press, 1989. Shaw-Kennedy fournit aussi une très bonne définition: « le soldat ne devait pas s'armer de courage aussi souvent que le malheureux fantassin qui était constamment bombardé sur la côte. Toutefois, pris au piège au milieu du désert par un avion ennemi, il en avait besoin, il en avait vraiment besoin. » Par contre, Shaw-Kennedy explique aussi qu' « il ne servait à rien d'être tenace sans être intelligent. Il n'était pas non plus nécessaire d'être très jeune. Je ne possède pas de données statistiques, mais je dirais que les soldats de 25 ans ou à la fin de la vingtaine ont duré plus longtemps et ont le mieux réussi » (22). Son commentaire traduisait l'expérience des autres organisations de SOF. Par exemple, dans la FSSF, l'âge moyen des soldats qui ont réussi l'entraînement était de 26 ans. Voir FSSF, *Rapport no 5*, Premier bataillon canadien en mission spéciale, (Section historique de la Défense nationale), 10-12.

26 T. Clancy et C. Stiner, *Shadow Warriors: Inside the Special Forces*, New York, NY, Penguin Putnam, 2002, 132-133. Dans les forces spéciales américaines, l'instruction des soldats est axée sur un large éventail de capacités. Selon Clancy, les soldats doivent être « des tireurs de précision spécialistes de leur arme individuelle (un pistolet) et de leur M-16, et bien connaître d'autres armes comme l'AK-47 [...] Ils doivent pouvoir tirer efficacement avec ces armes, les démonter et les entretenir. Pour ce qui est des armes plus puissantes, comme les mortiers et les mitrailleuses, ils doivent pouvoir les positionner et les utiliser adéquatement [...] Tous les soldats ont reçu de l'instruction sur les explosifs. Ils ont appris la charge, le façonnage et la mise en place des explosifs pour faire s'effondrer un pont ou des lignes électriques, les charges enterrées et l'ouverture de brèches pour entrer dans un immeuble scellé et défendu en endommageant le moins possible la structure [...] S'ils ne possèdent aucun explosif, ils ont appris à se procurer le nécessaire de sources locales pour en fabriquer. Tous les soldats reçoivent de l'instruction sur les communications, comment envoyer et recevoir des messages en Morse et comment écrire un code [...] peuvent faire fonctionner n'importe quel appareil de communications. Ils reçoivent tous une formation de niveau avancé en secourisme ».

27 De plus, Shaw-Kennedy souligne ce qui suit : « il n'existe aucun doute que la réussite rapide et continue du LRDG s'explique par la ténacité des Néo-Zélandais et la rapidité à laquelle ils ont appris comment travailler et vivre dans le désert. Il ne suffit pas d'avoir appris comment opérer du point de vue militaire dans le désert, bien qu'il s'agisse là de la moitié de la bataille. Naturellement, le conducteur doit être en mesure de conduire dans des conditions complètement nouvelles, le signaleur doit pouvoir rester en communication, le navigateur doit pouvoir s'orienter, l'artilleur doit avoir préparé les Vickers remplies de sable. » Shaw-Kennedy, *The Long-Range Desert Group*, Novato, CA, Presidio Press, 1989, 18.

28 http://www.adtdl.army.mil/cgi-bin/atdl.dll/fm/22-100/ch3.htm#3-1, FM 22-100, chapitre 3, consulté le 15 janvier 2004. Fait intéressant, le leadership axé sur l'équipe commence maintenant à intéresser les forces militaires classiques puisque la nature de la guerre moderne est en évolution et que le besoin de subalternes spécialisés devient de plus en plus essentiel à la réussite des opérations de l'avenir. Ainsi, les forces militaires classiques s'orientent vers une petite équipe qui permet un respect mutuel entre le leader et les subalternes. Cette philosophie de commandement apparaît lentement dans la doctrine militaire moderne. Selon la doctrine actuelle de l'armée américaine, « l'identité de l'équipe ne vient pas uniquement du fait que les membres prêtent serment ou s'associent à une organisation. Il est impossible d'obliger une équipe à s'unir comme il est impossible d'obliger une plante à pousser. L'identité de l'équipe naît du respect mutuel des membres et de la confiance établie entre le leader et les

subalternes. Le respect mutuel et la discipline amènent le leader et les subalternes à tisser des liens. La discipline absolue se définit comme étant l'obéissance des subalternes qui ont confiance en leur leader, qui comprennent l'objectif de la mission et y croient, qui apprécient l'équipe et le rôle qu'ils y jouent, et qui veulent participer à la réussite de la mission. Cette forme de discipline produit des soldats et des équipes qui, dans les moments vraiment difficiles, trouvent des solutions ».

29 Ibid endnote 24, 1-5.

30 Après la guerre, Bagnold a poursuivi ses recherches sur le mouvement du sable, particulièrement le sable provenant de l'eau. Il était membre de la Royal Society et a reçu la Founders' Gold Medal de la Geographical Society, la Wollaston Medal de la Geological Society of London, le G.K. Warren Prize de l'U.S. National Academy of Science, la Penrose Medal de la Geological Society of America ainsi que la Sorby Medal de l'International Association of Sedimentology. En 1978, il était le conférencier d'honneur à une conférence parrainée par la NASA sur les processus éoliens sur la Terre et sur Mars.

31 Selon Shaw-Kennedy, dès qu'on a pris la « décision d'organiser le Long Range Desert Group pour des opérations menées derrière les lignes ennemies, on a lancé un appel à toutes les unités de l'armée du désert pour des volontaires. Dans l'appel, on a précisé ce qui suit: 'seuls les hommes qui n'ont pas peur de la vie dure, du rationnement de la nourriture et de l'eau et de l'inconfort; ceux qui ont de l'endurance et un esprit d'initiative sont invités à s'inscrire' » (p. 22).

32 B. Roy et D. Martin, *Rogue Warrior of the SAS*, Londres, John Murray Publishers, 1987, 33-34. La même situation était présente dans le SAS. Paddy Mayne, le bras droit de David Stirling et commandant du SAS après la capture de Stirling, était avocat à Belfast avant la guerre et joueur de rugby au niveau international pour les Îles Britanniques. Ses prouesses athlétiques étaient incroyables puisqu'il était aussi le champion poids lourd de boxe des universités irlandaises. Il s'est joint aux commandos à titre de sous-lieutenant en 1940 et avec la Layforce, s'est rendu au Moyen-Orient, où son nom a été mentionné dans des dépêches en raison de sa bravoure devant l'ennemi.

33 En fait, un tel manque d'instruction militaire officielle n'était pas inhabituel. Dans les récentes armées mobilisées des alliés, bon nombre d'officiers se sont joints aux forces classiques sans avoir d'instruction officielle.

34 Ibid endnote 1, 99.

35 Selon la doctrine canadienne sur le leadership, le leadership transformationnel se définit comme « un modèle d'influence fondé sur des valeurs fondamentales communes et un engagement et une confiance mutuels entre le leader et ses subordonnés et destiné à apporter une amélioration radicale ou importante des capacités et du rendement d'un individu, d'un groupe ou d'un système; on l'étudie parfois dans le contexte de la théorie des échanges sociaux ». Canada, *Le leadership dans les Forces canadiennes: Fondements conceptuels,* Kingston, MDN, 2005, 133.

36 *Ibid.*, 5. Selon le Lieutenant-colonel Peter Bradley, directeur du département de psychologie militaire et de leadership au Collège militaire royal du Canada, « Il y a quatre catégories de comportements associés au leadership transformationnel, ou facteurs du leadership transformationnel. Nous décrivons sommairement ci-après chacun d'eux. Appelé influence idéalisée, le premier facteur est parfois synonyme de charisme. Le chef adopte les comportements d'un modèle à suivre, il entretient la loyauté, la confiance et le respect chez ses subalternes. Ce facteur est sans doute la pierre angulaire du leadership transformationnel, car, sans l'exemple d'un solide modèle qui inspire confiance et loyauté chez les subalternes, les autres facteurs du leadership transformationnel n'auront aucune assise. L'expression motivation inspiratrice désigne les comportements par lesquels le chef communique avec aisance et assurance une vision de l'avenir souhaité, fixe des normes élevées et convainc ses subalternes qu'ils peuvent se dépasser. Il les exhorte ainsi à se transcender. La stimulation intellectuelle caractérise les mesures que le chef prend pour promouvoir le développement de nouveaux chefs; il encourage ses subalternes à penser d'eux-mêmes et à envisager de vieux problèmes sous des angles novateurs. Il crée ainsi un climat favorisant la pensée créatrice, le raisonnement judicieux et la résolution méthodique des problèmes, au lieu d'un comportement inspiré par des opinions non fondées. Les rapports individualisés sont ceux du chef qui met l'accent sur sa relation avec chacun de ses subalternes; il accorde une attention personnelle à chacun d'eux. Les chefs qui donnent beaucoup d'importance à ce facteur traitent leurs subalternes individuellement et consacrent du temps aux communications avec chaque personne, qu'ils conseillent et guident et dont ils reconnaissent les réalisations ». « Faire la distinction entre concepts de commandement, du leadership et de la gestion », *La fonction de général et l'art de l'amirauté. Perspectives du leadership militaire canadien,* Bernd Horn et Stephen Harris éditeurs, St. Catharines, Vanwell Publishing Limited, 2001, 123.

37 J. Burns, *Leadership,* New York, NY, 1978, 287.

38 *Ibid.*, 287-291.

39 *Ibid.*, 99.

40 Ibid endnote 25, 27-28.

41 La Layforce était une force commandée par le Lieutenant-colonel Robert Laycock et qui était composée des 7e, 8e et 11e commandos, des commandos nos 50 et 52 du Moyen-Orient et de la section spéciale des navires.

42 A. Hoe et E. Morris, *Re-Enter the SAS: The special Air Service and the Malayan emergency*, Londres, Leo Cooper, 1994, 3.

43 *Ibid.*, 3. Hoe et Morris décrivent bien la logique de l'évaluation de Stirling : « une de ces sous-unités composées de 12 soldats pouvait couvrir un objectif alors qu'un déploiement de cinq troupes d'un commando (200 soldats) était auparavant nécessaire. Ainsi, une sous-unité pouvait détruire jusqu'à 50 aéronefs. En conséquence, une unité spéciale bien entraînée et équipée de 200 soldats pouvait attaquer dix objectifs différents en même temps la même nuit par rapport à un seul objectif en utilisant les techniques de commando actuelles, ce qui signifie que 25 opérations réussies d'une unité spéciale dépassaient de loin le résultat maximal d'un raid de commando. Les conséquences sur le moral des Allemands seraient importantes ».

44 *Ibid.*, 16. Hoe et Morris donnent une perspective intéressante sur la sélection des premiers membres : « par contre, sa priorité immédiate était de former une force de combat avec un groupe disparate de soldats. Il n'avait aucune expérience de combat et les soldats qu'il menait au combat étaient tenaces. Ils étaient tous individualistes et allaient sans aucun doute critiquer n'importe quel officier qui ne répondrait pas à leurs exigences ». En y repensant 45 ans plus tard, il a déclaré ce qui suit en ce qui concerne les membres originaux du détachement L : « dans une certaine mesure, ils ne pouvaient pas vraiment être contrôlés. Ils étaient […] et individualistes. Il fallait leur donner un but et dès qu'ils se consacraient corps et âme à l'atteinte de ce but, ils se disciplinaient les uns les autres. Ce but devait être très précis […] Cette bande de vagabonds devaient comprendre leurs fonctions pour les réaliser, ce qui incluait la discipline ». Même si la plupart d'entre eux échappaient à la discipline régimentaire classique, ils ne comprenaient pas entièrement qu'ils se soumettaient à un type de discipline beaucoup plus exigeant. Il n'existe aucun dénominateur commun chez les membres originaux, soit les 50 premières recrues du SAS. La plupart d'entre elles avaient suivi une instruction de base dans l'un des régiments de gardes et avaient suivi le cours de commando. Très peu avaient de l'expérience de combat.

45 *Ibid.*, 99. Dans le cadre de l'instruction des SOF, il est maintenant essentiel d'accorder de l'importance à ce type d'évaluation critique et de

détection des problèmes, car le leader et le groupe peuvent trouver des solutions créatives à des problèmes complexes. Pour ce faire, des capacités de planification, d'organisation, d'évaluation critique et de détection de problèmes sont nécessaires.

46 Ibid endnote 1, 100.

47 Le concept d'opérations pour les commandos était le suivant: « réunir un certain nombre de personnes entraînées pour combattre de façon indépendante et non comme une unité militaire formée. C'est la raison pour laquelle un commando vise vraiment à fournir plus qu'un bassin de soldats spécialisés pour constituer très rapidement des unités irrégulières de toute taille et de tout type et accomplir une tâche précise ». Voir John Parker, *Commandos: The Inside Story of Britain's Most elite Fighting Force*, Londres, Headline Book Publishing, 2000, 35-37.

48 Ibid endnote 1, 51-52.

49 A. Hoe et E. Morris, *Re-Enter the SAS: The Special Air Service and the Malayan Emergency*, Londres, Leo Cooper, 1994, 3-9.

50 *Ibid.*, 3-9.

51 Il faut aussi noter que la plupart des SOF n'ont jamais eu priorité en ce qui a trait à l'équipement et par conséquent, recevaient ce qu'il restait ou ce qu'elles pouvaient réussir à se faire offrir.

52 *Ibid.*, 11.

53 En soi, cela signifiait qu'un certain nombre de soldats étaient des indésirables et n'auraient probablement jamais été utiles à un régiment. L'armée avait comme principe de se débarrasser des mauvais numéros.

54 A. Weale, *Secret warfare: Special Operations Forces from the Great Game to the SAS*, Londres, Hodder Headline, 1998, 160.

55 Ibid endnote 49, 11-15.

56 Ibid endnote 1, 99.

57 Ibid endnote 25, 20.

58 Ibid endnote 1, 7. Selon Bass, le leadership axé sur le laisser-faire « est un leadership absent et par définition, est le plus inactif et inefficace qui soit d'après la plupart des recherches sur le sujet. Contrairement au leadership

transactionnel, le laisser-faire ne représente pas une transaction. Les décisions ne sont pas prises, les mesures sont retardées, les responsabilités en matière de leadership sont ignorées et l'autorité ne sert pas ».

59 Certains de ces traits forment également le fondement du style de leadership transformationnel de Bass.

60 T. Geraghty, *Who Dares Wins: The Special Air Service-1950 to the Gulf War*, Londres, Time Warner Paperbacks, 1993, 507.

61 S.L. Marquis, *Unconventional Warfare: Rebuilding U.S. Special Operations Forces*, Washington D.C., Bookings Institution Press, 1997, 24-26.

62 Ibid endnote 20, 8.

63 Ibid endnote 37, 20.

Chapitre 5

Le choc des cultures:
le fossé séparant les forces traditionnelles et les Forces d'opérations spéciales

Colonel Bernd Horn

Les attentats terroristes du 11 septembre 2001 contre les États-Unis ont permis de justifier la raison d'être des forces d'opérations spéciales. Que les dirigeants politiques et militaires leur aient aussitôt demandé de combattre les responsables de cette agression sans précédent a montré qu'elles jouaient désormais un rôle de premier plan et non plus de figurant. Ce n'est pas sans mal qu'elles en sont arrivées là. Leur assez brève histoire présente des thèmes récurrents qui ont toujours alimenté la controverse comme la course aux maigres ressources, la conception peu orthodoxe de la discipline et de la reddition de comptes; et les différences de leurs méthodes opérationnelles sur le plan culturel et conceptuel.

Paradoxalement, les propriétés et les caractéristiques exceptionnelles qui font aujourd'hui la puissance des forces d'opérations spéciales représentent aussi dans une certaine mesure leur talon d'Achille. En raison de leur spécificité et de leurs différences marquées, une barrière, voire un fossé, les a toujours séparées des forces traditionnelles. Bien qu'elles puissent désormais jouer un rôle clé dans les opérations asymétriques, elles doivent continuer à parfaire et à transmettre leurs connaissances et à s'efforcer de collaborer avec le reste des forces armées. Sinon, elles risquent de se retrouver dans le besoin et marginalisées, alors qu'elles sont plus indispensables que jamais.

QUI SONT CES COMBATTANTS DE L'OMBRE?

Les journalistes décrivent généralement les membres des forces d'opérations spéciales comme « les tueurs les mieux équipés et les plus efficaces, coriaces, intelligents, impénétrables et endurants des forces armées des États-Unis [ou des autres pays] »[1]. Selon une conception plus traditionnelle, reposant sur leur origine pendant la Seconde Guerre mondiale, ce sont des forces « dont la sélection, l'entraînement, le matériel et les missions sont spéciaux, et qui reçoivent un soutien spécial »[2]. À cette présentation un peu simpliste, on préfère aujourd'hui une description plus complète et plus nuancée du rôle qu'elles jouent en coulisses en matière de sécurité internationale. On reconnaît généralement que ce sont des « forces militaires et paramilitaires dont l'organisation, la formation et le matériel sont hautement spécialisés, dont les opérations ont des objectifs militaires, politiques, économiques ou informationnels, et qui emploient en général des moyens non traditionnels dans des territoires hostiles, interdits ou politiquement vulnérables »[3].

Les concepts, le matériel et l'organisation militaires sont presque tous basés sur le modèle américain. Les forces d'opérations spéciales ne font pas exception. Selon les Américains, elles doivent assumer neuf fonctions fondamentales:

- Le contre-terrorisme: mesures prises pour prévenir, contrer et faire échouer les attentats terroristes, en faisant appel à tous les moyens disponibles, y compris à l'antiterrorisme et au contre-terrorisme[4].
- La reconnaissance spéciale: opérations spéciales de reconnaissance et de surveillance menées dans des milieux hostiles, interdits ou politiquement vulnérables, pour recueillir ou vérifier des renseignements importants sur le plan stratégique ou opérationnel, en utilisant des moyens dont ne disposent généralement pas les forces traditionnelles.
- L'action directe: opérations à court terme visant à prendre ou à reprendre, à endommager ou à détruire, à exploiter, à capturer.
- La guerre non traditionnelle: organisation et formation des forces indigènes et de remplacement, fourniture de matériel, de conseils et d'aide lors d'opérations militaires et paramilitaires de longue durée.
- La contre-prolifération: lutte contre la prolifération des armes nucléaires, biologiques et chimiques; collecte et analyse du

- renseignement; renforcement des mesures diplomatiques, contrôle des armements et des exportations.
- La défense intérieure à l'étranger: organisation et formation des forces militaires et paramilitaires du pays d'accueil, conseils et support pour aider à prévenir la subversion, l'anarchie et les soulèvements.
- Les opérations d'affaires civiles: développement de relations entre les autorités militaires et civiles pour faciliter les opérations militaires.
- Les opérations psychologiques: influence sur le comportement des forces et des gouvernements étrangers.
- Les opérations de renseignement: actions prises pour acquérir la supériorité en matière de renseignement en brouillant les renseignements et systèmes de renseignements de l'adversaire tout en protégeant les siens[5].

L'ÉVOLUTION DES FORCES D'OPÉRATIONS SPÉCIALES

Si tel est désormais le mandat des forces d'opérations spéciales, il a évolué au fil du temps.

Ces forces sont essentiellement le produit de la Seconde Guerre mondiale. Elles sont nées dans un climat de crise aiguë, où la situation des Alliés était extrêmement précaire. Au lendemain des premières victoires allemandes, les Britanniques et leurs alliés n'avaient presque pas d'équipement majeur, leurs forces militaires étaient moribondes et ils étaient vraiment sur la défensive. Néanmoins, quelques jours après la retraite de Dunkerque, Winston Churchill, qui était pugnace, a donné l'ordre de « faire suivre un entraînement spécial à des troupes du calibre des chasseurs » pour qu'elles fassent régner la terreur sur le littoral des territoires occupés en saccageant tout et en se repliant immédiatement. Le Premier ministre britannique avait compris que cette capacité offensive, aussi limitée fût-elle, remonterait le moral du peuple et maintiendrait la combativité des militaires, tout en forçant les Allemands à consacrer des ressources importantes à la défense.

D'innombrables unités et organisations de forces d'opérations spéciales ont vu le jour dans les premières années de la guerre: les commandos, le *Long Range Desert Group*, le *Special Air Service*, le *Special Operations Executive* et les Rangers américains, pour n'en nommer que quelques-unes, toutes créées pour combattre la machine militaire allemande qui semblait invincible. Au fil de la guerre, elles fourniront des capacités que ne possédaient pas les forces traditionnelles et exécuteront des missions particulières telles que raids, sabotages et opérations d'économie d'efforts pour immobiliser l'ennemi. Elles seront ensuite chargées, entre autres, de la reconnaissance stratégique et de la guerre non traditionnelle.

Malgré toutes leurs victoires et leurs mérites, les forces d'opérations spéciales n'ont jamais été totalement acceptées par la communauté militaire. Leurs tactiques peu orthodoxes, leur comportement peu conventionnel, voire désinvolte, souvent jugé indiscipliné et peu conforme à la bienséance militaire, et leur quasi-autonomie déplaisaient aux dirigeants militaires qui n'y étaient pas habitués. Il n'est donc pas surprenant qu'elles aient presque toutes été démantelées à la fin des hostilités.

Toutefois, des événements survenus après la guerre demandaient des compétences que ne possédaient généralement pas les forces traditionnelles, et l'on a rétabli les forces d'opérations spéciales. Les combats féroces des guérilleros en Malaisie, dans le sultanat d'Oman et au Yémen, par exemple, ont démontré la force de ces unités dont les membres sélectionnés pour leur intelligence, leur adaptabilité et leurs aptitudes exceptionnelles, avaient reçu un entraînement spécialisé. Malgré le nombre assez réduit de leurs effectifs, elles se sont avérées de plus en plus efficaces lors de soulèvements et d'autres conflits mineurs.

Les forces d'opérations spéciales ont aussi été victimes de leurs réussites qui ont suscité l'antagonisme et l'envie des forces traditionnelles et qui les ont également amenées à être considérées comme une panacée. Ainsi, des unités spéciales ont proliféré pendant la guerre du Vietnam, lorsque les autorités américaines tentaient d'enrayer l'escalade de cette guerre complexe. Ces unités étaient chargées de missions particulières: reconnaissance et interdiction lointaines, opérations fluviales et guerre non traditionnelle, par exemple. Malheureusement, pour répondre à ces demandes croissantes, on a souvent assoupli les critères de sélection et la ba baisse inévitable du calibre du personnel que cela a entraînée a donné aux forces d'opérations spéciales la réputation, justifiée ou non, d'être un ramassis de roublards, de casse-cou et de soldats peu recommandables. Elles en ont souffert pendant des dizaines d'années.

Il n'est donc pas surprenant que l'armée régulière, comme pendant la Seconde Guerre mondiale, ait toujours méprisé ces forces. Pendant la guerre froide, presque personne ne comprenait leur utilité dans le paradigme des « combats aéroterrestres », selon lequel des formations massives et bardées d'armes s'affronteraient dans les plaines du nord de l'Europe. Cependant, le changement radical de la nature du danger planant sur les pays occidentaux industrialisés au début des années 1970 a provoqué un regain d'intérêt pour les forces d'opérations spéciales, malgré les préjugés des forces traditionnelles. Pour contrer la « nouvelle » menace, le terrorisme, il fallait de toute évidence des compétences particulières que ne possédait pas l'institution militaire. Encore une fois, la solution a été d'engager un personnel se distinguant par son acuité mentale, son adaptabilité aux opérations, ses aptitudes martiales et son taux de réussite élevé, pour mener à bien des missions risquées.

Cela a revitalisé les forces d'opérations spéciales. Les dirigeants politiques et militaires ont trouvé dans ces petites unités hautement spécialisées, très mobiles, et laissant assez peu d' «empreintes » les moyens d'atteindre leurs objectifs. En outre, ils n'ont pas tardé à réaliser qu'ils pouvaient confier à ces unités toutes sortes d'opérations politiquement délicates. La fin des années 1980 et le début des années 1990 ont ainsi été une période de renaissance pour les forces d'opérations spéciales, comme l'illustre la création du *United States Special Operations Command,* en 1987. Les forces d'opérations spéciales américaines jouissaient dorénavant d'un commandement unifié, contrôlaient leurs ressources et surtout elles étaient représentées dans les plus hautes sphères du département de la Défense. Ces forces semblaient finalement être considérées comme une composante essentielle des forces armées, aux États-Unis du moins. Cela s'est confirmé pendant la guerre du Golfe de 1990-1991, au cours de laquelle des unités ont mené des opérations éclair de reconnaissance stratégique, d'interdiction de la zone arrière et d'action directe, et de travail délicat du point de vue politique, de dépistage des missiles Scud. Cela leur a valu, semble-t-il, le respect de l'institution militaire.

Avec le nouveau millénaire, leur acceptation, leur utilité et leur pertinence sont montées en flèche. L'attaque tragique du 11 septembre 2001 contre les tours du *World Trade Center* de New York a modifié l'idée que l'on se faisait de ces forces et montré qu'elles étaient un élément essentiel d'une armée moderne. Les dirigeants politiques et militaires ont compris que seule une force flexible, adaptable et mobile pouvait contrer un ennemi insaisissable dont les tactiques reposent sur la dispersion, la complexité du terrain et l'asymétrie. Les forces d'opérations spéciales, qui ont une structure souple, sont extrêmement mobiles et ont suivi un entraînement exceptionnel, ont répondu de nouveau à leur appel.

LES THÈMES RÉCURRENTS

Un gouffre culturel et conceptuel a toujours séparé les forces traditionnelles et les forces d'opérations spéciales. Leurs différences ne sont pas négligeables et leur inimitié ne date pas d'hier. Selon leurs détracteurs, les forces d'opérations spéciales « sont coûteuses, indépendantes et arrogantes, ne portent pas d'uniforme, ne relèvent pas de la chaîne de commandement normale et sont trop spécialisées pour leur propre bien »[6]. Les propos du major-général Julian Thompson captent l'essence de cette animosité: « fondre sur l'ennemi, tuer quelques gardes, faire sauter une casemate ou deux et capturer une demi-douzaine de prisonniers ne justifient pas le coût du déploiement de navires, d'aéronefs et de soldats d'élite »[7]. Le célèbre analyste militaire américain, Tom Clancy, observe que « les unités et les hommes des forces d'opérations spéciales font souvent figure de parasites, parce qu'ils prennent des hommes et des fonds convoités, aux dépens des unités 'régulières' »[8]. Les détracteurs des forces d'opérations spéciales dénoncent presque toujours la course aux ressources limitées, les conceptions divergentes de la discipline et la reddition de comptes et les différences culturelles et conceptuelles.

LA COURSE AUX RESSOURCES: PART DU LION

De toutes les causes d'animosité entre les forces conventionnelles et les forces d'opérations spéciales, la plus profonde est celle du « braconnage » du personnel. Les commandants, bien entendu, acceptent mal que certains de leurs meilleurs officiers et soldats soient attirés ou recrutés par les forces d'opérations spéciales. « Dans presque tous les cas, les hommes qui se portent volontaires, explique l'historien Philip Warner, sont les plus entreprenants, les plus dynamiques et les plus indispensables »[9]. Les « braconniers » sont les premiers à l'admettre. « Tout d'abord, il y a sans doute, et c'est naturel, un sentiment de jalousie, à l'égard de toute nouvelle unité qui a la priorité en matière de personnel et de matériel », reconnaît le major-général David Lloyd Owen, commandant du *Long Range Desert Group*. Il est normal qu'un bon commandant n'aime pas voir ses meilleurs hommes se laisser attirer par ces équipes de 'cinglés' »[10].

C'est pour cette raison que le feld-maréchal Alan Brooke, chef de l'état-major impérial, n'a jamais été d'accord avec la politique de Churchill sur les forces spéciales, qui « compromettait dangereusement la qualité d'un bataillon d'infanterie »[11]. Le légendaire feld-maréchal, le vicomte Slim, était du même avis. Selon lui, les unités spéciales « étaient généralement constituées des meilleurs hommes des unités ordinaires, qu'elles attiraient en leur offrant de meilleures conditions, en leur promettant des missions grisantes et à coup de propagande... Il n'y a aucun doute que ces méthodes faisaient baisser la qualité du reste de l'armée, surtout dans l'infanterie, non seulement en soustrayant les meilleurs éléments, mais aussi en entretenant l'idée selon laquelle certaines des opérations courantes en temps de guerre étaient tellement difficiles que seul un corps d'élite spécialement équipé pouvait les exécuter »[12].

Il n'y a pas eu de changement d'attitude après la guerre. Les forces d'opérations spéciales « gobaient beaucoup trop de jeunes chefs dont les bataillons d'infanterie avaient grand besoin », déplore le lieutenant-colonel J. O'Brien, dans un article publié dans *Army Quarterly* en 1948[13]. John A. English, historien et ancien officier de l'armée canadienne, partage cet avis. Il estime que l'expansion de la force aéroportée israélienne effectuée par le général Moshe Dyan quand il était chef d'état-major a nui à l'efficacité de l'infanterie, et que l'accroissement du recrutement, en « écrémant » les forces, a réduit le calibre des soldats de la brigade Golani, qui était une force permanente[14]. De même, à propos de la capacité de combat américaine, Tom Clancy a écrit: « Un simple soldat dans une unité aéroportée pourrait très bien être qualifié pour être sergent ou commandant d'aviation dans une unité régulière »[15]. Que les unités spéciales comportent effectivement une plus grande proportion de sous-officiers supérieurs que les unités traditionnelles exacerbe le problème et semble donner raison à ceux qui se plaignent de la pénurie de bons sous-officiers dans l'armée[16].

À cela s'ajoutait l'impression que le fait de ne pas remplir les critères élevés du recrutement dans les forces d'opérations spéciales avait des conséquences regrettables. Brooke et Slim font partie de ceux qui sont convaincus que les hommes qui ne se qualifiaient pas étaient blessés dans leur amour-propre[17]. La nature même de ces unités extrêmement sélectives donnait l'impression que les autres n'étaient pas à la hauteur. « J'étais content qu'ils [ceux qui avaient échoué] quittent immédiatement le camp, sans faire d'adieux embarrassants, confesse un membre des forces d'opérations spéciales. C'étaient des lépreux et je ne voulais pas courir le risque d'attraper l'infection dont ils étaient porteurs »[18]. C'était évidemment une attitude ridicule. Comme le dit un ancien membre du *Special Air Service*: « l'élitisme est contre-productif; il aliène tout le monde »[19].

Cependant, ce n'est pas seulement parce qu'elles « raflent » du personnel que l'on condamne les forces d'opérations spéciales. Une plainte récurrente, pour reprendre les termes du feld-maréchal Slim, est que: « la dotation en matériel était plus généreuse pour ces unités que pour les formations ordinaires »[20]. Comme l'observe un historien: « Les forces spéciales sont souvent en butte à l'envie, à l'aversion et à l'incompréhension, car elles reçoivent [...] souvent un meilleur matériel que l'unité dont elles relèvent »[21].

Il s'agit là d'un éternel problème, comme le montre la remarque du général Fred Franks sur l'expansion des forces d'opérations spéciales aux États-Unis, notamment des *Rangers*, dans les années 1980: « En tant que force d'élite, les *Rangers* bénéficiaient d'un budget généreux pour leur entraînement et de politiques assurant la stabilité du personnel (qui changeait moins souvent que dans les unités ordinaires) et ils choisissaient des volontaires, des chefs et des commandants qui avaient de l'expérience à la tête d'une compagnie »[22]. Ce traitement privilégié donnait lieu à des plaintes incessantes. Le principal reproche était que les résultats obtenus ne justifiaient pas un investissement aussi important en personnel inestimable, rare et hautement qualifié, et la profusion de ressources matérielles. Ce que faisaient les unités spéciales équivalait à « casser des vitres avec des guinées (pièces de monnaie en or) »[23].

Bref, à tort ou à raison, les commandants traditionnels ne cessaient de s'indigner du coût des forces d'opérations spéciales. Celles-ci donnaient l'impression de toujours disposer du meilleur personnel et de fonds trop généreux, quoiqu'elles aient généralement passé moins de temps au combat. Ce qui enrageait encore plus les autres militaires et alimentait les accusations de gaspillage était qu'elles subissaient souvent des pertes énormes lors des opérations. De prime abord, ces accusations semblent justifiées. L'examen de quelques opérations menées pendant la Seconde Guerre mondiale illustre bien l'importance des risques encourus. Par exemple, les pertes subies lors du raid des commandos sur Tragino s'élevaient à 100%[24]; celles du premier raid du Special Air Service en Afrique du Nord, à 64 %[25]; celles de la tentative d'assassinat de Rommel, à 96 %[26]; celles du débarquement des commandos à Marina, en Italie, à 48 %. Lors du « raid le plus remarquable », sur Saint-Nazaire, 79 % des commandos et 52 % des membres des forces navales ont été tués ou faits prisonniers[27]. Au total, durant la guerre, les commandos britanniques ont essuyé des pertes nettement plus élevées que le reste de l'armée[28]. Le bilan est le même chez les commandos australiens, dont les pertes en temps de guerre se sont élevées à 34 %[29].

En outre, les unités de démolition navale ont perdu 52 % de leurs effectifs au combat[30], et la *First Special Service Force* a subi en Italie des pertes énormes de 78 %. Dans le même théâtre d'opérations, seulement 6 des 767 Rangers américains qui rampaient vers Cisterna le matin du 30 janvier 1944 pour tenter d'y pénétrer sont revenus[31]. En résumé, il est notoire que le pourcentage des pertes des forces d'opérations spéciales ait été supérieur à celui des troupes traditionnelles, bien qu'elles aient passé moins de temps à combattre.

Les opérations plus récentes confirment cette tendance. En 1980, pendant l'opération *Eagle Claw*, menée pour tenter de sauver les otages américains en Iran, les forces d'opérations spéciales ont subi toutes les pertes homologuées à *Desert One*, la base improvisée. Au cours des opérations *Urgent Fury*, à Grenade, en 1983, et *Just Cause*, à Panama, en 1989, respectivement 47 % et 48 % des pertes américaines ont été essuyées par les forces spéciales. En 1991, pendant la campagne *Desert Storm*, et, en 1993, à Mogadishu, en Somalie, leurs pertes s'élevaient respectivement à 17 % et à 62 %. On estime que, en 2003, 63 % des pertes américaines pendant l'opération *Enduring Freedom* ont été subies par les forces spéciales[32]. Un analyste militaire a calculé que « le risque de mourir est neuf fois plus élevé chez les commandos que chez les soldats ordinaires »[33].

LA CONCEPTION DE LA DISCIPLINE ET DE LA REDDITION DE COMPTES

Ce qui est vu comme du gaspillage et du favoritisme en dotation de personnel cause évidemment du ressentiment. Toutefois, le plus gros problème est que les forces d'opérations spéciales donnent l'impression de manquer de discipline et de décorum. Ceux qui ne relèvent pas d'unités non-conformistes, surtout de celles que l'on qualifie d'élite, de spéciales ou d'unique, leur reprochent souvent de ne respecter que leurs propres règles. Le sociologue Charles Cotton, spécialiste en culture militaire, note que « l'esprit de cohésion [des forces d'opérations spéciales/troupes d'élite] menace la hiérarchie et l'homogénéité de l'ensemble »[34].

Dans bien des cas, cela est dû au fait que le commandement et la discipline sont moins contraignants. On insiste moins sur le protocole, le cérémonial et la conduite réglementaire. Selon Eliot Cohen, « le dénominateur commun de presque toutes les unités d'élite est qu'elles ne paraissent pas disciplinées et que parfois elles ne le sont pas. ... les unités d'élite font souvent peu de cas de leur tenue vestimentaire ou du salut réglementaire »[35].

Ses observations sont justes. Le général de la Billiere, évoquant ses souvenirs de jeune officier au sein du *Special Air Service*, déclare que

« les hommes, quant à eux, ne m'appelaient "mon capitaine" que pour se montrer insolents »[36]. D'après l'historien Eric Morris « le *Long Range Desert Group* et d'autres unités similaires étaient un moyen d'échapper à l'ennui et aux contrariétés de la vie quotidienne dans l'armée britannique. Il n'y avait pratiquement pas d'exercices, de gardes, de corvées et d'inspections »[37]. Un autre historien observe que, « comme beaucoup de combattants, Calvert [qui commandait la 2e brigade du *Special Air Service*], ne s'attardait guère à des broutilles telles que la tenue militaire, [car] le port de l'uniforme et le soin vestimentaire n'avaient rien à voir avec l'aptitude de l'unité au combat »[38]. Pourtant, ces « broutilles » pèsent certainement très lourd sur l'impression que produit une unité sur les gens de l'extérieur.

Cela n'échappait pas aux forces spéciales. « Notre tenue peu réglementaire nous faisait déjà remarquer, admet un sous-officier du *Special Air Service*. Les autres militaires s'habillent toujours de la même façon »[39]. Un Américain évoque l'impression que lui a faite son unité le jour de son arrivée: « Le sergent major est l'incarnation des valeurs de l'armée américaine », explique-t-il. Quelle ne fut pas sa surprise en voyant son nouveau sergent major pour la première fois « Ce gars avait l'air d'un vrai bohémien; sa chemise était déboutonnée et il ne portait pas de t-shirt. Sa plaque d'identité était plaquée or. Sa casquette était repoussée en arrière et il avait une énorme moustache cirée en forme de guidon de vélo »[40]. Les forces d'opérations spéciales savent fort bien que leur laxisme en matière de discipline et de tenue vestimentaire irrite les autres militaires. Cela fait partie de leur attrait, comme leur désir de se démarquer de l'armée « régulière », mais cela leur vaut l'hostilité de la hiérarchie traditionnelle. Cette dynamique s'explique néanmoins par le type de personne qui intègre ces unités. Selon David Stirling, fondateur du *Special Air Service*, il était possible de « contenir » les recrues, mais pas vraiment de les « dompter »[41]. La plupart des Rangers étaient « des non-conformistes qui ne pouvaient pas fonctionner dans une unité conventionnelle »[42]. D'après William Darby, premier commandant des Rangers, « commander ces hommes-là revenait à conduire un attelage de chevaux fougueux. Il n'était pas difficile de les faire avancer. Le problème était de les retenir »[43].

Les « bérets verts » américains ont eux aussi été dépeints comme « des hommes qui voulaient faire des choses différentes et stimulantes sans être entravés par une discipline trop stricte »[44]. Pour le général de la Billière, « la plupart de ces officiers et de ces hommes ne peuvent pas vraiment s'intégrer dans une unité ordinaire de l'armée; c'est pour cette raison qu'ils se retrouvent dans les forces spéciales américaines, qui n'ont rien à voir avec le reste des forces armées »[45]. Il pense que la plupart des volontaires, comme lui-même, « étaient des individualistes qui ne voulaient pas être soumis à la discipline draconienne » de l'ensemble de l'armée[46]. Le schéma est toujours le même. D'après le général Peter Schoomaker, qui a joint la Delta Force sous les ordres de son premier commandant, le colonel Charlie Beckwith : « Beckwith voulait une bande de gars pas commodes qui cherchaient quelque chose de différent »[47].

Ce genre d'auto-sélection, conjugué à la fierté d'être l'un des rares candidats retenus et à la confiance en soi que donne un entraînement difficile, dangereux et stimulant, crée une aura d'invincibilité et une loyauté indéfectible envers un groupe jugé très exclusif. Les épreuves et les dangers auxquels ses membres sont exposés tissent entre eux des liens très étroits. Les membres de ces groupes « spéciaux » traitent souvent ceux qui n'appartiennent pas à leur « club » comme s'ils étaient inférieurs et indignes de respect. Ce sentiment d'indépendance par rapport à l'armée traditionnelle et le manque de respect à l'égard des formes habituelles de discipline favorisent la création d'unités qui, au dire de certains analystes, ressemblent davantage à des clans militants qu'à des organisations militaires[48]. Il va sans dire qu'une institution fondée sur le décorum, la tradition et l'uniformité voue aux gémonies ce type d'organisation et d'attitude.

Naturellement, l'arrogance et l'insubordination que cultivent les forces d'opérations spéciales ne font qu'aggraver la situation. Une scène du film *Black Hawk Down* en fournit une illustration parfaite : un capitaine donne des instructions à un groupe de sous-officiers supérieurs ; quand il a terminé, tout le groupe dit avoir compris, sauf un sous-officier récalcitrant. Le capitaine tente alors de savoir si le sergent de la Delta Force a compris ses ordres, mais celui-ci répond d'un air nonchalant, presque insolent : « Ouais, j'ai entendu. » Le cinéma est ici fidèle à la réalité. Un agent des forces spéciales raconte en riant qu'il n'a pas salué deux « capitaines de troufions » [officiers de l'armée régulière], parce qu'il « fumait et ne pouvait pas faire deux choses à la fois »[49]. Un ancien officier de soutien d'un organisme antiterroriste rapporte que « les agents refusaient d'écouter les autres, quel qu'ait été leur rang, parce qu''ils ne s'étaient pas qualifiés' »[50]. D'après le chef de cabinet d'un commandant de secteur, en Bosnie, « quand les membres des forces d'opérations spéciales n'aimaient pas ce qu'on leur disait de faire, ils allaient voir le commandant [sans suivre la chaîne de commandement] »[51].

L'arrogance et l'insuffisance qu'engendre le culte de l'élitisme souvent endémique dans les groupes sélectionnés, favorisent l'adoption d'une mentalité dangereusement particulariste. Ils ne font confiance qu'aux leurs, à ceux qui ont réussi les rigoureuses épreuves de sélection. L'anthropologue Donna Winslow confirme que la revendication d'exclusivité du « culte du guerrier » a souvent des répercussions négatives et qu'elle engendre la conviction absolue que « seuls ceux qui sont passés par là peuvent comprendre, sont fiables, ou, ce qui est encore plus dangereux, peuvent vous dire quoi faire »[52]. Alan Bell, un ancien membre du *Special Air Service*, admet: « nous avions tendance à être arrogants; nous savions tout, nous avions tout fait et n'avions plus rien à apprendre. » Il reconnaît aussi qu'ils collaboraient exclusivement avec les membres de la Delta Force ou de la 6e équipe des SEAL. « Nous pensions que cela ne valait pas la peine de nous associer aux autres groupes. Nous ne leur faisions pas confiance »[53].

Ce genre d'attitude n'est pas sans conséquence. « Trop souvent, observe Tom Clancy, il y a des frictions, de la compétition et des rivalités, et souvent la brutalité de leurs manières n'arrange pas les choses »[54]. Bref, la répugnance à collaborer avec les autres, conjuguée à l'arrogance, engendre de l'animosité et de la méfiance et fait obstacle à la coopération et à l'échange de renseignements avec toute organisation externe. Tout le monde y perd.

LES DIVERGENCES CULTURELLES ET CONCEPTUELLES

La course aux maigres ressources et les désaccords sur le comportement et la discipline ne sont pas seulement des causes de conflit, de tension et d'antagonisme. Ils sont l'expression d'un problème plus fondamental, celui des divergences culturelles et conceptuelles entre les forces d'opérations spéciales et l'armée traditionnelle. Le général Leslie Hollis saisit parfaitement cela quand il remarque que l'armée traditionnelle voit dans les formations spéciales « des bandes d'assassins déterminés mais irresponsables, qui traînent dans les théâtres d'opérations, semant la confusion parmi leurs troupes et la consternation parmi les troupes ennemies »[55].

Une partie du problème est peut-être due à un manque de compréhension de la philosophie de la guerre. L'historien britannique M. R. D. Foot, qui était agent du renseignement auprès du Special Air Service pendant la Seconde Guerre mondiale, déclare que les opérations spéciales « étaient des actions inhabituelles [...], des flambées de violence inattendue, généralement préparées et exécutées hors de la sphère militaire de l'époque »[56]. Dans une perspective traditionnelle, dogmatique et doctrinaire, les forces d'opérations spéciales ne peuvent que poser problème. « Pour le soldat traditionnel et conformiste, explique le colonel Aaron Bank, la guerre non traditionnelle avait quelque chose de répugnant, de sournois, d'illicite et de rustre et ne cadrait pas avec le code d'honneur du métier des armes »[57]. Une cinquantaine d'années plus tard, les choses n'ont pas changé. « Les soldats, les marins et les aviateurs des forces régulières ressentent instinctivement de la répulsion, dit le lieutenant-général Samuel Wilson, devant tout ce qui met en jeu des ruses, des astuces, des prouesses [...]. C'est un peu trop romantique [...]. C'est suivre la voie la plus facile »[58].

La nature de la guerre et des modes de combat n'est toutefois pas le seul problème. Les commandants comparent souvent les forces d'opérations spéciales à des « armées privées [dont] l'armée publique tend à se méfier »[59], souvent parce qu'elles apprécient surtout l'action et ne supportent guère la bureaucratie. Si l'on ajoute à cela leur conviction que la fin justifie les moyens, on comprend que les militaires traditionnels soient froissés. « Un des dangers d'une armée privée, remarque un officier supérieur, c'est qu'elle ne suit pas la filière habituelle »[60]. Il n'a pas tort. Calvert reconnaît qu'une « armée privée [...] court-circuite la chaîne de commandement »[61].

Cela n'a rien de surprenant puisque l'existence et la survie des unités spéciales dépendaient souvent de la protection d'une personnalité haut placée. Par exemple, le Premier ministre britannique Winston Churchill s'est beaucoup intéressé à la création de commandos et il a soutenu d'autres unités offensives et non traditionnelles. Le général George Marshall a fait pression sur ses subordonnés pour qu'ils soient en faveur de la création des American Rangers, et son supérieur politique, le président Franklin D. Roosevelt, a donné au directeur du bureau des services stratégiques un accès direct à la Maison Blanche. Le président John F. Kennedy a prodigué des attentions aux forces spéciales, au grand dam des chefs d'état-major. Récemment, le secrétaire de la Défense, Donald Rumsfeld, s'est personnellement chargé de faire jouer à ces forces un rôle clé dans les opérations menées par les États-Unis et d'augmenter considérablement leur budget et leurs effectifs. Il va sans dire que les forces d'opérations spéciales n'hésitent pas à se servir de leurs relations pour avancer leur cause, et que ces privilèges et ce favoritisme provoquent l'indignation des commandants des forces traditionnelles, qui essaient souvent de prendre leur revanche à la moindre occasion.

Le refus de coopérer ou de travailler avec les forces traditionnelles pour des « raisons de sécurité » constitue un autre obstacle à la coexistence. Lorsque les forces spéciales arrivent dans un théâtre d'opérations pour y exécuter une mission secrète, elles oublient souvent d'en informer l'unité qui est sur place. La présence de ces « nouveaux venus » éveille presque toujours la méfiance et a souvent des conséquences négatives s'ils entrent en action. À la fin de leurs opérations, qui sont généralement de courte durée, la force traditionnelle qui est sur place doit essuyer le plus gros des retombées. Pour comble, on invoque généralement « la sécurité opérationnelle » pour ne tenir aucun compte des forces conventionnelles. Pourtant, paradoxalement, le besoin de se démarquer des forces traditionnelles, quelle que soit la situation, semble être plus fort que celui de garder l'anonymat; en fait, il pousse les forces spéciales à adopter, même si les opérations ne le justifient pas, du matériel, des uniformes et une tenue excentriques, qui n'ont rien en commun avec ceux de l'armée traditionnelle. Il s'ensuit qu'on les reconnaît facilement[62].

Leur manie du secret et leur refus de collaborer avec les forces traditionnelles est qu'on les comprend souvent mal ou pas du tout. « J'étais sidéré, avoue l'ancien commandant du *Special Air Service*, le major-général Tony Jeapes, de constater à quel point les dirigeants comprenaient mal ce dont le régiment était capable. [...] le régiment tenait tellement à garder le secret sur toutes ses activités que c'était finalement contre-productif »[63]. Bien que la sécurité opérationnelle ait une grande importance, tout tenir secret est souvent un moyen de se soustraire au regard des autres et d'ériger des barrières. Cette fixation sur la sécurité a même amené certaines personnes à refuser d'utiliser des ordinateurs raccordés au monde extérieur; elle est parfois ridicule, mais elle est surtout nuisible et creuse un fossé entre les forces spéciales et les forces traditionnelles.

Ce ne sont pas seulement les actions et les attitudes manifestes qui provoquent des conflits. La mentalité des êtres attirés par les forces d'opérations spéciales cause aussi des frictions. « C'est certain, ceux qui sont différents nous dérangent tous, lance un ancien commandant du 75e régiment des *Rangers*, ils nous mettent mal à l'aise [...] surtout dans l'armée, qui est tellement structurée. Quand arrivent soudain des individualistes, ils rendent les gens appréhensifs [...]. Certains de nos hommes avaient des aptitudes exceptionnelles, ils étaient très doués, mais les autres ne voulaient rien avoir à faire avec eux [...] avec ces originaux, ces gars qui ne faisaient pas les choses comme tout le monde »[64]. Il s'agit là d'une question importante que l'on ne comprend pas toujours. Ces non-conformistes, ces esprits critiques, ces êtres capables de concevoir des tactiques, des méthodes et du matériel novateurs, échappant à la compréhension du commun des mortels, ont souvent été marginalisés et le sont encore. Pourtant, s'ils sont encouragés et bien encadrés, leurs idées et leurs contributions ont des retombées remarquables. C'est là leur point fort.

C'était évident dès le début. « Tu t'étais porté volontaire pour les commandos, explique une recrue. Ils comprenaient bien que tu étais un être humain avec une bonne dose de bon sens et que ce n'était pas la peine de crier, de hurler et de te rabâcher des ordres à longueur de journée. [...] Mais il n'y avait pas que ça. Dans n'importe quelle situation, même à l'entraînement, on nous expliquait tout. Si tu avais une autre idée, même si tu étais simple soldat, tu pouvais dire: 'Dites donc, sergent, vous ne pensez pas que si on passait plutôt par là ce serait plus facile?' Si tu avais raison, ta proposition était adoptée »[65]. Un commandant du *Special Air Service* explique: « Je ne faisais jamais l'appel ni l'inspection du fourbi avant une opération [en Malaisie]. [...] Si un homme ne pouvait s'occuper de ses affaires, nous estimions qu'il n'avait pas sa place dans les forces d'opérations spéciales. [...] Les hommes réagissaient positivement à cette marque de confiance et pas une seule fois je n'ai eu à le regretter »[66].

Cette mentalité tellement étrangère à l'armée traditionnelle est la marque des forces d'opérations spéciales. C'est leur plus grand atout, mais c'est elle qui provoque le plus grand clivage entre elles et les forces traditionnelles: le soldat autonome.

L'ATOUT DES FORCES D'OPÉRATIONS SPÉCIALES: L'HOMME ET L'ORGANISATION

Une histoire de la guerre du Vietnam capte la quintessence du soldat des forces d'opérations spéciales: un mélange de confiance en soi, de bravade et de résolution. Une équipe d'étude et d'observation américaine était complètement encerclée par les Vietnamiens du Nord. Au contrôleur aérien avancé qui remarquait sans détours: « Vous avez l'air d'être dans un sale pétrin », l'officier dirigeant l'équipe a rétorqué: « Non, pas du tout. Ils sont exactement où je les veux, encerclés de l'intérieur »[67].

Dès le départ, le guerrier des forces d'opérations spéciales se démarquait des autres militaires. « Il faut le reconnaître, écrit un combattant de la Seconde Guerre mondiale dans son journal, ils [les membres des forces spéciales] possèdent au plus haut degré les qualités du soldat moderne: intelligence, esprit d'initiative, compétence, sang-froid, courage raisonné »[68]. Sans aucun doute, ils forment une race à part. « Dans le régiment, confie un membre du *Special Air Service*, nous recherchions les missions impossibles. C'était ce qui nous faisait vivre. Notre tâche était de rendre possible l'impossible »[69]. Pour y arriver, il fallait être adaptable, intelligent, persévérant et résistant. « En réalité, ce sont des groupes d'hommes tranquilles, souvent fatigués, mais déterminés et collaborant pour vaincre l'adversité », explique un ancien commando. « Leur plus grande qualité est qu'ils persévèrent jusqu'à ce que la tâche soit accomplie »[70].

Tout le monde n'en pas est capable. Que l'individu et surtout ses aptitudes soient le centre d'intérêt n'est pas surprenant quand on songe à la rigueur de la sélection et à la qualité du rendement. On peut diviser les forces d'opérations spéciales en trois niveaux correspondant plus ou moins à la rigueur des normes de sélection et aux fonctions assumées. Le premier niveau comprend surtout des 'opérations noires' ou de contre-terrorisme. On ne retient normalement que de 10 à 15 % des candidats, dont la plupart sont déjà au second ou au troisième niveau! Les organisations relevant de cette catégorie comprennent la *1st Special Forces Operational Detachment* (Delta) des États-Unis, le *Grenzschutzgruppe*-9 allemand, la Deuxième Force opérationnelle interarmées du Canada et les Commandos (*Grupa Reagowania Operacyjno Mobilnego*), groupe d'intervention mobile opérationnelle de Pologne, pour n'en nommer que quelques-unes[71].

Au second niveau se trouvent les organisations qui retiennent de 20 à 30 % des candidats. Elles sont généralement chargées de tâches très importantes telles que des missions de reconnaissance stratégique et de guerre non traditionnelle. Il n'y a pas d'entraînement pour la sélection, car les compétences requises sont jugées si exceptionnelles que les examinateurs ne recherchent que celles qui sont innées. L'entraînement peut faire acquérir les autres plus tard. Dans cette catégorie figurent les forces spéciales (les Bérets verts) et les Navy SEAL américains, ainsi que les *Special Air Services* britanniques, australiens et néo-zélandais[72].

Le troisième niveau, comprend les unités telles que les Rangers qui admettent de 40 à 45 % des candidats et dont la mission première est l'action directe. Il y a un entraînement pour la sélection, mais le contrôle de la qualité s'arrête là. En général, on considère que les unités dont le niveau est inférieur à celui-ci ne sont pas des forces d'opérations spéciales[73].

La sélection est naturellement de la plus haute importance. « Nos programmes d'évaluation et de sélection, explique le général Wayne

Downing, ancien commandant du commandement des opérations spéciales des États-Unis, sont conçus pour recruter des gens qui ne font pas les choses comme tout le monde, qui ont l'habitude de fonctionner dans des situations et d'après des scénarios très complexes [...]. Notre personnel doit généralement trouver un moyen original de résoudre un problème, ce qui met souvent les forces armées traditionnelles mal à l'aise, parce que nos soldats n'emploient pas les méthodes traditionnelles »[74]. Le contre-amiral Ray Smith, ancien commandant du *Naval Special Warfare Command*, le dit sans ambages: « Nous voulons un gars qui a la tête sur les épaules, qui peut prendre des décisions tout seul [...] dans des situations extrêmement difficiles »[75]. Il n'est donc pas surprenant que le commandant du *USSOCOM*, le général Charles Holland, déclare: « le guerrier des forces d'opérations spéciales est un des plus grands atouts du pays: parfaitement entraîné, d'une constitution à toute épreuve, ouvert aux autres cultures, autonome, c'est un professionnel silencieux »[76].

En définitive, ce guerrier se définit par son intellect, son rôle et sa conception de la guerre. En outre, il peut fonctionner dans un milieu incertain, complexe et changeant. Il est indéniable que les membres des forces d'opérations spéciales ont changé depuis l'époque des tueurs impitoyables des commandos de la Seconde Guerre mondiale. Ce sont aujourd'hui des soldats capables d'adaptation et de réflexion dans l'environnement complexe de l'armée actuelle, qui exige un éthos de guerrier, des compétences linguistiques et culturelles, la connaissance des réalités politiques, et la maîtrise de la nouvelle technologie de l'information, autrement dit ce sont des guerriers-diplomates[77].

UNE HISTOIRE MARQUÉE PAR L'HOSTILITÉ

Comme on l'a vu, un gouffre a toujours séparé les forces d'opérations spéciales, à cause de leurs caractéristiques et de leurs méthodes, et les militaires traditionnels, qui sont dogmatiques et ont des vues plus étroites. « Presque toutes les unités d'élite que nous avons étudiées, écrit Cohen, se sont heurtées de la part de la bureaucratie à une hostilité considérable qui se traduisait par du harcèlement »[78]. Noel Koch, un ardent partisan d'une réforme des forces d'opérations spéciales au sein du département américain de la Défense dans les années 1980, admet avec résignation: « J'ai découvert que, dans les secteurs du Pentagone qui étaient cruciaux pour la revitalisation des forces d'opérations spéciales, le 'non' des responsables du département signifie 'non'; leur 'peut-être' signifie 'non'; et leur 'oui' veut toujours dire 'non'. Ils ne seraient pas là s'ils disaient autre chose que 'non' »[79].

Cette attitude n'est pas nouvelle. Même Winston Churchill, qui ne manquait pas d'autorité, a eu du mal à créer les commandos et d'autres organes non traditionnels: « Le ministère de la Guerre opposait une résistance farouche, et l'entêtement augmentait à mesure qu'on descendait les échelons professionnels. [...] l'idée qu'un groupe important 'd'irréguliers' privilégiés, avec leur tenue non réglementaire et leur désinvolture, puisse ternir la réputation d'efficacité et de courage des troupes régulières répugnait à des hommes qui avaient consacré leur vie entière à l'organisation et à la discipline des unités permanentes. [...] Beaucoup de colonels de nos meilleurs régiments étaient offusqués »[80]. Selon un rapport officiel, « les forces de l'intérieur n'ont jamais cessé d'user de leur influence au ministère de la Guerre pour contrecarrer ceux qui sont de notre bord »[81]. Quant au major David Stirling qui s'efforçait d'organiser le *Special Air Service* en 1941, il déplore que, « à ce stade et aux suivants, les services de l'adjudant général faisaient toujours de l'obstruction en refusant de collaborer »[82].

Le field-maréchal William Slim incarnait la mentalité militaire de l'époque: « Les armées privées ne sont pas rentables; elles sont coûteuses et superfétatoires »[83]. Son mépris pour leurs idées et ce qu'elles représentaient transparaît dans le portrait qu'il en dépeint: ces « crapules » se divisaient en deux groupes: « ceux dont la connaissance de la guerre se limitait au temps qu'ils passaient avec tout le personnel non combattant auprès duquel ils avaient l'occasion d'échafauder leurs théories, et des types enjoués mais durs que l'on pouvait débarquer dans les meilleures conditions sur une plage au milieu de la nuit avec l'ordre de faire sauter une guérite, mais qui ne savaient rien faire d'autre que se servir d'une mitraillette [...]. Peu d'entre eux avaient quelque chose de nouveau à dire, et ceux qui avaient quelque chose à dire oubliaient souvent que, pour être écouté, il ne suffit pas de vouloir simplement bouleverser l'ordre établi »[84].

Les choses n'étaient pas différentes aux États-Unis. Le général Douglas MacArthur a réussi à empêcher le système de soutien opérationnel de participer aux opérations du Pacifique[85]. Comme l'observe l'historien militaire américain David Hogan, « hormis quelques cas isolés, les généraux des forces traditionnelles des États-Unis ont refusé de mener des opérations spéciales en Europe et se sont concentrés presque entièrement sur la guerre traditionnelle dès que leurs troupes ont eu consolidé leur emprise sur les plages d'Afrique du Nord, d'Italie et de France »[86]. L'animosité des militaires à l'égard des forces d'opérations spéciales a été à son comble à la fin de la guerre. À mesure que les hostilités touchaient à leurs fins, les forces d'opérations spéciales ont été rapidement démantelées; dans le meilleur des cas, elles ont été considérablement réduites. Parmi les victimes figurent des organisations renommées telles que le Long Range Desert Group, le régiment du *Special Air Service*, le *Phantom*, la *Layforce*, la *First Special Service Force*, le bureau des services stratégiques, les Rangers et les bataillons des *Raiders*.

Après la guerre, quand le colonel Aaron Bank est arrivé à Fort Bragg pour créer des forces spéciales, on lui a conseillé « de se montrer prudent et de ne froisser personne, car non seulement une capacité non traditionnelle intéressait peu de gens, mais beaucoup étaient carrément hostiles aux unités d'élite »[87]. Il a attribué ses problèmes de recrutement en 1952 au piètre soutien que l'armée a apporté au programme[88]. D'autres se sont heurtés aux mêmes difficultés. Le *Special Air Service* de l'après-guerre, qui avait fait peau neuve, n'a pas pu recruter tout son personnel parce que « le régiment était si mal vu que les commandants des autres unités s'opposaient à ce que leurs hommes suivent les cours de sélection »[89].

Cette attitude était toujours la même en 1963, quand la légion étrangère (2e REP) a tenté de transformer radicalement certains de ses éléments en une unité de déploiement rapide semblable aux forces d'opérations spéciales. Comme le remarque l'historien non officiel de l'unité: « À l'époque c'était une idée révolutionnaire qui n'était pas du tout du goût des officiers français plantés derrière leurs bureaux. Pour ces conservateurs, le mot 'spécial' évoquait des unités non-conformistes, des fripouilles »[90]. Même au cœur de l'Afrique déchirée par la guerre civile et les soulèvements, ces idées nouvelles se heurtaient à l'hostilité. Le lieutenant-colonel Ron Reid Daly, qui tentait d'établir un corps de *Selous Scouts* en Rhodésie, observe: « J'ai bientôt eu la nette impression que beaucoup de gens s'opposaient à moi personnellement et au projet dans son ensemble »[91].

Même pendant la guerre du Vietnam, le département de la Défense avait de grands préjugés contre les forces d'opérations spéciales. Le général Maxwell Taylor se rappelle que, malgré l'insistance du président Kennedy, « on ne faisait pas grand-chose [pour accroître les forces d'opérations spéciales]. » Comme beaucoup d'officiers supérieurs, il estimait que ces forces ne faisaient rien que « toute unité bien formée » n'aurait pu faire[92]. Le major-général Harold Johnson partageait cette opinion. En tant que sous-chef d'état major de l'armée par intérim, responsable des opérations militaires, il reconnaît que l'administration Kennedy essayait d'imposer les forces spéciales et que « l'armée trouvait que c'était une bonne idée », mais qu'elle « ne s'empressait pas d'agir[93]. » En 1963, on a vainement essayé à plusieurs reprises d'affecter aux forces spéciales des officiers dont les compétences et l'expérience étaient notoires; « le calibre de presque toutes les personnes sélectionnées était inférieur[94]. » Une fois la guerre terminée, ce fut pratiquement une hécatombe. Dès 1975, l'armée avait coupé 70 % du personnel et 95 % du financement des forces spéciales[95]. Cette année-là, le budget était à son point le plus bas: il représentait 0.1 % du budget de la défense des États-Unis[96].

Dans les années qui ont suivi, ni le budget ni les espoirs des forces d'opérations spéciales n'ont connu de hausse marquée. Elles étaient toujours mal jugées et en butte à l'hostilité. L'antipathie à leur égard était bien ancrée. « Pendant des années, aux États-Unis, avoue John Marsh, secrétaire d'état à l'armée en 1983, les responsables des forces traditionnelles ont résisté aux méthodes non traditionnelles »[97]. Cela a été manifeste à l'automne 1984, quand un général trois étoiles de l'armée de l'air comparaissant devant un comité sénatorial sur les opérations spéciales a qualifié à maintes reprises les membres de la *Delta Force* d'« assassins de métier » et de « gâchettes faciles », et a déclaré avoir peur que la Delta fomente « indépendamment » un coup d'état dans un pays ami des États-Unis[98]. Quatre ans plus tard, à la cérémonie d'inauguration du USSOCOM, l'amiral William J. Crowe fils, président des chefs d'état-major interarmées, a supplié l'assemblée de « faire tomber le mur qui s'est plus ou moins érigé entre les forces d'opérations spéciales et les autres secteurs de nos forces armées »[99]. Mais son appel n'a guère eu d'effet. Lors de la guerre du Golfe, les forces d'opérations spéciales étaient encore l'objet d'un ressentiment prononcé.

Selon le journaliste Douglas Waller, « nul n'a plus cultivé cette animosité que le commandant de CENTCOM, le général H. Norman Schwarzkopf III, qui détestait les commandos. » On devine facilement pourquoi. D'abord, il avait une mauvaise impression des forces d'opérations spéciales à cause de son expérience au Vietnam puis à Grenade[100]. Ensuite, « dans une armée éprise de divisions légères et de parachutistes, explique Waller, Schwarzkopf, un commandant de blindés fanatique de blindés lourds, était une sorte d'anachronisme »[101]. C'est pourquoi il a d'abord refusé d'inclure des forces spéciales dans ses troupes. Cependant, l'animosité était mutuelle. Pour les officiers du USSOCOM, Schwarzkopf était un « esprit primitif, un tacticien pompeux et lourdaud qui savait peu de choses sur la guerre non traditionnelle et n'avait aucun désir d'en apprendre plus »[102]. Il semblait représenter à la perfection les forces traditionnelles. Apparemment, rien n'a changé. À l'automne 2001, le général Tommy Franks, commandant en chef de CENTCOM et responsable des opérations militaires en Afghanistan, a contesté le recours aux forces spéciales, affirmant, dit-on, qu'il s'agissait d'une guerre pour « des unités lourdes traditionnelles »[103].

Il va sans dire que la plupart des membres des forces d'opérations spéciales, surtout les officiers et les sous-officiers, ne se sont jamais fait d'illusion sur leurs chances d'avancement. Ils n'avaient pas tort. D'après un ancien officier supérieur, « dans les Marines, presque tous les officiers qui ont été affectés au commandement des forces spéciales interarmées ou au USSOCOM n'ont jamais impressionné les comités de promotion[104]. » Cela ne surprendra personne. Après tout, le fossé qui a toujours séparé les deux cultures ne s'est jamais franchi sans mal.

CONCLUSION

La présente évaluation, aussi sombre soit-elle, ne se termine pas mal. Comme on l'a vu, les forces d'opérations spéciales se sont transformées et ont fini par être acceptées par les dirigeants politiques et militaires, de sorte que le fossé qui les sépare des forces traditionnelles s'est quelque peu comblé. La création du commandement américain des forces d'opérations spéciales, en 1987, a été un facteur important. Elles contrôlaient désormais leurs ressources et pouvaient donc moderniser leurs organisations. Elles relevaient d'un seul commandant, qui pouvait promouvoir l'interopérabilité et assurer la collaboration efficace de tous les éléments. Enfin, avec la mise en place d'un commandant en chef 'quatre étoiles' et d'un secrétaire adjoint à la défense responsable des opérations spéciales et des conflits de faible intensité, elles étaient représentées aux échelons supérieurs du département de la Défense et pouvaient donc défendre leurs intérêts dans les hautes sphères de l'administration. Elles étaient arrivées à maturité.

Elles projetaient également une meilleure image auprès du public. Sur le plan international, dès les années 1980, des unités spéciales ont enregistré de nombreuses victoires contre le terrorisme. Toutefois, un des facteurs décisifs a été la contribution importante et notoire des forces spéciales de la coalition aux combats de la guerre du Golfe de 1990-1991: reconnaissance stratégique, intervention directe, mesures d'économie des efforts telles qu'opérations destinées à tromper l'ennemi et missions de liaison et de formation auprès des troupes moins avancées des partenaires de l'OTAN, ainsi que la fameuse mission d'élimination des bases de Scuds dont la valeur stratégique a été capitale puisqu'elle a permis à la coalition d'empêcher Israël de riposter aux attaques de missiles de Saddam Hussein[105]. Les reportages favorables des médias ont fait monter en flèche la réputation des forces d'opérations spéciales.

Leur cote internationale était à la hausse. Elles s'étaient montrées efficaces dans la guerre insidieuse contre le terrorisme, dans la guerre traditionnelle au milieu des sables du Golfe, et pendant la paix incertaine qui a régné par la suite. De par le monde, elles jouaient un rôle traditionnel dans des missions de guerre non traditionnelle, de reconnaissance stratégique et d'action directe, et dans d'autres missions fondamentales. En outre, elles ont capturé des criminels de guerre de l'ex-Yougoslavie[106].

Si leur importance s'est accrue, c'est parce que les hauts dirigeants politiques et militaires ont finalement compris leur utilité. Ces petites unités hautement qualifiées et mobiles leur fournissaient un moyen de réagir efficacement aux menaces asymétriques. Ils pouvaient leur confier une foule d'opérations susceptibles d'être politiquement délicates, sans s'exposer aux risques ou aux critiques que suscitent les grands déploiements de troupes. Le qualitatif pouvait remplacer le quantitatif, non pour des impératifs économiques mais dans un souci d'efficacité. Dans des situations conflictuelles caractérisées par l'instabilité, l'incertitude et l'ambivalence, les forces spéciales étaient généralement plus mobiles et plus adaptables que leurs homologues traditionnels. La supériorité de leur intelligence, de leurs compétences et de leur ingéniosité leur donnait plus de chances de réussir. Qui plus est, devant la complexité des questions de sécurité, les commandants des forces traditionnelles ont également pris conscience des avantages que présentaient les forces spéciales. Manifestement, le vent avait tourné. Si l'on prend le cas des États-Unis, depuis le début des années 1990, les déploiements, le budget et les effectifs des forces d'opérations spéciales augmentent continuellement. Leur budget a encore été augmenté en 2004, pour atteindre le montant inimaginable de 6 milliards $[107]. En mai 2003, 20 000 agents spéciaux, soit presque la moitié des 47 000 membres des forces d'opérations spéciales, étaient déployés en Afghanistan et en Irak[108], et un grand nombre de contingents des forces d'opérations spéciales alliées se sont joints à eux.

Après la tragédie des attentats du 11 septembre, les forces d'opérations spéciales ont projeté une image positive et ont été considérées comme une composante fondamentale des forces militaires modernes. Certes, leur avenir est incertain. Pourtant, après avoir été la force de dernier recours de la Seconde Guerre mondiale, où elles ont vu le jour, elles sont devenues la force du premier recours après le 11 septembre. Jugées autrefois embarrassantes pour le vrai métier des armes, elles sont aujourd'hui la force prépondérante de l'avenir. Elles fourniront aux décisionnaires les atouts politiques et culturels, ainsi que la fine stratégie militaire qui s'imposent dans ce monde de plus en plus complexe et chaotique.

Cependant, les obstacles et les préjugés habituels n'ont pas disparu. Même si le fossé culturel semble avoir été comblé, c'est avec de la terre meuble; il faut donc constamment le surveiller et le remblayer. Cela exigera des efforts continuels de la part des deux communautés. Pour faire évoluer la situation, les forces traditionnelles et les forces d'opérations spéciales doivent comprendre leurs caractéristiques, leurs attentes et leurs rôles respectifs. Ce n'est qu'en cultivant des rapports de coopération, de compréhension et de transparence qu'elles parviendront à combler définitivement le fossé qui les sépare.

NOTES

1   W. Walker, « Shadow Warriors – Elite troops hunt terrorists in Afghanistan », *The Toronto Star,* le 20 octobre 2001, A4. [TCO]

2   T. Clancy et J. Gresham, *Special Forces,* New York, NY, Berkley Books, 2001, 3. Pour une présentation des nombreuses définitions et conceptions des forces d'opérations spéciales, voir Bernd Horn, « Special Men, Special Missions: The Utility of Special Operations Forces », dans Bernd Horn, David Last, Paul B. de Taillon (éditeurs), *Force of Choice: Perspectives on Special Operations,* McGill-Queen's Press, Montréal, 2004, chapitre 1. [TCO]

3   T.K. Adams, *US Special Operations Forces in Action. The Challenge of Unconventional Warfare,* Londres, Frank Cass, 1998, 7. Le Canada a adopté la définition des opérations spéciales donnée par l'OTAN: « activités militaires exécutées par des forces spécialement constituées, organisées, entraînées et équipées, dont les techniques opérationnelles et la dotation en personnel ne sont pas conformes à celles des forces traditionnelles. Ces activités qui couvrent toute la gamme des opérations militaires sont menées indépendamment ou coordonnées avec les opérations des forces traditionnelles. » Colonel W. J. Fulton, direction de la défense nucléaire, biologique et chimique, « Capabilities Required of DND, Asymmetric Threats and Weapons of Mass Destruction », quatrième ébauche, le 18 mars 2001, 16-22. [TCO]

4   Le « contre-terrorisme » couvre les mesures offensives, l'« antiterrorisme », les mesures défensives. Les opérations des forces spéciales relèvent de ces deux domaines.

5   US Special Operations Command, *US Special Operations Forces. Posture Statement 2000*, département de la defense nationale, Washington, DC, 2001, 5. En 2003, cet organisme a décidé d'abandonner les six activités collatérales : appui à la coalition, recherche et sauvetage au combat, lutte antidrogue, activités humanitaires de déminage, aide à la sécurité, activités spéciales. Conférence des commandants d'opérations spéciales, le 14 avril 2003.

6   Adams, *op. cit.*, 162. [TCO]

7   J. Thompson, *War Behind Enemy Lines*, Brassey's, Washington DC, 2001, 2. [TCO]

8   Clancy, *op. cit.*, 3-4. [TCO]

9   P. Warner, *Phantom*, Londres, William Kimber, 1982, 11. [TCO]

10 Major-général D.L. Owen, *The Long Range Desert Group*, Londres, Leo Cooper, 2000, 12. Le Long Range Desert Group a été qualifié de « crème des combattants du désert de la 8e armée ». « Long Range Desert Patrol », *Illustrated*, le 24 octobre 1942, 14-15. [TCO]

11 Eric Morris, *Churchill's Private Armies*, Londres, Hutchinson, 1986, 90. [TCO]

12 Feld-maréchal W. Slim, *Defeat Into Victory*, Londres, Cassell and Company, 1956, 547. [TCO]

13 Brigadier T. B. L. Churchill, « The Value of Commandos », *RUSI Journal*, vol. 65, no 577, février 1950, 86. [TCO]

14 J.A. English, *A Perspective on Infantry*, New York, NY, Praeger, 1981, 188.

15 T. Clancy, *Airborne*, New York, NY, Berkley Books, 1997, 54. [TCO]

16 E.A. Cohen, *Commandos and Politicians*, Cambridge, Harvard University Press, MA, 1978, 56-58.

17 Slim, *op. cit.*, 546 et Morris, *op. cit.*, 243.

18 Sergent-major de commandement E.L. Haney, *Inside Delta Force. The Story of America's Elite Counterterrorist Unit*, New York, NY, Dell, 2002, 97. [TCO]

19 A. McNab, *Immediate Action*, Londres, Bantam Press, 1995, 381. [TCO]

20 Slim, *op. cit.*, 546. [TCO]

21 P. Warner, *The SAS. The Official History*, Londres, Sphere Books, 1971, 1. [TCO]

22 T. Clancy, *Into the Storm. A Study in Command*, New York, NY, Berkley Books, , 119.

23 Cohen, *op. cit.*, 61. [TCO]

24 H. St. George Saunders, *The Green Beret. The Story of the Commandos 1940-1945*, Londres, Michael Joseph, 1949, 193; lieutenant-colonel R.D. Burhans, *The First Special Service Force. A History of The North Americans 1942-1944*, Toronto, Methuen, 1975, 162.

25 P. Warner, *Secret Forces of World War II*, Chelsea, MI, Scarborough House, 1991, 17.

26 A. Weale, *Secret Warfare*, Londres, Hodder and Stoughton, 1997, 104.

27 D. et S. Whitaker, *Dieppe. Tragedy to Triumph*, Toronto, ON, McGraw Hill Ryerson, 1992, 48; Saunders, *op. cit.*, 82-101.

28 Cohen, *op. cit.*, 56.

29 A. B. Feuer, *Commando! The M/Z Unit's Secret War Against Japan*, Wesport, CT, Praeger, 1996, 159.

30 S.L. Marquis, *Unconventional Warfare. Rebuilding US Special Operations Forces*, Washington DC, Brookings Institution Press, 1997, 23.

31 C. Hibbert, *Anzio – The Bid for Rome*, New York, NY, Ballantine Books, 1970, 75-76.

32 J.T. Carney et B.F. Schemmer, *No Room for Error*, New York, NY, Ballantine Books, 2003, 236 et 283.

33 « Ground troops cream of crop », *The Toronto Star*, le 21 octobre 2001, A9. [TCO]

34 C.A. Cotton, « Military Mystique », dossiers du musée des Forces aéroportées canadiennes; aucun renseignement fourni quant à la publication. [TCO]

35 Cohen, *op. cit.*, 74. Malgré l'utilisation systématique du terme « élite », cette étude porte uniquement sur des unités similaires aux forces d'opérations spéciales. C'est fréquent. Dans la plupart des ouvrages, les deux termes sont interchangeables. [TCO]

36 Général P. de la Billiere, *Looking For Trouble. SAS to Gulf Command*, Londres, Harper Collins, 1995, 117. [TCO]

37 E. Morris, *Guerillas in Uniform*, Londres, Hutchinson, 1989, 15. [TCO]

38 Weale, *op. cit.*, 154. [TCO]

39 C. Spence, *All Necessary Measures*, Londres, Penguin Books, 1997, 43. [TCO]

40 Haney, *op. cit.*, 20. [TCO]

41 A. Kemp, *The SAS at War*, Londres, John Murray, 1991, 11. [TCO]

42 C.M. Simpson III, *Inside the Green Berets. The First Thirty Years*, Novato, CA, Presidio, 1983, 14; C.W. Sasser, *Raider*, New York, NY, St. Martins, 2002, 186. [TCO]

43 W.O. Darby et W.H. Baumer, *Darby's Rangers. We Led the Way*, Novato, CA, Presidio, réédition 1993, 184. [TCO]

44 *Ibid.*, 21.

45 de la Billiere, *op. cit.*, 236.

46 *Ibid.*, 98.

47 G. Jaffe, « A Maverick's Plan to Revamp Army is Taking Shape », *Wall Street Journal*, le 12 décembre 2003.

48 J. Talbot, « The Myth and Reality of the Paratrooper in the Algerian War », *Armed Forces and Society*, novembre 1976, 75; Cohen, *op. cit.*, 69; D. Winslow, *The Canadian Airborne Regiment in Somalia. A Socio-cultural Inquiry*, Commission d'enquête sur le déploiement des Forces canadiennes en Somalie, Ottawa, 1997, 135-141.

49 Spence, *op. cit.*, 43. [TCO]

50 Entrevue avec un ancien membre des forces d'opérations spéciales, septembre 2002. [TCO]

51 Entrevue avec un capitaine de l'infanterie canadienne, le 25 octobre 2002. [TCO]

52 Winslow, *op. cit.*, 126-133. [TCO]

53 A. Bell, présentation faite au symposium du Collège militaire royal sur les opérations spéciales, le 5 octobre 2000, et au cours 586 des études sur la conduite de la guerre. Certains échecs pourraient être imputables à cette attitude. Par exemple, certains analystes pensent que les forces armées américaines auraient peut-être pu capturer Mohammad Omar, un chef taliban, et Ayman Zawahiri, l'adjoint d'Ousama bin Laden, dans les deux dernières années, si elle avaient fait appel aux bérets verts plutôt qu'à la Delta Force et à la 6e équipe des SEALs. Quand la présence de fugitifs a été signalée à plusieurs reprises alors que des bérets verts étaient dans les alentours immédiats, les commandants ont choisi de faire venir la *Delta Force* qui était à des heures de là, à Kaboul. Voir Gregory L. Vistica, « Military Split on How to Use Special Forces in Terror War », *Washington Post*, le 5 janvier 2004, A1. [TCO]

54 T. Clancy, *Special Forces*, New York, NY, Berkley Books, 2001, 281. [TCO]

55 Colonel J.W. Hackett, « The Employment of Special Forces », *RUSI Journal*, vol. 97, no 585, février 1952, 41. [TCO]

56 C.S. Gray, *Explorations in Strategy*, Londres, Greenwood Press, 1996, 151 et 156. [TCO]

57 A. Bank, *From OSS to Green Berets: the Birth of Special Forces*, Novato, CA, Presidio, 1986, 147. [TCO]

58 S.L. Marquis, *Unconventional Warfare. Rebuilding US Special Operations Forces*, Washington DC, Brookings Institution Press, 1997, 6. [TCO]

59 Hackett, *op. cit.*, 35. [TCO]

60 *Ibid.*, 39. [TCO]

61 *Ibid.*

62 Il suffit d'examiner des photos prises récemment en Afghanistan ou en Irak. Cheveux longs, barbes, aucune épaulette de grade, aucun couvre-chef réglementaire (mais les casquettes de baseball ne manquent pas), mélange de vêtements civils et militaires, lunettes de soleil à la mode et tout un arsenal d'armes et de matériel inhabituels, autant de signes révélateurs des membres des forces d'opérations spéciales. [TCO]

63 Major-général T. Jeapes, *SAS Secret War*, The Book People Ltd., Surrey, 1996, 12. [TCO]

64 Cité par Marquis, *op. cit.*, 7. [TCO]

65 W. Fowler, *The Commandos at Dieppe: Rehearsal for D-Day*, Londres, Harper Collins, 2002, 29. [TCO]

66 J. Leary, « Searching for a Role: The Special Air Service (SAS) Regiment in the Malayan Emergency », *Army Historical Research*, vol. 63, no 296, hiver 1996, 269. [TCO]

67 J.L. Plaster, *SOG*, New York, NY, Onyx, 1997, 246. [TCO]

68 « The Long-Range Desert Group », *The Fighting Forces*, vol. XIX, no 3, août 1942, 146. [TCO]

69 Spence, *op. cit.*, 151. [TCO]

70 H. McManners, *Commando. Winning the Green Beret*, Londres, Network Books, 1994, 12. [TCO]

71 Colonel C.A. Beckwith, *Delta Force*, New York, NY, Dell Publishing, 1985, 123 et 137; entretien avec le major Anthony Balasevicius, ancien officier des normes des forces d'opérations spéciales et spécialiste de la théorie et de la pratique en matière de sélection et d'entraînement dans les forces spéciales; L. Thompson, *The Rescuers. The World's Top Anti-Terrorist Units*, Boulder, CO, Peladin Press, 1986, 127-128; général Ulrich Wegener, présentation faite au symposium du Collège militaire royal sur les opérations spéciales, le 5 octobre 2000; Victorino Matus, « The GROM Factor », http://www.weeklystandard.com/content/public/articles/000/000/002/653hsdpu.asp, consulté le 18 mai 2003.

72 Les taux d'admissibilité varient un peu selon les sources. Néanmoins, tous les groupes se classent au second niveau. Voir J.E. Brooks et M.M. Zazanis, « Enhancing U.S. Army Special Forces: Research and Applications », rapport spécial 33 de l'ARI, octobre 1997, 8; général H. H. Shelton, « Quality People: Selecting and Developing Members of U.S. SOF », *Special Warfare*, vol. 11, no 2, printemps 1998, 3; Marquis, *op. cit.*, 53; commandant Thomas Dietz, responsable de l'équipe 5 des *Seal*, présentation au symposium du Collège militaire royal sur les opérations spéciales, le 5 octobre 2000; Leary, *op. cit.*, 265; J.F. Dunnigan, *The Perfect Soldier*, New York, NY, Citadel Press, 2003, 269 et 278; et M. Asher, *Shoot to Kill. A Soldier's Journey Through Violence*, Londres, Viking, 1990, 205.

73 C'est la raison pour laquelle on ne considère généralement pas les forces aéroportées, dont le taux de réussite est actuellement d'environ 70 %, comme des forces d'opérations spéciales. Voir colonel Bill Kidd, « Ranger Training Brigade », *US Army Infantry Center Infantry Senior Leader Newsletter,* février 2003, 8-9. Cela peut toutefois poser problème, car l'attitude, la culture et la mentalité de ces unités présentent souvent des points communs avec celles des forces spéciales: elles sont tenaces, jugent qu'aucune mission n'est insurmontable, méprisent les autres, etc. En outre, une grande partie des premières unités aéroportées étaient soumises à des critères de sélection et à un entraînement rigoureux relevant du troisième niveau et parfois du second.

74 Marquis, *op. cit.,* 47-48. [TCO]

75 *Ibid.,* 47. [TCO]

76 Général C. Holland, USAF, « Quiet Professionals », *Armed Forces Journal International,* février 2002, 26. [TCO]

77 Général P.J. Schoomaker, *Special Operations Forces: The Way Ahead,* USSOCOM, 2000, 7.

78 Cohen, *op. cit.,* 95. [TCO]

79 Cité par Marquis, *op. cit.,* 107. [TCO]

80 W.S. Churchill, *The Second World War. Their Finest Hour,* Boston, MA, Houghton Mifflin Company, 1949, 467. Voir aussi Saunders, *The Green Beret,* 29-30. [TCO]

81 « Role of the Special Service Brigade and Desirability of Reorganization », 2. Bureau des archives publiques, DEFE 2/1051, 1re brigade de service spécial, rôle, réorganisation, 1943-1944. [TCO]

82 Kemp, *op. cit.,* 10.

83 Slim, *op. cit.,* 548.

84 Les feld-maréchaux A. Brooke et Wavell et le général B. Paget, trois éminents commandants britanniques, manifestaient un antagonisme profond à l'égard des forces d'opérations spéciales. Voir C. Messenger, *The Commandos 1940-1946,* Londres, W. Kimber, 1985, 408; Morris, *Churchill's Private Armies, op. cit.,* 172 et 243; brigadier T. B. L. Churchill, « The Value of Commandos », *RUSI Journal,* volume 65, no 577, février 1950, 85-86.

85 Adams, *op. cit.*, 40.

86 Gray, *op. cit.*, 223. [TCO]

87 Bank, *op. cit.*, 155. [TCO]

88 A.H. Paddock, *U.S. Army Special Warfare. Its Origins*, Washington, DC, National Defence University Press, 1982, 148. [TCO]

89 de la Billiere, *op. cit.*, 102. [TCO]

90 H. R. Simpson, *The Paratroopers of the French Foreign Legion*, Londres, Brassey's, 1997, 39. L'auteur note une similarité dans la mentalité du Pentagone, qui avait tendance à « traiter les forces spéciales de 'charlatans' et à couper le budget des forces d'opérations spéciales. » [TCO]

91 P. Stiff, *Selous Scouts. Top Secret War*, Alberton, Afrique du Sud, Galago Publishing Inc., 1982, 54. Seulement 15 % des candidats étaient admis au cours de sélection des Selous Scouts. *Ibid.*, 137. [TCO]

92 Cité par Adams, *op. cit.*, 70 et 148. Voir aussi M. Duffy, M. Thompson et M. Weisskopf, « Secret Armies of the Night », *Time*, le 23 juin 2003, volume 161, numéro 25. [TCO]

93 Adams, *op. cit.*, 75.

94 *Ibid.*, 69.

95 Marquis, *op. cit.*, 4, 35, 40 et 78. Le personnel des forces d'opérations spéciales est passé de plusieurs dizaines de milliers à seulement 3 600 personnes.

96 *Ibid.*, 68.

97 T. White, *Swords of Lightning: Special Forces and the Changing Face of Warfare*, Londres, Brassey's, 1997, 1. [TCO]

98 *Ibid.*, 117.

99 Major-général J.L. Hobson, « AF Special Operations Girds for Next Century Missions », *National Defense*, février 1997, 27. [TCO]

100 Clancy, *Special Forces*, 12 ; Waller, *Commandos*, 231 ; et D. C. Waller, « Secret Warriors », *Newsweek*, le 17 juin 1991, 21. [TCO]

101 Waller, *Commandos*, 231; et D.C. Waller, « Secret Warriors », 21. [TCO]

102 Waller, *Commandos*, 230. Bien qu'il ait d'abord refusé de faire appel aux forces d'opérations spéciales, il devait plus tard reconnaître qu'elles avaient joué un rôle crucial dans la victoire des alliés. Au total, elles comptaient environ 7 705 membres. [TCO]

103 R. Moore, *The Hunt for Bin Laden. Task Force Dagger*, New York, NY, Ballantine Books, 2003, 21, 31-32. [TCO]

104 Colonel (retraité) W. Hays Parks, « Should Marines 'Join' Special Operations Command? » *Proceedings,* vol. 129, mai 2003, 4. Voir aussi T. Clancy, *Shadow Warriors. Inside Special Forces*, New York, NY, Putnam, 2002, 221. [TCO]

105 Voir départment de la Défense, *United States Special Operations Command History,* USSOCOM, Washington, DC, 1999, 34-42; Waller, *Commando,* 225-352; Marquis, *op. cit.,* 227-249; Adams, *op. cit.,* 231-244; Carney et Schemmer, *op. cit.,* 224-236; B. J. Schemmer, « Special Ops Teams Found 29 Scuds Ready to Barrage Israel 24 Hours Before Ceasefire », *Armed Forces Journal International,* juillet 1991, 36; Mark Thompson, Azadeh Moaveni, Matt Rees et Aharon Klein, « The Great Scud Hunt », *Time,* le 23 décembre 2002, volume 160, no 26, 34; William Rosenau, *Special Operations Forces and Elusive Ground Targets: Lessons from Vietnam and the Persian Gulf War,* Rand, Santa Monica, Californie, 2001, et Spence, *Sabre Squadron.* Quoique, apparemment, aucun Scud n'ait été détruit, la présence des meilleures troupes de la coalition a rassuré les Israéliens, qui voyaient que tout était mis en œuvre pour éliminer cette menace.

106 Département de la Défense, *USSOCOM History,* 44-69; Carney et Schemmer, 245-282; *US SOF Posture Statement 2000,* 15-23; R. Neillands, *In the Combat Zone. Special Forces Since 1945*, Londres, Weidenfeld et Nicolson, 1997, 105-154, 298-315; Adams, *op. cit.,* 244-286.

107 J.C. Hyde, « An Exclusive Interview with James R. Locher III », *Armed Forces Journal International,* novembre/décembre 1992, 34; lieutenant-général P.J. Schoomaker, « Army Special Operations: Foreign Link, Brainy Force », *National Defense,* février 1997, 32-33; S. Gourlay, « Boosting the Optempo », *Janes Defense Weekly,* le 14 juillet 1999, 26; Hyde, *op. cit.,* 34; R. Bond (éditeur), *America's Special Forces,* Miami, FL, Salamander Books, 2001; K. Burger, « US Special Operations get budget boost », *Jane's Defence Weekly,* vol. 37, no 8, 20 février 2002, 2; G. Goodman, « Expanded role for elite commandos », *Armed Forces Journal,* février 2003, 36; Duffy et al, « Secret Armies of the Night »; H. Kennedy, « Special Operators Seeking A Technical Advantage », *National Defense,* vol. 87, no 594, mai 2003, 20; et

US SOF, Posture Statement 2000, 41. Malgré les capacités importantes qu'elles représentent, dont témoignent le rythme grandissant de leurs opérations et leur taux de réussite, leur enveloppe budgétaire ne représente encore qu'environ 1,3 % du budget total du département de la Défense. Burger, *op. cit.*, 2.

108 R. Tiron, « Demand for Special Ops Forces Outpaces Supply », *National Defence*, vol. 87, no 594, mai 2003, 18. On comptait plus de 12 000 soldats déployés en Irak et environ 8 000 en Afghanistan.

CHAPITRE 6

Quand survient le cessez-le-feu:
miser sur la Force d'opérations spéciales pour réussir l'après-guerre

Colonel Bernd Horn

Le 11 septembre 2001, jour de la cynique attaque terroriste contre les tours jumelles du *World Trade Center* à New York, constitue indéniablement une date charnière du nouveau millénaire. On peut soutenir que ce geste a marqué l'arrivée d'une ère nouvelle, d'une époque qui a vu se modifier les conceptions occidentales de la sécurité, du terrorisme et de la manière de faire la guerre. Suite à cet évènement tragique, les États-Unis (É.-U.) se sont lancés dans une guerre contre le terrorisme inachevée à ce jour. Notons qu'on a alors immédiatement et principalement compté sur la Force d'opérations spéciales (SOF).

Bien qu'il puisse paraître évident compte tenu de la capacité de cette Force à faire face à la nature asymétrique, difficile à saisir et ambiguë de la menace en question, ce choix demeure surprenant. En effet, les décideurs militaires et politiques ont toujours marginalisé la SOF, tandis que ses camarades conventionnels la fuyaient. De façon générale, on la percevait comme le mouton noir de la famille.

Ce phénomène était évident au moment de sa création, dans le chaos de la Deuxième Guerre mondiale, alors que les Alliés n'avaient ni la capacité, ni les moyens de riposter à la machine militaire allemande, en apparence invincible. La petite force spécialisée est devenue la principale manière de mener de brèves offensives. On a cependant gardé des membres de la SOF, l'image de tueurs de dernier recours, endurcis et efficaces, mais sans contrôle ni souci du décorum militaire. De plus, de nombreux commandants conventionnels jugeaient les opérations de la SOF exigeantes en termes de ressources, mais sans valeur significative dans l'effort de guerre général.

On a malgré tout formé la SOF, et elle a donné des résultats tangibles. Essentiellement, elle est née d'une crise et a comblé une lacune spécifique, permettant aux Alliés, particulièrement aux Britanniques, de passer à l'attaque alors qu'ils étaient vulnérables, et manquaient d'armes. Cependant, lorsque le cours de la guerre a changé de cap, le soutien à la SOF, déjà limité, a fait de même.

Des tâches moins prestigieuses de guerre non conventionnelle et de reconnaissance stratégique ont rapidement éclipsé les raids et les actions directes. Et tandis que les forces conventionnelles, dont l'effectif était largement supérieur, gagnaient du terrain dans différents théâtres d'opérations, on s'est totalement désintéressé de la SOF et on s'en est servi comme de n'importe quelle autre troupe au sol. Il n'est donc guère surprenant que la plupart des unités de la SOF aient été dissoutes avant la fin de la guerre.

La période d'après-guerre n'a pas été plus clémente envers la SOF. Cette dernière était toujours mise à l'écart jusqu'à ce que surgisse une lacune particulière, qu'on lui demandait alors de combler. Même dans ces cas, la SOF ne réussissait pas à se faire accepter par l'institution qui l'englobait. C'est ainsi qu'au cours de la guerre froide, les tâches confiées à la SOF ont évolué vers la guerre non conventionnelle, les mesures antisoulèvement et le contre-terrorisme.

La légitimité de la SOF ne s'est consolidée qu'après la guerre froide, qui avait modifié l'environnement géopolitique, désormais chargé de nouvelles menaces. La stabilité et le caractère prévisible de la guerre froide, gérée par deux superpuissances, se sont envolés. Le monde s'est plutôt fragmenté, est devenu de plus en plus menaçant tandis que des conflits éclataient un peu partout. Dans ce climat instable, on a une fois de plus demandé à la SOF de combler un besoin particulier. Sa spécialisation, sa structure légère et son habileté à mener sans bavures des missions à la fois politiques et militaires – normalement délicates sur le plan politique – étoffaient son utilité.

Le fait qu'on se soit principalement fié à la SOF après les évènements du 11 septembre illustre bien qu'elle avait alors atteint un point culminant de son évolution et qu'elle était entièrement légitimée. Il ne faisait plus de doute, à ce moment-là, que cette force de dernier recours s'était transformée en une force de choix. Son importance s'est accrue car les dirigeants politiques et les commandants militaires supérieurs ont finalement pris conscience de sa valeur réelle. Ses unités relativement réduites, hautement qualifiées et mobiles, qui se montraient extrêmement efficaces en opération et ne laissaient que peu de traces derrière elles, représentaient tout simplement, aux yeux du leadership militaire et politique, une réplique viable aux attentats. L'utilisation de la SOF dans d'innombrables opérations délicates sur le plan politique n'entraînait ni les risques, ni les aspects négatifs associés au déploiement d'un grand nombre de soldats. On pouvait substituer la qualité à la quantité, non seulement en matière de financement, mais aussi d'efficacité. La SOF était généralement plus agile et s'adaptait mieux à l'incertitude comme à l'ambiguïté propre aux environnements conflictuels. Le niveau supérieur de son service de renseignements, de sa compétence et de son ingéniosité augmentait les chances de réussite.

Ces caractéristiques et avantages sont primordiaux. Ils dotent les gouvernements d'un outil puissant pour non seulement gagner la guerre, mais aussi maintenir la paix. Légitimée et acceptée, la SOF devient l'outil de travail de l'avenir, surtout dans le domaine du maintien de la paix suite à un conflit. Son ensemble de compétences est unique: discrétion, sensibilisation aux cultures, attitude d'adaptation et de souplesse, service de renseignements développé, expérience, entraînement. Il fournit aux dirigeants militaires et politiques, en plus d'une force destructive – généralement la première utilisée lors d'un conflit –, des guerriers-diplomates capables d'assurer que les gains difficilement acquis au combat ne se perdent pas dans l'absence de politique et de sécurité qui suit généralement la cessation des hostilités. Si on veut maintenir la paix, il importe de miser sur les vastes capacités de la SOF après le cessez-le-feu.

LA SOF ET LA RÉSOLUTION DE CONFLIT APRÈS LE CESSEZ-LE-FEU

Les capacités de la SOF, démontrées par sa performance dans la guerre contre le terrorisme et sur les champs de batailles traditionnels, lui ont permis de se faire accepter par les militaires en général et par les dirigeants. La réponse des Américains suite aux attaques de septembre 2001, axée sur la Force d'opérations spéciales, a complété la transformation de la SOF d'une force sans valeur vers une force de premier plan. Cependant, on pourrait la rendre encore plus utile en lui confiant d'autres tâches que celle de première force de frappe, servant à préparer le champ de bataille pour ceux qui suivent. Les caractéristiques et les forces qui la rendent aussi efficace au combat font aussi d'elle la meilleure option pour la résolution de conflits après les combats.

C'est une constatation souvent négligée. Il ne fait pas de doute que les nations, peu importe leurs intentions, ont l'obligation légale et morale d'assurer la sécurité de leur population après la cessation des hostilités. La force en place doit fournir un environnement propice au rétablissement du gouvernement et assurer la sécurité et le bien-être de la société en question (c.-à-d. empêcher la famine et la propagation de maladies, faire respecter l'ordre public, etc.). Agir ainsi bénéficie aux nations concernées. Il est catastrophique d'échouer à maintenir la paix – cela mène à l'anarchie, à l'agitation politique et sociale et, possiblement, à l'insurrection. Cette situation prolonge le conflit et augmente les pertes en vies humaines et patrimoine national.

Les enjeux sont évidemment élevés. Malheureusement, les forces conventionnelles, bien qu'elles soient imposantes et bien équipées, sont souvent incapables de mener à bien la résolution de conflit après les cessez-le-feu. Ce sont des troupes de combat qui sont normalement équipées et entraînées à la violence. Elles n'ont pas toujours été sensibilisées aux différences culturelles et aux nuances « diplomatiques ». Par conséquent, elles sont souvent incapables d'agir efficacement ou d'adopter les comportements nécessaires pour gagner la confiance d'une population qui lutte pour reconstruire sa société. Leurs actions dans un environnement ambigu, chaotique, médiatisé et où règnent des tensions politiques sont souvent maladroites, et peuvent sembler trop agressives.

C'est exactement parce que le maintien de la paix est l'objectif visé, qu'on doit accorder plus d'influence à la SOF à la fin des conflits. Comme nous l'avons déjà mentionné, les soldats de la SOF, triés sur le volet, sont extrêmement compétents. Ils font preuve de souplesse et sont capables de prendre des décisions dans un environnement caractérisé par l'ambiguïté, le changement, l'incertitude et la volatilité. Bien qu'on ait eu recours dans le passé à la SOF en temps de paix pour participer à l'entraînement d'autres forces militaires et paramilitaires (c.-à-d. la contre-insurrection au Viêt-Nam, en Amérique Centrale), pour effectuer des opérations antidrogues (en Amérique du Sud), ainsi que pour effectuer des opérations de déminage et pour poursuivre des criminels de guerre (en Bosnie-Herzégovine), l'attention portée à la SOF a toujours été minimale, par rapport à l'intérêt qu'on lui porte aux débuts des hostilités. La demande exige désormais qu'on y accorde beaucoup plus de ressources et d'intérêt. Le guerrier de la SOF possède toutes les qualités et compétences nécessaires pour relever les défis politiques et sociaux inhérents à l'après-guerre dans un environnement où l'avenir de la sécurité demeure chaotique.

Par exemple, on pourrait utiliser la SOF pour stabiliser un pays à la fin des combats et participer à la création d'un environnement favorable à la reconstruction sociale et politique. Travaillant normalement en petites équipes, la SOF occupe peu de place, mais sa présence se fait sentir. En tant que petite organisation, elle peut s'adapter plus facilement à des changements de dernière minute et à des situations insaisissables ou ambiguës. Plus important encore, le fait que la SOF joue son rôle dans l'ombre, car il fait disparaître le sentiment de honte associée à la présence d'une force occupante. C'est indispensable si on ne veut pas toucher les cordes sensibles d'une nation-hôte comme on a pu le constater en Irak. En demeurant discret, on complique grandement la tâche des belligérants désirant s'en prendre aux forces ou gouvernements amis par la propagande ou l'attaque armée.

Bien que la force d'opérations spéciales laisse peu de traces sur son passage, sa contribution dépasse largement celles des forces conventionnelles. Sa connaissance de la culture et du comportement des Alliés et des ennemis est un grand multiplicateur de force. La SOF se concentre habituellement sur une région spécifique, en parle la langue, et travaille généralement en collaboration avec des membres du gouvernement en place[1]. Le niveau de confiance établi et la crédibilité qui découlent de ses qualifications et de son expérience permettent à la SOF d'accomplir davantage, avec moins de ressources et en moins de temps. Cette dynamique est évidente dans le rapport rédigé par une équipe de la SOF qui avait été déployée en Afghanistan:

> On collaborait étroitement avec le muj [mujahadeen], on les conseillait sur les questions d'ordre militaire, de sécurité et d'aide humanitaire. On négociait directement avec les commandants la mise en place d'équipes d'aide humanitaire multinationales sur le terrain d'aviation de Herat. On contribuait à l'évaluation de la population et de la situation dans la ville de Herat et dans les villes environnantes, au Sud et à l'Est. Sans notre présence et notre persévérance, Ismail Khan et ses disciples ne supporteraient pas le gouvernement intérimaire de la même façon qu'ils le supportent actuellement[2].

L'habileté de la SOF à entraîner des forces militaires et paramilitaires de la nation-hôte et à agir comme conseiller auprès de ces forces est une autre question importante à considérer. Elle permet aux populations indigènes d'assurer elles-mêmes leur sécurité et de créer un environnement stable et propice à la reconstruction et au renouveau politique, économique et social. Les capacités de la SOF sur le plan de la guerre psychologique et de l'information aident aussi les nations-hôtes à transmettre les informations pertinentes au public, que ce soit de l'information concernant l'aide humanitaire, la politique, les règles à suivre, les réformes et les décrets politiques, ou de l'information visant à contrer ou empêcher la propagande ennemie.

La création d'un environnement stable et sécuritaire est très importante pour l'effort de reconstruction suivant la cessation des conflits. Comme nous l'avons signalé, la SOF est un multiplicateur de force. Son étroite collaboration avec les Forces du gouvernement-hôte, sa petite taille et son apparence souvent irrégulière, combinées à sa profonde connaissance de la culture et de l'attitude des gens, lui permettent d'avoir accès à de l'information qui n'aurait pas été disponible autrement[3]. Son niveau élevé de compétence lui permet de réagir plus rapidement et d'effectuer des attaques préventives. Elle est également plus précise et cause moins de dommages collatéraux, ce qui aide à gagner de la confiance et de la crédibilité aux yeux du gouvernement-hôte, contribue aux efforts de reconstruction et diminue l'envie des extrémistes ou des insurgés de faire avorter le processus. À la fin, ce sont les résultats qui comptent et ce, peu importe que sa compétence serve aux forces conventionnelles (de la nation-hôte ou de la coalition) ou qu'elle ne serve qu'à elle-même. Cependant, ses qualifications spéciales et sa formation font d'elle la force idéale pour trouver les insurgés et les réseaux de terroristes, ou pour exécuter d'autres missions d'action directe. Par exemple, depuis septembre 2001, en Afghanistan, « environ un tiers des leaders supérieurs d'al-Qaida, ainsi que 2000 membres inférieurs, ont été tués ou emprisonnés »[4]. En Irak, la SOF a obtenu des résultats similaires lors de la poursuite de Saddam et des membres-clés de son ancien régime[5]. La SOF, dans le rôle d'action directe, est tout simplement un élément-clé pour empêcher l'apparition de nouvelles menaces ou d'autres éléments nuisant à l'établissement de la sécurité et à la stabilisation de la population en général.

De plus, on peut utiliser la SOF pour trouver des criminels de guerre, comme cela s'est fait en Afghanistan, en Bosnie-Herzégovine et en Irak. Il s'agit là d'une tâche importante. Premièrement, tel que l'a montré l'exemple de l'Irak et la capture de Saddam Hussein et d'un grand nombre de ses principaux acolytes, cela permet de dissiper les doutes sous-jacents dans l'esprit de la population et de promouvoir le soutien accordé à un nouveau processus politique. De surcroît, cela permet à d'autres intervenants de comprendre le message. La prise de conscience du fait que les pays impliqués vont s'assurer que justice soit faite et que les criminels de guerre soient tenus responsables de leurs actes peut amener les décideurs militaires et politiques à y réfléchir à deux fois avant d'autoriser ou d'encourager des crimes contre l'humanité.

En conclusion, la SOF est indispensable à la reconstruction après le cessez-le-feu. Bien qu'elle soit modeste, elle forme un multiplicateur de force de grande valeur. Née pendant les années turbulentes de la Deuxième Guerre mondiale, alors que les Alliés se trouvaient en position de faiblesse, la SOF, d'abord force de dernier recours, s'est transformée en une force de premier plan suite aux évènements de septembre 2001. Fait important, la souplesse de la SOF ainsi que le haut niveau de compétence de ses membres, capables de travailler dans un environnement caractérisé par l'ambiguïté, le changement, l'incertitude et la volatilité, font d'elle une force qui correspond aux exigences du maintien de la paix. Il ne faut plus seulement miser sur la SOF pendant le conflit, mais aussi, et particulièrement, une fois le cessez-le-feu prononcé.

NOTES

1 R. Moore, *The Hunt for Bin Laden: Task Force Dagger*, New York, NY, Ballentine Books, 2003, 90 et 193.

2 Ibid., 200.

3 A. Simons et D. Tucker, « United States Special Operations Forces and the War on Terrorism, » *Small Wars and Insurgencies*, Vol 14, No. 1, Printemps 2003, 83-84.

4 P. Moorcraft, « Can al-Qaida be defeated? » *Armed Forces Journal*, juillet 2004, 30.

5 R. Moore, *Hunting Down Saddam. The Inside Story of the Search and Capture*, New York, NY, St. Martin's Press, 2004.

Partie II

Contexte historique

CHAPITRE 7

Les anges de la revanche:
les Forces d'opérations spéciales deviennent la force de choix

Colonel Bernd Horn

Ce n'est pas une guerre au sens normal du terme. Il s'agit plutôt de venger nos femmes et enfants assassinés le 11 septembre. Notre responsabilité est de mettre en oeuvre cette vengeance. Combattez comme si votre propre famille avait été assassinée à NY. Vous êtes les anges vengeurs de l'Amérique. La justice est votre objectif est vous êtes autorisés à utiliser tous les moyens nécessaires pour l'atteindre.

Officier des Forces spéciales américaines lors d'un briefing secret,
octobre 2001[1]

INTRODUCTION

Les attaques terroristes du 11 septembre 2001 (9/11) contre les tours jumelles du World Trade Center de New York ont marqué à jamais la mémoire collective. Au lendemain de ce tragique événement, les États-Unis d'Amérique s'engageaient dans une guerre contre le terrorisme qui se poursuit encore aujourd'hui. Pour accomplir cette mission, les États-Unis ont sans hésiter fait immédiatement appel aux forces d'opérations spéciales (SOF). Traditionnellement, les forces d'opérations spéciales se définissaient comme des forces « dont la sélection, l'entraînement, le matériel et les missions sont spéciaux et qui reçoivent un appui spécial »[2]. Même si ce choix n'avait rien de surprenant, compte tenu de la capacité d'intervention des SOF par rapport à la nature ambiguë, insaisissable et asymétrique de la menace, cette décision suscita des critiques.

Cette réaction est tout à fait compréhensible puisque les SOF ont presque toujours été considérées comme le mouton noir de la famille militaire. Les SOF sont nées en grande partie dans le chaos de la Deuxième Guerre mondiale. Des années de stagnation doctrinale, de manque de préparation, de ressources limitées et de défaites catastrophiques avaient amené les Alliés à un point où ils ne possédaient ni la capacité, ni les moyens de riposter contre la machine militaire allemande apparemment invincible. Les forces d'opérations spécialisées de petite taille devinrent donc le principal outil d'une action offensive limitée. Cependant, l'image que projetaient les forces d'opérations spéciales était celle d'une bande de commandos endurcis et de coupe-gorges hardis capables de tuer de façon efficace, mais pratiquement imprévisibles et n'ayant aucun sens de l'étiquette militaire. De plus, nombre de commandants servant au sein des forces classiques considéraient que les opérations des SOF, qui exigeaient beaucoup de ressources, n'avaient guère de poids dans l'ensemble de l'effort de guerre.

En dépit de toute cette opposition, des SOF ont été mises sur pied et ont obtenu des résultats tangibles. On peut dire que les SOF sont essentiellement nées dans un climat de crise et qu'elles ont comblé un vide précis. Les SOF ont ainsi permis aux Alliés, et plus particulièrement aux Britanniques, d'œuvrer de façon offensive depuis une position de faiblesse et avec économie d'effort. Grâce aux SOF, l'esprit offensif a été maintenu, les troupes allemandes ont été immobilisées et les forces classiques désorganisées ont pu se regrouper, se rééquiper et se ré-entraîner.

Toutefois, dès que le vent tourna en faveur des Alliés, les SOF perdirent le peu d'appui dont elles jouissaient. Les raids et les actions directes furent rapidement éclipsés par les tâches moins glorieuses de la guerre non conventionnelle et de la reconnaissance stratégique[3].

Pendant que les nombreuses forces classiques prenaient pied sur leurs théâtres d'opération respectifs, les SOF étaient reléguées aux oubliettes ou étaient utilisées à mauvais escient au prix de nombreuses vies. Il ne faut donc pas s'étonner que les SOF aient été en grande partie dissoutes à la fin de la guerre.

La période de l'après-guerre ne fut guère plus bienveillante pour les SOF. Constamment marginalisées, elles ne reprenaient du service que pour combler un vide bien précis lorsqu'un besoin particulier survenait. Malgré tout, elles ne réussissaient pas à se faire accepter par l'ensemble de l'organisation militaire. C'est pourquoi, pendant la période de la guerre froide qui suivit, les SOF se spécialisèrent-elles dans la guerre non conventionnelle et les mesures anti-insurrectionnelles en raison plus particulièrement des guerres sauvages de rétablissement de la paix qui sévirent, des années 1950 au début des années 1970. Pendant la guerre du Vietnam, les États-Unis qui cherchaient un moyen de vaincre un ennemi insaisissable oeuvrant dans un environnement hostile et complexe augmentèrent de façon exponentielle le nombre de leurs unités d'opérations spéciales. Par la suite, la conjoncture mondiale des années 1970 et 1980 fit en sorte que le contre-terrorisme devint la nouvelle vocation des SOF.

Cependant, la raison d'être des forces d'opérations spéciales ne fut vraiment reconnue qu'à la fin de la guerre froide. Les nouvelles menaces avaient donné naissance à un environnement géopolitique totalement différent. On ne pouvait plus compter sur la stabilité et le caractère prévisible d'une guerre froide dirigée par deux superpuissances mondiales. Le monde se fragmenta et devint de plus en plus dangereux au fur et à mesure que les tensions éclataient partout dans le monde. Dans ce climat d'instabilité, les SOF changèrent à nouveau de vocation afin de contrer ces nouvelles menaces. Grâce à leur spécialisation, leur faible empreinte organisationnelle et leur capacité à effectuer des missions qui se situaient dans la zone grise des opérations politico-militaires de nature généralement délicate, les SOF connurent un nouvel essor. Cette évolution permit de mieux définir les SOF. Les SOF devinrent donc des organisations « militaires et paramilitaires dont l'organisation, la formation et le matériel sont hautement spécialisés, dont les opérations ont des objectifs militaires, politiques et économiques ou informationnels et qui emploient en général des moyens non traditionnels dans des territoires hostiles, interdits ou politiquement vulnérables »[4]. La dépendance du gouvernement américain vis-à-vis des SOF au lendemain des attaques du 11 septembre constitua le point culminant de leur évolution et confirma leur raison d'être. Il était alors clair que les SOF avaient terminé leur transformation et joueraient désormais un rôle de premier plan et non plus un rôle de figurant.

L'ÉVOLUTION DES FORCES D'OPÉRATIONS SPÉCIALES

Nées dans l'enfer de la Deuxième Guerre mondiale, les forces d'opérations spéciales sont un phénomène relativement nouveau. En effet, les premiers commandos doivent leur existence aux efforts tenaces du très combatif premier ministre britannique, Winston Churchill, qui, en 1940, refusa d'accepter une guerre « défensive » même si la menace d'invasion demeurait bien présente[5]. Ces volontaires triés sur le volet, reconnus pour leur courage, leur endurance, leur esprit d'initiative, leur débrouillardise, leur confiance en soi et leur agressivité devaient prendre des centres de résistance, détruire les services ennemis, neutraliser les batteries côtières et éliminer, par des raids, toute force ennemie désignée[6].

Les normes qui régissaient les SOF étaient très sévères. Ceux qui ne parvenaient pas à satisfaire aux exigences requises étaient immédiatement retournés à leur unité d'appartenance. Finalement, en dépit d'un lent départ et d'une histoire relativement courte, les raids des commandos furent marqués du sceau du succès et atteignirent leur but. Non seulement les succès des SOF furent-ils un baume pour le moral de la population, mais les SOF établirent des records de persévérance et d'endurance de même que des records de succès tactiques et, on pourrait dire, stratégiques[7].

Dans le processus, il est important également de mentionner que le terrain était fertile à la naissance, si ce n'est à l'explosion imminente, de forces d'opérations spéciales modernes. La communauté militaire, reconnue pour son conservatisme et son traditionalisme, finit par accepter, sinon par tolérer, l'idée d'unités spécialement organisées et spécialement entraînées composées de personnes intrépides enivrées par les actions stimulantes et hautement dangereuses de petites unités faisant appel à l'innovation, à l'individualisme et à l'action indépendante. Cette acceptation limitée, pour ne pas dire conditionnelle, n'exista vraiment qu'au début de la guerre. Pendant cette période chaotique de désespoir, quelques hommes déterminés réussirent à combler un vide — soit la capacité de frapper depuis une position en apparence faible. Des unités spéciales furent donc mobilisées pour couvrir les points faibles et pour répondre à des besoins précis que les forces classiques ne pouvaient combler en raison de leur lourdeur ou de leur manque d'entraînement. Une multitude d'unités relativement petites de raid et de reconnaissance — comme le Long *Range Desert Group* (LRDG), le *Special Air Service* (SAS), les *American Rangers*, le *Phantom*, la *Layforce*, la *First Special Service Force* (FSSF), la *Popski's Private Army*, le *Special Boat Service* et nombre d'autres — virent donc le jour pour appuyer l'effort de guerre jusqu'à ce que les forces classiques plus nombreuses puissent écraser la machine de guerre allemande. Lorsqu'il devint évident que l'issue de la guerre était en faveur des Alliés, les SOF perdirent peu à peu de leur importance. Les raids d'action directe devinrent plus rares et la reconnaissance stratégique ainsi que la guerre non conventionnelle, dirigées par *l'Office of Strategic Services* (OSS), le *Special Operations Executive* (SOE) et le SAS, gagnèrent en importance. Quoi qu'il en soit, une fois les grandes armées conventionnelles bien en place sur le continent européen, et particulièrement après la campagne de Normandie durant l'été 1944, les SOF furent dans l'ensemble délaissées, oubliées et considérées comme embarrassantes pour le « vrai métier de soldat ».

Néanmoins, la période de paix et de tranquillité de l'après-guerre, à laquelle aspiraient les gouvernements endettés et las de la guerre ainsi que les populations, ne fut guère de longue durée. Le déclenchement de la guerre froide obligea les États occidentaux à se doter de grandes armées permanentes de temps de paix. En Europe, la guerre froide fit également apparaître le spectre de deux camps opposés fortement armés. Le fait que l'Union soviétique, en apparence agressive et très belliqueuse, maintenait une zone tampon formée de territoires et de populations occupés entre l'Est et l'Ouest constituait clairement un potentiel de guerre non conventionnelle.

Les planificateurs stratégiques et les commandants, surtout ceux qui avaient récemment fait partie du OSS et du SOE, saisirent l'occasion et mobilisèrent à nouveau des SOF pour répondre à ce besoin particulier. D'abord axées sur les raids d'action directe, puis sur la reconnaissance stratégique et la guerre non conventionnelle, les SOF poursuivaient ainsi l'évolution amorcée au cours de la Deuxième Guerre mondiale.

En ce sens, les exemples britannique et américain représentent des cas typiques. Le SAS fut transformé en une unité de l'Armée territoriale, soit le *21st SAS Regiment* (*Artists*)[8]. Cette unité fournissait des éléments dépassés qui devaient demeurer cachés pendant le passage des forces soviétiques et signaler ensuite les mouvements de l'ennemi et les concentrations de troupes. Les Américains ressuscitèrent leurs SOF et leur confièrent le même rôle — reconnaissance stratégique et guerre non conventionnelle. Au mois d'avril 1952, l'Armée américaine créait, à Fort Bragg, en Caroline du Nord, le *Psychological Warfare Center*, lequel devint ensuite le *Special Warfare Center*. À peu près à la même période, le *10th Special Forces Group* (SFG) était mis en activité. L'année suivante, le gros du 10th SFG était déployé à Bad Tolz, en Allemagne de l'Ouest, et les soldats restés à Fort Bragg étaient réorganisés en une nouvelle unité, le *77th SFG*[9].

La mission européenne des membres du 10th SFG — dont les officiers provenaient en grande partie des SOF de la Deuxième Guerre mondiale comme les OSS, les Rangers et les unités aéroportées — était de nature extrêmement délicate et secrète. Leurs membres devaient, dans l'éventualité d'une invasion soviétique, développer et exploiter le potentiel de résistance des populations des régions situées derrière les lignes ennemies, c'est-à-dire les territoires occupés par les Soviétiques. Les équipes des forces spéciales (FS) devaient également effectuer, de leur propre initiative, des missions de reconnaissance et de sabotage. Le principal travail de ces équipes consistait à entraîner et à conseiller les membres des mouvements de résistance dans l'art de la guérilla tout en effectuant des missions de reconnaissance stratégique afin de localiser les quartiers généraux et les installations d'armes nucléaires soviétiques[10]. Mais ces missions en Europe n'étaient pas appropriées puisqu'elles avaient été conçues dans le contexte d'une guerre traditionnelle de grande intensité semblable à la Deuxième Guerre mondiale. Le conflit en cours avait un tout autre aspect.

Pendant la guerre froide, le nationalisme et l'insurrection communiste (deux concepts que l'Ouest n'a pas toujours réussi à définir correctement) marquèrent l'arrivée d'une période de guerres sauvages pour le rétablissement de la paix. Une fois de plus, les forces classiques furent dépassées par la nature complexe de ces conflits — des conflits de longue durée, qui requéraient des solutions politiques et non uniquement militaires et qui se déroulaient habituellement en terrain complexe offrant couvert, dissimulation et protection aux insurgés moins fortement armés et moins lourdement équipés. La plupart du temps, le soldat traditionnel n'était pas habitué à travailler, pendant de longues périodes, dans des environnements hostiles. Il ne possédait pas non plus, ni l'entraînement, ni les tactiques innovatrices et adaptables, ni les modes de pensée pour contrer et vaincre des insurgés insaisissables et astucieux. Pour les Britanniques, ces lacunes devinrent évidentes lors de l'état d'urgence imposé en Malaisie, de 1947 à 1960. Par leur intervention immédiate, lourde, directe et limitée, les forces classiques échouèrent dans leur tentative de détruire la guérilla et d'accroître le niveau de sécurité dans le pays. Même si elles parvinrent à tuer un certain nombre d'insurgés, elles ne réussirent, en raison de leur brutalité, qu'à s'aliéner des segments de la population, comme c'est souvent le cas. Mais plus important encore, les forces régulières furent incapables d'œuvrer, pendant de longues périodes, dans les jungles austères et hostiles de ce pays. La guérilla a donc conservé ce refuge et y a formé de nouveaux membres. Heureusement, un expert bien connu, le Major « Mad » Mike Calvert, ancien commando, commandant du bataillon Chindit et commandant de la 2 SAS Brigade pendant la guerre, fut chargé d'analyser le problème et de trouver une solution. Il recommanda — faut-il s'en surprendre — de créer une unité spéciale, les Malayan Scouts (SAS), qui pénétrerait dans la jungle et pourchasserait les guérilleros[11].

Les succès des Malayan Scouts, combinés au fait que, de plus en plus, on se rendait compte que les SOF, lorsqu'elles étaient correctement employées, se révélaient « relativement peu coûteuses en termes de vie par rapport aux résultats obtenus », donnèrent un nouvel élan aux SOF[12]. En fait, les bureaucrates économes se rendirent compte que les SOF constituaient un moyen peu dispendieux de faire la guerre contre les insurgés dans les jungles et déserts lointains, et souvent sans appui. Le remplacement d'une capacité générique soutenue par le nombre au profit de compétences spécifiques fondées sur la qualité engendrait de telles économies que les SOF devinrent une option fort attrayante. Les SOF commencèrent donc à se transformer à nouveau pour devenir une force axée sur la guerre non conventionnelle et la contre-insurrection. Une multitude de pays firent appel aux SOF lors de conflits de faible intensité, notamment en Malaisie, dans le sultanat d'Oman, au Brunei, à Bornéo, à Aden, en Indochine, en Algérie et au Tchad[13].

Une fois de plus, en dépit du succès indéniable connu par les SOF pendant cette période, elles ne furent jamais pleinement acceptées par l'ensemble de l'organisation militaire[14]. L'ironie dans tout cela c'est que les qualités qui faisaient la force même des SOF provoquaient également l'hostilité des forces classiques. Pour que les SOF soient capables de réagir et de déjouer leurs adversaires de même que de vivre dans des environnements austères et hostiles, ses membres devaient avoir recours à des tactiques non conventionnelles et posséder une indépendance d'esprit, un sens de l'initiative, une acuité mentale, un entraînement spécialisé, une agressivité, une condition physique et une endurance supérieurs à ceux des membres des unités régulières de l'armée. Là était le secret du succès des SOF.

Malgré tout, les forces d'opérations spéciales furent aussi victimes de leurs réussites, suscitant l'antagonisme et l'envie des forces classiques, lesquelles, pourtant, considéraient presque les SOF comme une solution à tous les maux. Ainsi, l'éventuelle participation des États-Unis à la guerre du Vietnam vit la prolifération des unités de type SOF. Ces unités devaient faire partie de l'intervention américaine pour tenter d'enrayer l'escalade de cette guerre complexe.

Les tâches particulières comme la guerre non conventionnelle, la reconnaissance et l'interdiction longue portée et les opérations riveraines, entraînèrent de façon exponentielle la création de nouvelles unités ou l'augmentation de la grosseur des unités existantes. Ces tâches devaient être exécutées dans des théâtres d'opérations fort hostiles et soumis à des restrictions de nature politique.

Le nombre des membres des *US Special Forces* ou « bérets verts » connut ainsi un accroissement spectaculaire. Au début, les bérets verts devaient mettre en œuvre le *Strategic Hamlet Program* (programme de regroupement des populations dans les hameaux). Par la suite, la responsabilité de la mise en œuvre du programme du *Civil Irregular Defence Group* (CIDG) leur fut confiée. Ce programme consistait principalement à apprendre aux populations indigènes à se défendre elles-mêmes en créant des forces de défense locales capables de défendre leurs villages. Les soldats des FS prirent également en charge des programmes d'affaires civiles élémentaires comme l'amélioration des méthodes d'agriculture, des mesures d'hygiène et de l'approvisionnement en eau. En contrepartie, ils ont construit et occupé des camps fortifiés qui permirent aux patrouilles de combat composées de soldats des FS et du CIDG de se préparer. L'esprit du programme CIDG fut ultérieurement violé, et les membres de son personnel furent affectés à des forces de réaction polyvalentes et de frappe mobile pour appuyer les opérations tant classiques que secrètes[15].

L'utilisation des SOF par les trois éléments de l'Armée (air, terre, mer) a eu comme conséquence une croissance spectaculaire des SOF pendant cette période. En 1961, la Force aérienne rebaptisa ses unités existantes du nom de « Commandos aériens » et les entraîna spécialement en vue d'opérations de contre-insurrection qui seraient menées depuis divers types d'aéronefs à voilure fixe et à voilure rotative. L'année suivante, la Marine créait les équipes *Sea Air Land* (SEAL) et en déployait un certain nombre au Vietnam dans le but, au départ, de conseiller la marine vietnamienne; par la suite, on leur confia la responsabilité de l'interdiction de toutes les voies navigables d'approvisionnement en provenance du Nord-Vietnam et du Cambodge. Pour mener à bien cette mission, les SEAL devaient dresser des embuscades, effectuer des patrouilles, faire du sabotage et poser des mines. Elles devaient, en outre, effectuer des raids sur les bases et les quartiers généraux du Viêt-cong[16].

Parmi les autres changements ayant touché les SOF, mentionnons la décision du *Military Assistance Command Vietnam* (MACV), au mois d'avril 1964, de créer le *Studies and Observation Group* (SOG) (Groupe d'études et d'observation), responsable de la reconnaissance stratégique et des opérations spéciales. Ce groupe devait, plus précisément, effectuer des opérations secrètes de reconnaissance transfrontalières sur la piste Ho Chi Minh (insertion d'agents et opérations complexes de déception dans le Nord), des opérations psychologiques, des opérations d'interdiction maritime secrètes ainsi que la prise et la destruction des embarcations nord-vietnamiennes, soit les navires de la marine et les bateaux de pêche[17].

Mais ce n'était là qu'une partie de l'expansion. En effet, en 1965, treize compagnies de *Long Range Reconnaissance* (LRRP) (reconnaissance longue portée) furent créées et vinrent à former quatre ans plus tard, le *75th Infantry Regiment* (Ranger)[18]. De plus, les projets séquentiels Delta, Omega et Gamma furent lancés dans le but de créer des unités SOF de la taille d'un bataillon et composées de militaires américains et vietnamiens et capables d'effectuer des raids et des missions de reconnaissance longue portée. On eut également recours aux forces SAS australiennes et néo-zélandaises pour les mêmes types de missions[19]. Enfin, les organisations des SOF et les groupes opérationnels provisoires ont effectué, tout au long du conflit, des opérations de sauvetage — 119 au total — de prisonniers de guerre américains[20].

Malheureusement, pour répondre à la hausse soudaine de la demande, il a fallu assouplir les critères de sélection, lorsqu'il y en avait, ce qui entraîna une baisse de compétence chez les membres de ces unités. Prenons par exemple, le *Special Warfare Center* qui décernait en moyenne moins de 400 diplômes par année. Pendant la période en cause, il en a décerné huit fois plus. En 1962, le taux d'attrition qui se situait historiquement à 90 pour 100, tomba à 70 pour 100. Deux années plus tard, il était de 30 pour 100. Et, aussi incroyable que cela puisse paraître, en 1965, les Forces spéciales enrôlèrent 6 500 nouveaux membres du rang de même que des sous-lieutenants! De toute évidence, la qualité auparavant privilégiée — habileté, expérience, maturité et compétence — a été mise de côté en faveur de la quantité[21].

Dans le théâtre, la mauvaise réputation des SOF — manque de discipline, comportements inacceptables, tactiques non conventionnelles — exacerbée par le type de personnes inexpérimentées et souvent immatures qui composaient alors les SOF, posait problème. Que cette réputation fût légitime ou non, les SOF en souffrirent. La communauté militaire traditionnelle ainsi que la majorité du public ont fini par les considérer comme un ramassis de roublards, de casse-cou et de soldats peu recommandables qui faisaient les cent coups sans mécanismes de contrôle adéquats. Cette mauvaise réputation hantera les SOF pendant des décennies, même si elles ont, on peut le dire, démontré, comme ce fut d'ailleurs toujours le cas, qu'elles étaient en fait un multiplicateur de force et un outil très économique. En janvier et février 1969, les SOG ont maintenu, en termes de personnes tuées, un rapport de 100:1 comparativement à 15:1 pour une unité traditionnelle, et ce rapport grimpa à 153:1 en 1970. Il faut également mentionner que les activités des SOG forcèrent l'armée du Nord-Vietnam à affecter environ trois divisions entières (près de 30 000 personnes) à la sécurité de sa zone arrière. Toute cette force contre 50 agents spéciaux américains et leurs soldats locaux[22]. Un officier de l'armée nord-vietnamienne concéda plus tard que les « SOG ont attaqué de façon efficace, ont affaibli les forces nord-vietnamiennes et ont brisé leur moral parce que ces dernières étaient incapables de freiner les attaques des Forces spéciales »[23].

Malgré tous ces succès, l'ensemble de la communauté militaire continua de marginaliser les SOF, tout comme ce fut le cas pendant la Deuxième Guerre mondiale. Le Général Maxwell Taylor se rappelle que malgré l'insistance du Président John F. Kennedy, « on ne faisait pas grand-chose pour accroître les forces d'opérations spéciales. » Comme beaucoup d'officiers supérieurs, Taylor estimait que ces forces ne faisaient rien que « toute unité bien formée » n'aurait pu faire[24]. Ainsi, rien n'avait changé, même si les missions des SOF avaient évolué. Après la guerre du Vietnam, les budgets et les organisations des SOF américaines subirent des réductions draconiennes. Au milieu des années 1970, la Marine songea à transférer à la Réserve le reste de ses forces spéciales et la Force aérienne réduisit à quelques escadrons et à une poignée d'aéronefs ses Commandos aériens qui formaient une force aérienne distincte et autonome pendant la guerre du Vietnam. L'Armée de terre réagit encore plus sévèrement. Elle réduisit le personnel des Forces spéciales de 70 pour 100 et leur financement de 95 pour 100[25]. En 1975, le budget des SOF était à son niveau le plus bas, soit un dixième de 1 pour 100 du budget total de la défense des États-Unis[26].

Il va sans dire que la plupart des membres des SOF, surtout les officiers et les sous-officiers supérieurs, ne se sont jamais fait d'illusions sur leurs chances d'avancement. En fait, très peu d'entre eux voyaient leur utilité dans le paradigme des « combats aéroterrestres » de la guerre froide selon lequel des formations blindées massives s'affronteraient dans les plaines de l'Europe du Nord. La guerre de faible intensité et les insurrections étaient considérées comme un embarras qui empêchaient les militaires de s'occuper des vraies affaires, soit la guerre de grande intensité. Un projet de recherche classifié qui fut mené au milieu des années 1970 et qui s'intitulait « *Multi-Purpose Force Study: US Army Special Forces* » énonçait que « ... un manque général de compréhension, d'intérêt et d'appui à l'égard de la guerre non conventionnelle et des Forces spéciales comme option d'intervention nationale valable »[27]. En dépit de cette réalité, les SOF continuèrent d'attirer du personnel en raison, justement, de l'importance accordée à l'initiative individuelle, à la facilité d'adaptation ainsi qu'aux méthodes et tactiques non conventionnelles.

Mais, une fois de plus, en dépit des préjugés dont les SOF étaient victimes de la part de la communauté militaire, l'« inattendu » obligea les commandants militaires traditionnels à faire appel à elles. En effet, vers la fin des années 1960 et le début des années 1970, la nature de la menace qui planait sur les nations industrialisées occidentales changea radicalement. Le terrorisme, devenant alors reconnu comme la « nouvelle » menace, força les SOF à s'engager dans un autre champ de spécialisation. Les bombardements, les enlèvements, les meurtres et les détournements d'aéronefs commerciaux semblaient se produire partout et n'étaient plus désormais exclusifs aux pays du Moyen-Orient. Les pays européens furent projetés dans un climat de violence où les terroristes internationaux et nationaux menaient une guerre sans merci qui ne reconnaissait aucune frontière. Des cibles israéliennes, et plus particulièrement la compagnie aérienne *El-Al*, furent attaquées à Athènes, à Rome, à Zurich et ailleurs dans le monde. D'autres compagnies aériennes internationales comme Swissair, TWA, Pan Am, pour n'en nommer que quelques-unes, ainsi que leurs passagers, furent victimes d'attaques terroristes. Le meurtre des athlètes israéliens aux Jeux olympiques de 1972 à Munich, en Allemagne de l'Ouest, vint à personnifier la crise, tout comme l'attaque terroriste contre le quartier général de l'Organisation des pays exportateurs de pétrole (OPEP), à Vienne, en Autriche, en 1975[28]. L'ampleur de problème était telle que lors des années 1970, en Italie seulement, il y eut 11 780 attaques terroristes[29].

Le problème dépassa le cadre des conflits et des politiques du Moyen-Orient. En Allemagne, des groupes comme la bande *Baader-Meinhof* ou la Faction de l'Armée rouge semaient la mort et la destruction. Les Pays-Bas étaient assiégés par les terroristes des Moluques et la Grande-Bretagne était aux prises avec l'Armée républicaine irlandaise (IRA) et la question de l'Irlande du Nord. Le terrorisme se manifesta même en Amérique du Nord. Aux États-Unis, les groupes radicaux comme les *Weathermen*, le

New World Liberation Front et le *Black Panther Party* se multipliaient. Au Canada, le Front de libération du Québec (FLQ) imposait un règne de terreur qui connut son point culminant lors de la Crise d'octobre de 1970. Les terroristes étrangers importaient leurs batailles politiques au Canada et lançaient leurs attaques contre des cibles canadiennes[30].

Une évidence s'imposa rapidement: aucun pays n'était à l'abri. La menace terroriste était un phénomène mondial. Face au terrorisme tant national qu'étranger, chaque pays devait réagir. Ce constat fut le tremplin de la prochaine importante phase d'évolution des SOF. En effet, la guerre contre le terrorisme exigeait des compétences particulières que ne possédait pas l'organisation militaire, dans son ensemble. Les SOF ont dû, une fois de plus, fournir la solution. Et qui d'autres que des personnes spécialement choisies se distinguant par leur acuité mentale, leur capacité d'adaptation aux opérations et leur connaissance supérieure de l'art militaire pouvaient répondre à cet appel? Les SOF furent de nouveau en demande. De nouvelles unités furent évidemment créées et les unités existantes se virent confier de nouvelles tâches. Au mois de septembre 1972, les Allemands créaient le *Grenzshutzgruppe* 9 (GSG 9) et la même année, les Britanniques confiaient le contre-terrorisme (CT) aux SAS; deux années plus tard, la France formait le *Groupe d'intervention de la Gendarmerie nationale* (GIGN) et la Belgique créait l'*Escadron spécial d'intervention* (ESI); aux États-Unis, la première unité de CT, le 1st Special Forces Operational Detachment (DELTA) vit le jour en 1977 et l'année suivante, l'Italie créait le *Gruppo d'Intervento Speziale* (GIS). Bref, la plupart des pays mirent sur pied des organisations de CT spécialisées afin de faire face au problème[31].

En fait, les effectifs des SOF augmentèrent considérablement au mois de mai 1980. La diffusion en direct, par tous les médias mondiaux, de l'intervention des SAS lors de la prise de l'ambassade iranienne, sur *Princess Gate*, par le Mouvement révolutionnaire démocratique pour la libération de l'Arabie (DRMLA), suscita instantanément respect et crédibilité[32]. À la suite de l'humiliant échec subi par les Américains, quelques semaines plus tôt, lors de leur tentative de sauvetage des ressortissants américains retenus en otage en Iran, ce succès raviva l'intérêt pour les forces d'opérations spéciales[33]. Il devenait évident que les SOF avaient un rôle à jouer dans cette nouvelle ère de turbulence. Les commandants militaires traditionnels acceptaient difficilement cette leçon, et d'autres problèmes de coopération, d'intégration, de rendement et d'utilisation des SOF éprouvés pendant l'opération URGENT FURY lancée lors de l'invasion de la Grenade en 1983, furent la goutte qui fit déborder le vase. Désormais, les législateurs américains, par leur intervention, aideraient les membres de l'institution militaire qui voulaient abattre les obstacles qui s'opposaient aux SOF. Les sénateurs américains Sam Nunn et William Cohen, tous deux membres du *Armed Services Committee*, de même que Noel Koch, sous-secrétaire adjoint à la défense pour les affaires de sécurité internationale, jouèrent un rôle de premier plan dans ce changement de mentalité. En 1987, après une longue bataille, le Congrès demandait au Président de créer un commandement de combat unifié. Le 13 avril de la même année, le *United States Special Operations Command* (USSOCOM) voyait le jour[34].

La création du USSOCOM constitue une étape importante de l'évolution des SOF. Les Américains, réputés, au cours de la période qui suivit la Deuxième Guerre mondiale, pour définir les tendances en matière d'affaires militaires — équipement, doctrine, organisation ou technologie — reconnurent les SOF à titre de commandement interarmées indépendant. Les forces d'opérations spéciales avaient désormais la responsabilité de leurs propres ressources et pouvaient donc moderniser leurs organisations. Elles relevaient d'un seul commandant qui pouvait promouvoir l'interopérabilité et assurer la collaboration efficace de tous ses éléments.

Enfin, grâce à la nomination d'un commandant en chef (un général à quatre étoiles) et d'un secrétaire adjoint à la défense responsable des opérations spéciales et des conflits de faible intensité, les SOF étaient désormais représentées aux échelons supérieurs du Département de la Défense (DoD). Les SOF étaient arrivées à maturité. Les SOF projetaient également une meilleure image auprès du public. Sur le plan international, les unités des SOF enregistraient de nombreuses victoires sur le terrorisme. Toutefois, c'est la guerre du Golfe (1990-91) qui dirigea à nouveau les projecteurs sur les SOF, alors chargées des missions les plus diverses: la reconnaissance stratégique, les interventions directes, les mesures d'économie d'effort comme les opérations destinées à tromper l'ennemi et les missions de liaison et de formation auprès des partenaires moins avancés qui n'étaient pas membres de l'OTAN[35].

Mais la mission ouverte la plus connue des SOF fut sans contredit l'interception en vol des missiles Scud. Grâce à cette tâche stratégiquement essentielle, la coalition a pu convaincre Israël de ne pas riposter aux attaques de missiles répétées de Saddam Hussein. On a confié aux SOF la difficile tâche de repérer et de détruire les bases de lance-missiles Scud mobiles[36].

À la fin, des 540 396 soldats américains déployés dans le cadre de l'Opération DESERT STORM, environ 7 000 faisaient partie des SOF[37]. Le Général H. « Stormin » Norman Schwarzkopf III, qui détestait littéralement les commandos en raison des mauvaises expériences vécues au Vietnam et plus tard, à l'île de Grenade, avait d'abord refusé que les SOF soient intégrées à sa force[38]. Pourtant, à la fin, en dépit de son hésitation initiale à avoir recours aux SOF, il reconnut qu'elles avaient joué un rôle déterminant dans la victoire de la coalition[39].

Les forces d'opérations spéciales avaient alors le vent dans les voiles. Elles s'étaient montrées efficaces dans la guerre insidieuse contre le terrorisme, dans la guerre traditionnelle au milieu des sables du Golfe et pendant les guerres sauvages pour le rétablissement de la paix. Sur la scène internationale. De façon générale, elles jouaient un rôle classique dans des missions de guerre non conventionnelle, de reconnaissance stratégique et d'action directe. En plus, elles se spécialisaient désormais dans divers domaines comme le contre-terrorisme, la défense intérieure étrangère (c.-à-d., former des militaires étrangers dans les domaines comme les contre-insurrections et le CT), la contre-prolifération (c.-à-d., combattre la prolifération des armes nucléaires, chimiques et biologiques, la recherche et l'analyse du renseignement, le soutien à la diplomatie, le contrôle des armes et le contrôle des exportations), les affaires civiles, les opérations psychologiques et les opérations d'information. Les SOF ont également été employées pour traquer les criminels de guerre de l'ex-Yougoslavie[40].

Si l'importance des SOF s'est accrue, c'est parce que les hauts dirigeants politiques et militaires ont finalement compris leur utilité. Ces petites unités très qualifiées et mobiles qui avaient prouvé leur efficacité au cours des opérations tout en restant dans l'ombre, en demandant peu de ressources et de directives externes, fournissaient à ces hauts fonctionnaires une solution viable. Ils pouvaient leur confier une foule d'opérations susceptibles d'être politiquement délicates, sans s'exposer aux risques ou aux critiques que suscitent les grands déploiements de troupes. Le qualitatif pouvait remplacer le quantitatif, non pour des impératifs économiques, mais dans un souci d'efficacité. Devant des situations caractérisées par l'instabilité, l'incertitude et l'ambivalence, les forces spéciales étaient généralement plus mobiles et plus adaptables que leurs homologues traditionnels. Leurs grandes intelligences, compétences et ingéniosité leur donnaient plus de chances de succès[41].

L'APRÈS 11 SEPTEMBRE

Les décideurs ont donc continué de faire confiance aux SOF. Le budget des SOF pour l'année financière (AF) 2001 était de 3,7 milliards de dollars[42]. Leur budget pour l'AF 2003 était d'environ 4,9 milliards de dollars, une augmentation de 21 pour 100[43]. En 2004, ce budget est passé à environ 6 milliards de dollars[44]. Cependant, malgré l'importante capacité qu'elles représentent, prouvée par le rythme opérationnel sans cesse croissant qu'elles maintiennent et leur nombreux succès, le budget des SOF ne représente que 1,3 pour 100 du budget total du DoD[45]. En 2001, 5 141 membres des SOF étaient déployés dans 149 pays et territoires étrangers[46]. Ce nombre décupla dans la foulée des attentats du 11 septembre et de l'invasion de l'Irak. Au mois de mai 2003, environ 20 000 agents spéciaux, soit près de la moitié des 47 000 membres des forces d'opérations spéciales, étaient déployés en Afghanistan et en Irak[47], et un grand nombre de contingents des forces d'opérations spéciales alliées se sont ajoutés à eux.

Finalement, c'est avec l'arrivée du nouveau millénaire que l'ensemble de la communauté militaire et les décideurs politiques ont officiellement reconnu l'utilité et la pertinence des SOF. Point culminant de l'acceptation des SOF comme composante fondamentale des forces militaires, l'attaque terroriste tragique contre les tours jumelles du *World Trade Center* de New York, le 11 septembre 2001, a transformé à jamais l'idée que l'on se faisait des SOF. Les commandants se sont rapidement rendu compte que seule une intervention souple, polyvalente et rapide pouvait venir à bout d'un ennemi insaisissable qui compte sur la dispersion, la complexité du terrain et les tactiques asymétriques. Dès lors, le défi consistera à repérer et à éradiquer les terroristes et les réseaux de terroristes qui menaçaient les intérêts américains et occidentaux. Il fallait contrecarrer leurs plans, les trouver, les tuer ou les prendre et les extirper de leurs cachettes.

Les forces d'opérations spéciales, avec leur souplesse organisationnelle, leur mobilité et l'énergie de leur personnel entraîné de façon exceptionnelle, répondirent encore une fois à l'appel. Elles renversèrent rapidement le régime des Talibans en Afghanistan et paralysèrent Al-Qaeda en 2001[48]. Ces petites équipes, aidées des forces locales cherchant à produire des effets bien précis, firent la démonstration d'une méthode efficace et fructueuse de faire la guerre. Comme le terrorisme n'a pas perdu de sa vigueur, les décideurs vont continuer de faire appel aux forces d'opérations spéciales. Avec leur personnel agressif, intelligent, extrêmement motivé, choisi avec soin, spécialement entraîné et équipé — les SOF offrent aux décideurs politiques et militaires un large éventail d'options qui, même risquées, constituent des options de grande valeur capables de rapporter d'importants bénéfices.

Autonomes, polyvalentes et particulières, les SOF peuvent être employées seules ou pour compléter les autres forces ou organismes afin d'atteindre des objectifs stratégiques militaires ou opérationnels. Comparativement aux forces classiques, les SOF se caractérisent par leur petite taille, leur précision, leur capacité d'adaptation et leur sens de l'innovation. Elles peuvent donc mener des opérations de façon clandestine, secrète ou discrète[49]. Capables de s'organiser et de se déployer rapidement, elles peuvent entrer et manœuvrer dans des régions hostiles ou interdites sans qu'il soit nécessaire de sécuriser des ports, des terrains d'atterrissage ou des réseaux routiers. Elles peuvent travailler dans des environnements austères et rigoureux, et communiquer à la grandeur de la planète grâce à leur équipement intégré. De plus, elles se déploient rapidement, de façon discrète sans se faire remarquer, à un coût relativement bas, et leur présence est moins envahissante que les forces classiques plus nombreuses.

L'avenir des SOF demeure incertain. Pourtant, après avoir été la force de dernier recours de la Deuxième Guerre mondiale, où elles ont vu le jour, elles sont devenues la force de premier recours après le 11 septembre. Jugées autrefois embarrassantes pour le vrai métier de combat, elles sont aujourd'hui la force prépondérante de l'avenir. Elles fourniront aux décideurs les atouts politiques et culturels ainsi que la fine stratégie militaire qui s'imposent dans ce monde de plus en plus complexe et chaotique. C'est pour cette raison que Donald Rumsfeld, secrétaire à la Défense des États-Unis, a déclaré « en cas d'urgence, nous composons le 911 et nous demandons Fort Bragg »[50].

NOTES

1   R. Moore, *The Hunt for Bin Laden: Task Force Dagger*, New York, NY, Ballentine Books, 2003, 233.

2   T. Clancy, *Special Forces*, New York, NY, Berkley Book, 2001, 3. Voir Bernd Horn, « Special Men, Special Missions: The Utility of Special Operations Forces », dans les édsBernd Horn, Paul B. de Taillon, David Last, *Force of Choice: Perspectives on SpecialOperations*, Kingston, ON, McGill-Queens Press, 2004, Chapitre 1, pour une discussion sur les nombreuses définitions et perspectives des SOF.

3   La guerre non conventionnelle englobe habituellement l'organisation, l'entraînement, la dotation en équipement, la prestation de conseils et

d'aide aux populations indigènes et aux forces de remplacement dans des opérations militaires et paramilitaires de longue durée.

4   T.K. Adams, *US Special Operations Forces in Action. The Challenge of Unconventional Warfare*, Londres, Frank Cass, 1998, 7.

5   D. Jablonsky, *Churchill: The Making of a Grand Strategist*, Carlisle Barracks: Strategic Studies Institute, U.S. Army War College, 1990, 125; C. Aspinall-Oglander, *Roger Keyes. Being the Biography of Admiral of the Fleet Lord Keyes of Zeebrugge and Dover*, Londres, Hogarth Press, 1951, 380; J. Terraine, *The Life and Times of Lord Mountbatten*, Londres, Arrow Books, 1980, 83; W.S. Churchill, *The Second World War. Their Finest Hour*, Boston, MA, Houghton Mifflin Company, 1949, 246-247. Voir aussi Colonel J.W. Hackett, « The Employment of Special Forces », *RUSI*, Vol 97, No 585, février 1952, 28; et Colonel D.W. Clarke, « The Start of the Commandos », Journal de guerre du commandment des opérations interamées, DEFE 2/4, 30 octobre 1942, 1.

6   Hand-out to Press Party Visiting The Commando Depot Achnacarry, 9-12 janvier 1943, 2. PRO, DEFE 2/5, War Diary COC.

7   H. St. George Saunders, *The Green Beret. The Story of the Commandos 1940-1945*, Londres, Michael Joseph, 1949; *Combined Operations. The Official Story of the Commandos*, New York, NY, The Macmillan Company, 1943; P. Wilkinson and J. Bright Astley, *Gubbins and the SOE*, Londres, Leo Cooper, 1997, 50-68; J. Parker, *Commandos. The Inside Story of Britain's Most Elite Fighting Force*, Londres, Headline Book Publishing, 2000; Brigadier J. Durnford-Slater, *Commando*, Annapolis, MD, Naval Institute Press, reprint 1991; Brigadier P. Young, *Commando* New York, NY, Ballantine Books, 1969; Brigadier T.B.L. Churchill, « The Value of Commandos », *RUSI*, Vol 65, No 577, février 1950, 85; T. Geraghty, *Inside the SAS*, Toronto, ON, Methuen, 1980; et C. Messenger, *The Commandos 1940-1946*, Londres, William Kimber, 1985.

8   K. Connor, *Ghost Force*, Londres, Orion, 1998, 13-14; A. Kemp, *The SAS. Savage Wars of Peace 1947 to thePresent*, Londres, Penguin, 2001, 37-41; et A. Weale, *Secret Warfare*, Londres, Coronet, 1997, 145.

9   T.K. Adams, *US Special Operations Forces in Action. The Challenge of Unconventional Warfare*, Londres, Frank Cass, 1998, 47, 56; M. Lloyd, *Special Forces. The Changing Face of Warfare*, Londres, Arms and Armour, 1995, 117-119; et C.M. Simpson III, *Inside the Green Berets. The Story of the US Army Special Forces*, New York, NY, Berkley Books, 1984, 35.

10 Voir Simpson, 35-54; Weale, 147-148; et Joseph Nadel, *Special Men and Special Missions*, Londres, Greenhill Books, 1994, 33-34.

11 T. Geraghty, *Inside the SAS*, 23-39 ; Kemp, *The SAS -Savage Wars...*, 15-35 ; Conner, 149-55 ; et Weale, 149-159.

12 K. Macksey, *Commando Strike: The Story of Amphibious Raiding in World War II*, Londres, Leo Cooper, 1985, 208 ; et Conner, 84-85 ; Kemp, *The SAS -Savage Wars...*, 38 ; Conner, 54-55 et 84-86 ; et Geraghty, 49.

13 Geraghty, *Inside the SAS*, 23-85 ; Kemp, *The SAS - Savage Wars...*, chapitres 2, 4-6 ; Conner, 56-262 ; Nadel, Lloyd,100-119 ; R. Neillands, *In the Combat Zone. Special Forces Since 1945*, Londres, Weidenfeld and Nicolson, 1997, 105-154 ; P. Dickens, *SAS The Jungle Frontier*, Londres, Arms and Armour Press, 1983 ; et D. Charters et M. Tugwell, *Armies in Low-Intensity Conflict*, New York, Brassey's, 1989.

14 Les plaintes maintes fois formulées par les SOF portent sur le fait que des commandants font une mauvaise utilisation de leurs forces spécialement entraînées mais légèrement équipées et armées. Ces officiers supérieurs ne comprennent pas le rôle de ces dernières ou ne les aiment tout simplement pas. Ainsi, en Corée, 17 compagnies de Rangers furent finalement créées. Malheureusement, elles « devinrent des nomades attachés aux divers régiments d'infanterie pour divers laps de temps pendant lesquels elles étaient habituellement utilisées comme troupes de choc sur les points les plus dangereux du front. » T.K. Adams, *US Special Operations Forces in Action. The Challenge of Unconventional Warfare*, Londres, Frank Cass, 1998, 51.

15 Colonel S. Crerar, « The Special Force Experience with the Civilian Irregular Defence Group (CIDG) in Vietnam », dans éds. B. Horn, P.B. de Taillon et D. Last, *Force of Choice: Perspectives on Special Operations Forces*, Kingston, ON, McGill-Queen's Press, 2004, Chapitre 5 ; R. Moore, *The Green Berets*, New York, Ballantine Books, 1965 ; 99-119 ; S. Marquis, *Unconventional Warfare. Rebuilding US Special Operations Forces*, Washington, DC, Brookings Institutions Press, 1997, 14-20 ; et Neillands, 154-172.

16 A. et F. Landau, *US Special Forces*, Osceola, WI, MBI Publishing Company, 1992, 288-295 ; Marquis, 20-33 ; Neillands, 168-169 ; et Nadel, 60-75.

17 J.L. Plaster, *SOG*, New York, Onyx, 1997 ; R.H. Shultz, *The Secret War Against Hanoi. The Untold Story of Spies, Saboteurs and Covert Warriors in North Vietnam*, New York, Perennial, 2000 ; et Adams, chapitres 4 et 5.

18 J.D. Lock, *To Fight with Intrepidity. The Complete History of the US Army Rangers*, New York, NY, Pocket Books, 1998, 330-438 ; Landau, 32-33 ; Neillands, 177-178.

19 D.M. Horner, *SAS Phantoms of the Jungle. A History of the Australian*

Special Air Service, Nashville, TN, The Battery Press, 1989, 170-391; Weale, 194-200; et Neillands, 152-153 et 178-181.

20 Weale, 192-194; William H. McRaven, *Spec Ops. Case Studies in Special Operations Warfare: Theory and Practice,* Novato, CA, Presidio, 1995, 287-331; et B.F. Schemmer, *The Raid. The Son Tay Prison Rescue Mission,* New York, Ballentine Books, 2001.

21 Simpson, 72-73; et Adams, 158.

22 J.L. Plaster, *SOG,* New York, Onyx, 1997, 251, 267 et 355. Pour ce qui est des SEAL, le rapport était de 50:1 en termes de personnes tuées (Nadel, 75). Les comptes rendus du USMC indiquaient que les soldats de reco de leur force avaient un rapport de 38:1 en termes de personnes tuées comparativement à un rapport de 8:1 pour l'ensemble du USMC. Neillands, 38.

23 Ibid., 357.

24 Cité dans Adams, 70, 148. Voir aussi Michael Duffy, Mark Thompson et Michael Weisskopf, « Secret Armies of the Night », *Time,* 23 juin 2003 (Vol 161, numéro 25).

25 Marquis, 4, 35, 40 et 78. La dotation des forces d'opérations spéciales passa de dizaines de milliers d'agents à 3 600 personnes.

26 Marquis, 68

27 Ibid., 160.

28 P. Harclerode, *Secret Soldiers. Special Forces in the War Against Terrorism,* Londres, Cassell & Co, 2000; P. de B. Taillon, *The Evolution of Special Forces in Counter-Terrorism,* Westport, CT, Praeger, 2001; Benjamin Netanyahu, *Fighting Terrorism,* New York, Noonday Press, 1995; Christopher Dobson et R. Payne, *The Terrorists,* New York, NY, Facts on File, 1995; Landau, pp. 187-201; Marquis, 62-65; et B. MacDonald, ed., *Terror,* Toronto, L'institut canadien des études stratégiques, 1986.

29 Harclerode, 51.

30 Voici quelques exemples: l'assaut contre l'ambassade turque par trois Arméniens le 12 mars 1985 (Armée révolutionnaire arménienne); la paralysie du système de transport public de Toronto, le 1er avril 1985 à la suite d'un communiqué envoyé par un groupe s'identifiant comme étant l'Armée arménienne secrète pour la libération de l'Arménie dans lequel il menaçait de tuer les passagers du système de transport, et l'écrasement d'un aéronef d'Air

India sur la côte de l'Irlande, le 23 juin 1985, tuant 329 personnes. L'écrasement fut causé par l'explosion d'une bombe qui avait été placée à bord de l'avion avant son départ de l'aéroport international Pearson de Toronto.

31   Major-général U. Wegener, « The Evolution of Grenzschutzgruppe (GSG) 9 And the Lessons of "Operation Magic Fire" in Mogadishu », dans Horn et al, *Force of Choice*, Chapitre 7; D. Miller, *Special Forces*, Londres, Salamander Books, 2001, 18-73; Harclerode, 264-285 et 411; Adams, 160-162; Marquis, 63-65; Weale, 201-235; Colonel C. Beckwith, *Delta Force*, New York, NY, Dell, 1983; Connor, 262-356; Neillands, 204-246; et L. Thompson, *The Rescuers. The World's Top Anti-Terrorist Units*, Boulder, CO, Peladin, 1986.

32   Le 30 avril 1980, six terroristes de la DRMLA prirent d'assaut l'ambassade iranienne situé au 16 Princess Gate, à Londres et firent 29 otages. Le 5 mai, après le meurtre d'un des otages, les SAS lancèrent leur attaque. En 11 minutes, ils libérèrent le reste des otages, tuèrent cinq des six terroristes et arrêtèrent le sixième qui s'était caché parmi les otages. Voir Harclerode, 386-408; Connor, 341-355; et Taillon, 41-52.

33   Le 4 novembre 1979, des étudiants radicaux iraniens prirent d'assaut l'ambassade américaine à Téhéran et prirent 53 ressortissants américains qu'ils gardèrent en otages pendant 444 jours. Une opération très compliquée et très complexe, baptisée « Operation EAGLE CLAW » fut amorcée le 24 avril 1980. Le plan consistait à faire atterrir six C-130 Hercules à la base Desert One, en Iran, où ils attendraient les hélicoptères de ravitaillement pour ensuite amener la force d'assaut vers une zone d'atterrissage où des véhicules attendaient pour lancer l'opération de sauvetage. Malheureusement, les hélicoptères connurent des problèmes mécaniques et la mission fut annulée. De plus, le chaos frappa Desert One. La collision de deux aéronefs causa la mort de huit membres des SOF. Finalement, l'équipement défectueux, une mauvaise planification, une mauvaise coordination de même qu'un manque de commandement et de contrôle ont fait que la mission fut un échec catastrophique. Voir Beckwith, 216-262; Adams, 163-167; Marquis, 69-73; Marquis, 69-73; Taillon, 103-117; et J.T. Carney et B.F. Schemmer, *No Room for Error*, New York, NY, Ballantine Books, 2003, 84-100.

34   Department of Defence, *United States Special Operations Command History*, Washington DC, USSOCOM, 1999, 3-16; Marquis, 69-226; Department of Defence, *US Special Operations Forces. Posture Statement 2000*, Washington DC, USSOCOM, 2000, 11-14; et Clancy, *Special Forces*, 10-27.

35   DoD, USSOCOM History, 34-42; D.C. Waller, *Commando. The Inside Story of America's Secret Soldiers*, New York, NY, Simon & Shuster, 1994, 225-352; Maquis, 227-249; Adams, 231-244; Carney et Schemmer, 224-236; Connor, 456-501; et Neillands, 287-297.

36 Voir la note précédente. Voir également DoD, *USSOCOM History*, 42-44; B.J. Schemmer, « Special Ops Teams Found 29 Scuds Ready to Barrage Israel 24 Hours Before Ceasefire », *Armed Forces Journal International*, July 1991, 36; M. Thompson, A. Moaveni, M. Rees and A. Klein, « The Great Scud Hunt », *Time*, 23 December 2002, Vol 160, no. 26, 34; W. Rosenau, *Special Operations Forces and Elusive Ground Targets: Lessons from Vietnam and the Persian Gulf War*, Santa Monica, CA, Rand, 2001; and C. Spence, *Sabre Squadron*, Londres, Michael Joseph, 1997.

37 Marquis, 228; et Waller, *Commando*, 34 et 241; Schemmer, 36. Waller mentionne la participation de 7 705 membres des SOF.

38 Clancy, *Special Forces*, 12; Waller, 231 et D.C. Waller, « Secret Warriors », *Newsweek*, 17 juin 1991, p 21.

39 Schemmer, 36; et Waller, *Commandos*, 34 et 241. Waller mentionne la participation de 7 705 membres des SOF.

40 DoD, *USSOCOM History*, 44-69; Carney et Schemmer, 245-282; *US SOF Posture Statement 2000*, 15-23; Neillands, 298-315; et Adams, 244-286.

41 Le changement dans le momentum devint évident. Utilisant les Américains comme étude de cas, le secrétaire adjoint à la Défense pour les opérations spéciales et les conflits de faible intensité déclarait, en 1992, que « nos déploiements pour les années financières 1991 et 1992 ont augmenté de 83 %. » Cette tendance s'est poursuivie. « En 1997 », révèle le Général Schoomaker, « les SOF ont été déployées dans 144 pays, avec une moyenne de 4 760 agents spéciaux déployés par semaine — les missions ont triplé depuis 1991. » Au cours de la seule année financière 1997, les SOF ont effectué 17 opérations d'intervention en cas de crise, 194 missions anti-drogues, des opérations humanitaires de déminage dans 11 pays et ont participé à 224 exercices d'entraînement combinés dans 91 pays. L'année suivante, les SOF ont effectué 2 178 missions à l'extérieur du territoire continental des États-Unis et ce, dans 152 pays différents. Point à souligner, la capacité et la souplesse incroyables des SOF américaines, lesquelles comptent environ 45 690 membres, ne prennent qu'un pour cent du budget de la défense. James C. Hyde, « An Exclusive Interview with James R. Locher III », *Armed Forces Journal International*, novembre / décembre 1992, 34; Lieutenant-General Peter J. Schoomaker, "Army Special Operations: Foreign Link, Brainy Force," *National Defense*, février 1997, 32-33; Scott Gourlay, "Boosting the Optempo," *Janes Defense Weekly*, 14 juillet 1999, 26; et Hyde, 34.

42 Ray Bond, ed., *America's Special Forces*, Miami, Salamander Books, 2001.

43 Kim Burger, « US Special Operations get budget boost », *Jane's Defence Weekly*, Vol 37, No. 8, 20 février 2002, 2.

44 G. Goodman, « Expanded role for elite commandos », *Armed Forces Journal*, février 2003, 36; Duffy et al, « Secret Armies of the Night »; Tiron, 18, et Harold Kennedy, « Special Operators Seeking A Technical Advantage », *National Defense*, Vol 87, No. 594, Mai 2003, 20.

45 Ibid., 2.

46 Bond, 9. Cela inclut un élément de force active de 29 164 personnes et un élément de réserve de 10 043 personnes. DoD, *US SOF, Posture Statement 2000*, 41.

47 R. Tiron, « Demand for Special Ops Forces Outpaces Supply », *National Defence*, Vol 87, No. 594 Mai 2003, 18. Plus de 12 000 personnes ont été déployées en Irak et environ 8 000 en Afghanistan.

48 Après l'insertion des premières équipes avec les forces de l'Alliance du Nord, il n'a fallu que 49 jours pour faire tomber Kandahar. Cette mission fut accomplie avec environ 300 agents spéciaux. Ces agents ont rassemblé et formé des équipes unies à partir des groupes désorganisés opposés aux Talibans. Et, plus important encore, équipés d'une petite quantité d'équipement de ciblage de haute technologie, ils ont frappé les Talibans et les membres d'al-Qaeda de tout le poids de la puissance aérienne américaine. Les frappes aériennes lancées par l'une des premières équipes de SOF arrivée dans le pays, aidée par un seul contrôleur de combat de la Force aérienne, sont réputées avoir tué près de 3 500 ennemis et détruit jusqu'à 450 véhicules. Après la chute du régime des Talibans, environ 18 petites équipes SOF, composées chacune d'environ une douzaine d'agents spéciaux, établirent, profondément en territoire ennemi, des postes avancés et continuèrent à travailler avec les unités afghanes. Glenn Goodman, « Tip of the Spear », *Armed Forces Journal International*, Juin 2002, 35; Michael Ware, « On the Mop-Up Patrol », *Time*, 25 mars 2002, 36-37; Thomas E. Ricks, « Troops in Afghanistan to take political role Officials say remaining fights to be taken by Special Forces, CIA », *Duluth News Tribune*, 7 juillet 2002, 1, et Massimo Calabresi et Romesh Ratnesar, « Can we Stop the Next Attack? », *Time*, 11 mars 2002, 18.

49 « Chapitre 11 — Les Opérations spéciales, » Publication de l'OTAN AJP-1 (A), Troisième version, mars 1998, 11-1.

50 Carney et Schemmer, 13.

CHAPITRE 8

Qui a vu le vent?
Survol historique des opérations spéciales canadiennes

Sean M. Maloney, Ph.D.

Qui a vu le vent ? Ni vous, ni moi.
W. O. Mitchell

Les médias ont été profondément choqués d'apprendre que les forces spéciales canadiennes, notamment la force opérationnelle interarmées 2, menaient des opérations en Afghanistan depuis la fin de l'année 2001 et qu'elles avaient aidé à capturer des Talibans et des membres d'Al-Qaïda au début 2002. Depuis les années 1970, on avait conditionné les Canadiens à croire que leur pays ne pouvait s'abaisser aux activités dites « souterraines » que comporte toute politique de sécurité nationale, telles que l'espionnage, la propagande, la subversion, la manipulation psychologique et la guérilla. En fait, beaucoup de Canadiens sont persuadés que leurs forces armées ont pour unique fonction de participer aux opérations onusiennes de maintien de la paix en suivant le modèle de la force d'urgence des Nations Unies au Sinaï, en 1956, ou de se porter au secours des malheureuses victimes de catastrophes dans les pays en voie de développement. La réalité dément cette conception étroite. Le Canada a en effet toujours joué un rôle actif dans les opérations spéciales, surtout lors de la Deuxième Guerre mondiale. Que le grand public continue à penser que les Britanniques et les Américains ont beaucoup plus d'expérience en la matière en dit long sur la nature secrète, intermittente et ponctuelle des opérations canadiennes.

Une remarque sur les définitions et les paramètres en question s'impose. La définition des opérations spéciales qu'adoptent actuellement les Américains et l'expérience canadienne ne coïncident pas parfaitement. Cette dernière comporte plutôt un mélange de ce que la doctrine américaine nomme « guerre non conventionnelle » (la poursuite clandestine d'opérations militaires et paramilitaires en territoire ennemi ou contrôlé par celui-ci, ou en territoire politiquement vulnérable), de lutte antiterroriste (surtout le sauvetage d'otages), d'aide aux forces de sécurité et de soutien intermittent à des opérations conventionnelles dans un but opérationnel ou stratégique. Contrairement à l'expérience et à la doctrine américaines, les opérations psychologiques canadiennes, qu'elles soient stratégiques ou tactiques, n'ont été généralement pas été incluses dans ces rôles et dans ces missions et le présent article ne les analysera pas en profondeur[1].

LA DEUXIÈME GUERRE MONDIALE

Le Canada a mené ses premières opérations spéciales au début de la Deuxième Guerre mondiale, lorsque la Grande-Bretagne lui a demandé d'affecter du personnel au *Special Operations Executive*, une agence créée par le fusionnement de trois organismes gouvernementaux qui se chevauchaient: la section D du service secret (MI 6), l'état-major général (Recherche), qui deviendra le *Military Intelligence Research* (MI(R)), et l'*Electra House*. Depuis 1938, ces organismes s'intéressaient indépendamment aux concepts et aux questions relatives aux opérations spéciales, notamment parce que le gouvernement Chamberlain estimait que la succession rapide des victoires politiques des pays de l'Axe à la fin des années 1930 avait quelque chose à voir avec la présence au sein des pays visés d'une *cinquième colonne* formée de traîtres pro-Nazis[2].

Il y a lieu de se pencher sur les idées qui ont été émises car elles reflètent parfaitement celles qui sous-tendent les opérations spéciales et en plus d'être très proches de la conception que nous en avions avant la création de la force opérationnelle interarmées 2. La section D s'intéressait aux « offensives secrètes », qui comprenaient la coordination du sabotage, l'agitation ouvrière, la propagande et l'inflation économique dans les pays ennemis. Elle a ensuite envisagé de créer un « organe démocratique international » qui se livrerait au sabotage industriel, à l'agitation ouvrière, à la propagande, à des actes de terrorisme contre les traîtres et au boycottage économique, et qui assassinerait les dirigeants allemands en plus d'inciter aux émeutes. Cette section dirigeait les activités des militaires menant des opérations en tenue civile[3].

Le MI(R) coordonnait les activités du personnel en uniforme. Il qualifiait de « guerre irrégulière » un ensemble d'opérations comprenant la guérilla. Il s'agissait de « préparer des projets faisant appel à des forces spéciales ou irrégulières pour renforcer directement ou indirectement l'effet des opérations régulières »[4].

Le MI(R) partait du principe que l'on pouvait mener trois types de guérilla dans les pays occupés par une force ennemie: des individus ou de petits groupes sabotant furtivement des installations industrielles ou militaires; des groupes plus importants employant des tactiques et des armes militaires pour détruire une cible donnée; et de grandes organisations militaires, telles que des forces partisanes, créées dans le but de mener des offensives à grande échelle[5].

Le MI(R) s'occupait surtout à des préparatifs technologiques et doctrinaires nécessaires à la réalisation de toute opération de ce genre. À titre d'exemple, ses principales activités consistaient à fabriquer des explosifs plastiques, à traduire leur mode d'emploi, à décrire les caractéristiques techniques de mitraillettes rudimentaires telles que la mitraillette Sten, et à tirer le meilleur parti de petits groupes d'incursion. En fait, le travail du MI(R) a donné lieu à la création des premières compagnies indépendantes qu'on a ensuite nommées commandos[6].

L'*Electra House* était spécialisé dans le « sabotage moral », mieux connu sous le nom de propagande. Dirigé par un Canadien, Sir Campbell Stuart, cet organisme a inventé des techniques qui, conjuguées aux activités prévues par la section D et le MI(R), allait augmenter la capacité des forces « régulières » conventionnelles à briser la volonté du pays ennemi de poursuivre les combats.

Tous ces organismes, surtout le MI(R), s'inspiraient de l'histoire. La plupart des responsables de la planification étaient familiers avec les premières opérations. Les expériences historiques les plus prisées étaient celles de T. E. Lawrence lors de la Première Guerre mondiale; la campagne de Michael Collins en Irlande contre la « bande du Caire » et la guérilla urbaine et rurale menée par l'IRA. Les escouades juives créées par Orde Wingate dans les années 1930, qui combattaient de nuit la révolte arabe, et les actions des guérilleros chinois contre les forces japonaises à la fin des années 1930 ont aussi fortement influencé ces organismes[7].

La fusion de la section D du MI(R) et de l'*Electra House* pour former le *Special Operations Executive* a eu lieu le 23 mars 1939. Churchill a accru l'importance de cet organisme en 1940, alors que la Grande-Bretagne et son empire couraient un très grand risque après la défaite de la France. Sa quête d'une action positive et son mot d'ordre « mettez l'Europe à feu et à sang », qui provenait en partie de son expérience de la guerre des Boers en Afrique du Sud, ont fourni au *Special Operations Executive* le catalyseur nécessaire pour s'attaquer aux puissances de l'Axe. On cherchait aussi à déstabiliser ces dernières jusqu'à ce que les Alliés puissent effectuer un retour en force sur le continent.

En définitive, l'année 1940 a vu apparaître deux types d'opérations spéciales. D'un côté, le *Special Operations Executive* menait des opérations de subversion et de guérilla dans les pays ennemis ou occupés. De l'autre, les unités d'attaque en uniforme, sous le commandement du quartier général des opérations interalliées, étaient chargées de détruire les installations militaires à la périphérie du « bastion européen ». Il y avait parfois des chevauchements: ainsi, en 1942, le *Special Operations Executive* a participé à la cueillette des renseignements et aux activités de liaison et de formation en préparation du raid de Bruneval contre un site radar allemand. Il a aussi contribué au raid de Saint-Nazaire, qui visait à empêcher l'ennemi de se servir de la cale sèche en Normandie pour radouber ses navires de guerre[8].

Bien que les Canadiens aient participé aux deux types d'opérations spéciales, ils ont d'abord servi au sein du *Special Operations Executive*. Toutefois, à part Campbell Stuart, écarté dès le début de la guerre en raison de son âge et de son entêtement, le seul officier supérieur canadien qui y ait travaillé était Sir William Stephenson. Ce personnage haut en couleur dirigeait la *British Security Coordination* qui servait essentiellement de « commandement unifié » pour toutes les activités occidentales du MI-5, du MI-6 et du *Special Operations Executive*. La *British Security Coordination* s'est beaucoup investie dans la formation des membres du *Special Operations Executive,* surtout au mystérieux camp X situé près d'Oshawa, en Ontario. L'histoire officielle du *Special Operations Executive* note cependant qu'il n'était pas actif aux États-Unis et que les activités de Stephenson pour le compte de cet organisme n'étaient rien par rapport à ce qu'il faisait pour le MI-5 et le MI-6, et par rapport à ses activités de liaison avec l'homologue américain du *Special Operations Executive*, l'*Office of Strategic Services*, dirigé par « Wild Bill » Donovan[9].

Sur tous les plans, le Canada était étroitement intégré aux efforts de guerre de la Grande-Bretagne: un grand nombre de Canadiens ont servi non seulement dans les forces de leur pays, mais aussi dans l'armée britannique, la *Royal Air Force* et la *Royal Navy*, aux côtés de citoyens de divers pays de l'empire britannique, tels que la Rhodésie et la Malaisie. On ne sait pas très bien pourquoi le Canada, qui maintenait des forces aériennes, navales et terrestres, n'a pas fondé un *Special Operations Executive*; c'était peut-être en raison du coût d'une telle mise sur pied, du manque d'expérience en la matière et d'une vision stratégique qui associait les activités du Canada à celles de l'empire britannique. En 1940, le *Special Operations Executive* a demandé au général A. G. L. McNaughton, commandant en chef de l'armée canadienne en Angleterre, de lui fournir des volontaires. Au départ, il semble que McNaughton ait eu quelques réserves à ce sujet, mais il a finalement donné suite à cette demande en 1941. Les volontaires canadiens issus des forces en uniforme seraient donc « prêtés » au ministère de la Guerre pour servir au sein du *Special Operations Executive*, qui recrutait trois types de personnes: des Canadiens-français pour servir en France, des Canadiens originaires d'Europe de l'Est pour les opérations dans les Balkans et des Canadiens d'origine chinoise pour les opérations en Asie[10].

On ne peut qu'estimer le nombre de Canadiens ayant servi au sein du *Special Operations Executive*. Environ 28 soldats ont servi en France et 56 en Europe de l'Est et dans les Balkans; 143 autres ont été actifs dans le théâtre de Chine-Birmanie-Inde et beaucoup d'autres ont servi dans les unités d'entraînement et de soutien au Canada, en Angleterre, en Asie et au Moyen-Orient. Le personnel canadien de l'Aviation Royale canadienne et de la RAF a également combattu dans certains escadrons de service spécial, qui livraient des armes et infiltraient et exfiltraient le personnel du *Special Operations Executive*[11].

Comme dans toutes les opérations spéciales, la contribution relativement modeste du Canada ne permet pas d'en avoir une vue globale; elle ne capte pas leur dimension humaine ni leur brutalité. Prenons le cas exceptionnel de Gustave Biéler, un membre du régiment de Maisonneuve de Montréal que le *Special Operations Executive* a infiltré en France en 1942. Lorsqu'il a été capturé en 1943, il avait créé plusieurs groupes de sabotage qui avaient profondément déréglé les communications ferroviaires des Allemands dans la région de Saint-Quentin et détruit, au plus fort de la bataille de l'Atlantique, au moins quarante barges chargées de pièces de sous-marins qui se dirigeaient vers Rouen. Biéler a résisté avec tant de courage aux tortures particulièrement brutales de la Gestapo que les gardes SS du camp de concentration de Flossenberg, où il a finalement été emprisonné, ont monté une garde d'honneur alors qu'il avançait clopin-clopant mais courageusement vers le peloton d'exécution.

À la fin de 1942, le *Special Operations Executive* manquait désespérément d'opérateurs radio qualifiés, mais une grande partie du personnel canadien provenait du Corps royal canadien des transmissions et a couru de grands risques pour améliorer le système de communications rudimentaire de l'organisme. Ce travail était dangereux car les techniques radiogoniométriques des Allemands étaient perfectionnées. Ainsi, malgré le grave danger que cela comportait pour sa sécurité personnelle, le lieutenant Alcide Beauregard a maintenu en opération plusieurs cellules du *Special Operations Executive*, appelées « circuits », jusqu'au moment de sa capture. Torturé au point de devenir fou, il a finalement été tué par la Gestapo de Lyon en même temps que 120 résistants français. Il faut noter qu'aucun opérateur canadien du *Special Operations Executive* qui a été capturé par les Allemands n'a survécu à son incarcération[12].

Les Canadiens travaillant pour cet organisme ont cependant connu plusieurs succès notoires. C'est notamment grâce à eux que les 1re et 2e divisions blindées SS ont eu beaucoup plus de mal à intervenir en temps opportun en Normandie après le 6 juin 1944. Ils ont aussi dirigé les opérations du *Special Operations Executive* destinées à désorganiser les structures logistiques de la campagne-éclair des V-1 et des V-2 contre Londres en 1944. Le personnel canadien du *Special Operations Executive*, dont une grande partie avait combattu dans le bataillon Mackenzie-Papineau lors de la guerre civile en Espagne, a aussi effectué des opérations en Yougoslavie pour apprendre aux partisans de Tito à manier des armes et à planifier des opérations, pour leur fournir des moyens de communication et du soutien médical et pour coordonner le parachutage des armes[13].

Les exploits de la force 136, que le film *Le pont sur la rivière Kwaï* retrace brièvement, comprenaient des opérations en Malaisie menées par des sous-officiers canadiens d'origine chinoise, tels que Norman Wong et Roger Chung. Au moins seize d'entre eux ont été parachutés ou ont atterri à Sarawak pour apporter des munitions, entraîner les tribus locales et mener avec elles la guérilla contre les Japonais. Un autre film, *Farewell to the King*, est basé sur ces événements[14].

Le deuxième type d'opérations spéciales qui a vu le jour durant la Deuxième Guerre mondiale comportait des unités de reconnaissance et d'attaque dans un théâtre donné. Les plus connues à l'époque étaient les commandos qui lançaient des attaques sur la Grèce à partir de la Norvège; certaines de ces attaques étant menées par des bataillons. Les forces aéroportées ont parfois mené des opérations éclair généralement effectuées par des compagnies. Les opérations amphibies et aéroportées à grande échelle ont fini par devenir la norme; elles peuvent donc être considérées comme des opérations militaires conventionnelles plutôt que des opérations spéciales, sauf qu'elles procédaient autrement, par air ou par mer.

Au début de la guerre, toutefois, c'étaient les unités d'infanterie régulière qui effectuaient les opérations éclair stratégiques. La première à laquelle ont participé des Canadiens était l'opération « Gauntlet », menée en août 1941, dont l'objectif était de débarquer sur l'île de Spitzberg, d'empêcher les Allemands d'accéder aux installations de production de charbon, de détruire les stations météorologiques clés qui soutenaient la guerre sous-marine et d'évacuer 2 000 prisonniers russes. La force se composait du régiment d'Edmonton, de la 3e compagnie de campagne du *Princess Patricia's Canadian Light Infantry*, de la *3e Field Company*, du Corps royal du génie canadien et d'une compagnie de mitrailleuses de la *Saskatchewan Light Infantry*. La « force 111 », comme on l'appelait, a été transportée à bord du paquebot *Empress of Canada* et a été soutenue par deux croiseurs britanniques et trois destroyers[15].

La majeure partie de l'opération a été planifiée au quartier général des opérations interalliées, mais les Canadiens n'ont guère eu leur mot à dire sur ces préparatifs, bien que leurs unités se soient entraînées aux attaques amphibies au centre d'entraînement interallié d'Inverary. La force 111 a débarqué sur l'île sans grande résistance, a effectué ses travaux de démolition et s'est retirée. Les Allemands ont été pris complètement par surprise et ont déployé par la suite quelques troupes sur d'autres îles norvégiennes afin de prévenir d'autres opérations éclair[16]. Le raid désastreux sur Dieppe en 1942, qui avait été planifié par le quartier général des opérations interalliées et mené principalement par des troupes canadiennes, a démontré que les opérations amphibies à l'échelle d'une brigade ou plus étaient beaucoup trop complexes pour les raids stratégiques. Les Britanniques se sont tournés vers d'autres entreprises, telles l'opération « Frankton », un raid de petite envergure mais efficace qu'ont mené en 1942 dans l'estuaire de la Gironde les *Royal Marines*, surnommés les « héros des coquilles de noix ».

Un certain nombre de forces spéciales britanniques ont vu le jour dans le théâtre méditerranéen, surtout dans la mer Égée et le désert occidental. Elles comptaient des unités comprenant un petit nombre de volontaires canadiens: le *Special Boat Squadron*, le *Long Range Desert Group*, constitué principalement de Néo-Zélandais, et l'escadron de démolition n° 1, qui infiltraient clandestinement ou secrètement les lignes ennemies et détruisaient les installations militaires à l'arrière des lignes.

Le *Long Range Desert Group* était surtout une force de reconnaissance, mais il transportait aussi d'autres unités spéciales jusqu'à leurs objectifs[17].

La force d'opérations spéciales britannique la plus célèbre qui est née dans le théâtre méditerranéen et qui comptait des Canadiens était le *Special Air Service*. C'était le produit d'une force d'attaque œuvrant dans le désert, qui avait détruit plus d'aéronefs allemands au sol que n'en avait détruit la RAF au-dessus de la Libye et de l'Égypte, et qui était devenue une force d'appui aux alliés combattant dans les Balkans aux côtés du *Special Operations Executive*. Avec le temps, elle a fini par devenir une brigade complète dans le nord-ouest de l'Europe et en Italie, où elle opérait derrière les lignes allemandes, menant des raids en jeep, aidant et dirigeant les groupes de résistants. Une opération menée dans le nord de l'Italie par un Canadien, le capitaine Buck McDonald, s'est avérée particulièrement efficace pour perturber les communications ennemies et s'emparer de la ville d'Alba, située au cœur du territoire occupé par les Allemands. Comme dans le cas de l'escadron de démolition, la participation canadienne au *Special Boat Squadron* et au *Long Range Desert Group* semble avoir été individuelle car aucun document n'atteste de l'existence d'une sous-unité canadienne du *Special Air Service*[18].

Bien que le Canada n'ait pas eu d'équivalent du *Special Air Service* ni du *Special Boat Squadron*, les commandants canadiens dans le nord-ouest de l'Europe n'ont pas hésité à se servir des ressources du *Special Air Service* pour aider l'armée canadienne à livrer des combats conventionnels aux Pays-Bas, au printemps de 1945. Le général Harry Crerar, de concert avec le brigadier J. M. Calvert du *Special Air Service*, a conçu l'opération *Amherst* au cours de laquelle allaient être parachutés, juste avant l'offensive terrestre, 700 militaires de la brigade du *Special Air Service*, principalement des Français et des Belges provenant des 2e et 3e régiments de chasseurs parachutistes. Ces forces avaient pour mission de « semer la confusion dans les lignes arrière allemandes, d'appuyer la résistance néerlandaise et, par tout autre moyen, d'aider l'avance de nos divisions... Dans l'ensemble, elles devaient préserver l'accès aux ponts enjambant les canaux et les rivières situés sur l'axe d'avance du 2e corps d'armée. » Le *Special Air Service* devait aussi effectuer un raid contre les bases avancées allemandes afin de saper la couverture aérienne ennemie, de recueillir des renseignements d'ordre opérationnel et de fournir les repères du champ de bataille à la Première Armée canadienne, qui était en marche[19].

Les unités du *Special Air Service* ont combattu sans arrêt pendant les sept jours qui ont suivi, capturant 250 Allemands et empêchant la destruction des ponts essentiels. Le colonel Charles Stacey, historien officiel du Canada, note que, à Spier, le commandant de l'une des unités de campagne, « après avoir audacieusement capturé le village avec un petit groupe d'hommes, a été sauvé d'une annihilation imminente par des forces allemandes bien supérieures en nombre grâce à l'arrivée opportune, dans la plus pure tradition cinématographique, de véhicules du 8e régiment canadien de reconnaissance »[20]. Sans être parfaite, l'opération *Amherst* a fait voir aux officiers canadiens que les opérations spéciales pouvaient avoir un effet bénéfique sur une campagne conventionnelle.

Du point de vue canadien, la plus célèbre force de chasseurs est la première force d'opérations spéciales, surnommée « la brigade du diable ». L'idée de former une unité canado-américaine a vu le jour en 1942, au quartier général des opérations interalliées. Les décisionnaires voulaient détruire plusieurs centrales hydroélectriques norvégiennes qui raffinaient des minerais rares nécessaires à l'effort de guerre allemand. Ils estimaient que cela permettrait également d'immobiliser des milliers de troupes allemandes qui auraient pu mener des attaques éclair contre les Alliés. Par ailleurs, ils envisageaient d'autres missions pour la première force d'opérations spéciales, dont la destruction des champs de pétrole de Ploesti, en Roumanie, et l'attaque des installations hydroélectriques de l'Italie qui, espéraient-ils, paralyserait les régions industrialisées de ce pays[21].

Au début, la première force d'opérations spéciales comptait à peu près 2 600 membres, mais d'ordinaire environ 1 700 d'entre eux participaient aux opérations. Les Canadiens formaient entre un quart et un tiers du personnel. Cette force possédait une structure pléthorique de trois « régiments » composés de deux bataillons de 200 à 300 soldats. Chaque « bataillon » était doté de deux compagnies composées de trois pelotons de deux sections. Cette structure hors norme avait été conçue en partie pour tromper l'ennemi, et en partie pour faciliter la dispersion des hommes. Cette force avait une capacité importante en matière de démolition, elle était partiellement dotée de véhicules à chenilles se déplaçant sur la neige et pouvait être larguée en parachute. De plus, son personnel avait été entraîné en opérations amphibies, en montagne et en ski[22].

La première force d'opérations spéciales était conçue, structurée et entraînée en vue de détruire d'importantes cibles industrielles dispersées au cœur du territoire ennemi. Cependant, plusieurs facteurs l'ont empêchée de poursuivre sa mission première. La sécurité de l'opération norvégienne a été compromise et, de toute façon, le *Bomber Command* de la RAF jugeait que l'existence et l'utilisation d'une telle force allaient à l'encontre de ses intérêts. Le quartier général des opérations interalliées, dirigé par Lord Louis Mountbatten, ne désirait pas envenimer ses rapports déjà tendus avec « Bomber » Harris en poursuivant d'autres projets[23].

Par la suite, cette force a été déployée à Kiska, dans les îles Aléoutiennes, à l'ouest de l'Alaska. Ce déploiement a été un fiasco canado-américain. Plusieurs milliers de soldats ont débarqué sur une île censée être occupée par les Japonais, alors qu'elle était déserte. Le commandement suprême du corps expéditionnaire allié croyait à l'époque que la première force d'opérations spéciales pourrait jouer un rôle lors des opérations éclair en Italie et dans les Balkans, peut-être pour appuyer les partisans de Tito. Quoi qu'il en soit, en raison d'une pénurie de troupes en Italie, on a fait appel à cette force pour une série d'opérations conventionnelles. La première s'est déroulée au mont la Difensa où la force s'est emparée d'un secteur important et a percé le point fort de la ligne de défense allemande, alors situé à Anzio, où la défense de la zone cruciale du canal de Mussolini était assurée avec des moyens relativement limités. Les offensives éclair lancées la nuit par des unités de la force d'opérations spéciales allant de trois soldats à un bataillon se sont avérées tellement efficaces que les Allemands ont cru, semble-t-il, qu'ils étaient attaqués par une brigade renforcée ou par une division réduite. Toutefois, après de nombreuses missions en Italie et dans le sud de la France, le nombre de pertes était tellement élevé qu'il a été impossible de maintenir cette force[24].

Bien que la première force d'opérations spéciales ait été très efficace, hardie, entraînée et équipée expressément pour des missions particulières, elle fonctionnait davantage, lors de la Deuxième Guerre mondiale, comme une brigade d'infanterie légère qu'à titre d'unité d'opérations spéciales.

Qu'en est-il de l'utilisation des forces aéroportées durant la guerre? Le Canada a fourni le 1er bataillon canadien de parachutistes, qui a servi avec la 6e division aéroportée britannique. Les forces aéroportées présentes dans l'est de la Normandie avaient pour mission de détruire les batteries côtières, de s'emparer des ponts et d'empêcher l'ennemi de renforcer ses unités défensives contre le débarquement amphibie. Elles ne jouaient aucun rôle dans les opérations de guérilla et de résistance, et n'avaient pas d'activités clandestines; c'étaient les unités du *Special Air Service* déployées en Normandie qui s'en chargeaient. Les forces aéroportées participaient aux missions visant surtout des cibles opérationnelles plutôt que stratégiques[25].

Que doit-on penser dans l'ensemble de l'expérience acquise par les forces spéciales durant la Deuxième Guerre mondiale? Dans une large mesure, il s'agissait d'individus intégrés à des unités commandées par les Alliés. Toutefois, le Canada a participé à des missions importantes d'infanterie légère qui chevauchaient quelque peu les opérations spéciales. En particulier, les commandants canadiens ont fait largement appel aux forces spéciales pour appuyer les combats conventionnels vers la fin de la guerre, lorsque le nombre de forces canadiennes conventionnelles sur le terrain le permettait.

LA GUERRE FROIDE

L'intérêt porté par le Canada aux opérations spéciales n'a plus été systématique durant la guerre froide, si bien que sa participation à cette guerre est constituée d'activités disparates, dont peu ont fait l'objet d'une quelconque coordination.

De 1946 à 1955, les planificateurs canadiens de la défense se sont concentrés sur la création d'une force aéroportée pour défendre le continent nord-américain. La force de frappe mobile était fondamentalement constituée d'un groupe brigade d'infanterie légère qui pouvait parachuter trois compagnies, suivies de bataillons transportés par planeur. Elle était surtout conçue pour les opérations dans le nord du Canada, en Alaska ou en Islande. Elle était dotée d'une force d'éclaireurs, mais celle-ci a été chargée de tâches traditionnelles axées sur les activités aéroportées. Une compagnie canadienne du *Special Air Service* était également intégrée à la force de frappe mobile, mais son rôle reste obscur et, de toute façon, son existence a été brève[26].

Durant la guerre froide, l'armée canadienne a surtout fait appel à deux formations de type conventionnel, la 25e brigade d'infanterie qui a servi avec les forces des Nations-Unies en Corée et la 27e brigade d'infanterie qui a combattu avec les forces de l'OTAN en Europe. Les formations qui ont succédé à la 27e brigade en Allemagne de l'Ouest ont cependant maintenu pendant un certain temps une petite unité composée de huit militaires canadiens d'origine allemande, qui devait mener des missions de sabotage et de reconnaissance en profondeur contre les forces du Pacte de Varsovie qui combattaient la brigade canadienne. Cependant, ces opérations de nature presque tactique n'étaient plus menées dès 1970[27].

Il est généralement admis que les années 1950 et 1960 ont constitué en Occident l'âge d'or des mesures anti-insurrectionnelles et que cela a donné lieu à une pléthore de forces spéciales au sein des armées occidentales. Les opérations spéciales canadiennes ne semblent s'être appuyées sur aucune doctrine spécifique durant cette période et aucun organisme centralisé n'a été créé pour permettre aux Forces canadiennes d'acquérir les compétences nécessaires en la matière.

La décolonisation a suscité beaucoup d'opérations anti-insurrectionnelles et la création d'organisations de spécialistes pour les mener. À titre d'exemple, le *Special Air Service* a été réactivé lors de la déclaration de l'état d'urgence en Malaisie, tandis que les Français ont déployé leurs commandos de chasse contre les forces rebelles en Algérie[28]. Le Canada, qui ne possédait pas de colonies, n'a pas aidé directement les forces britanniques, françaises ou portugaises à livrer leurs guerres de décolonisation. Il a toutefois contribué aux opérations de stabilisation du Tiers-Monde qui ont eu lieu durant la guerre froide, notamment aux forces de maintien de la paix de l'ONU, qui avaient pour mission de combler le vide politique laissé par la décolonisation et de prévenir la mainmise du bloc soviétique. Les forces spéciales n'ont pas participé à ces opérations, étant donné la nature des missions d'observation et de maintien de la paix qui prévalait à l'époque[29].

Le développement des forces spéciales de l'armée américaine dans les années 1950 a d'abord été relié à des opérations semblables à celles que prévoyaient le *Special Operations Executive* ou l'*Office of Strategic Services* en cas de guerre dans les pays du bloc de l'Est contrôlés par les Soviétiques. Pendant ce temps, la CIA créait des organismes de sûreté clandestins en Europe de l'Ouest, y compris dans les pays neutres ou membres de l'OTAN, au cas où ils seraient envahis[30]. Le Canada ne semble avoir été intéressé par aucune de ces activités, probablement en raison de contraintes budgétaires: il allouait la plupart des fonds à la création et au maintien de forces de dissuasion nucléaire. Il a néanmoins envoyé des soldats suivre l'entraînement des forces spéciales aux États-Unis durant les années 1950, et continue de le faire[31].

Au fil du temps, les forces spéciales américaines ont également été chargées de former les forces alliées et amies en matière de sécurité, afin de résister à l'expansion communiste[32]. De manière similaire, dans les années 1960, l'Armée de terre canadienne a déployé des équipes pour mettre en place un programme d'aide militaire au Nigéria, au Ghana et en Tanzanie. Ces équipes étaient composées d'officiers de l'armée régulière qui ont aidé les militaires de ces nouveaux pays membres du Commonwealth à acquérir des compétences sur le plan « opérationnel ». La fonction stratégique de ces équipes, en particulier celle de Tanzanie qui comptait 83 membres, était de maintenir une présence occidentale pour contrer l'influence politique et militaire des blocs soviétique et chinois. Le programme a été démantelé lorsque le gouvernement Trudeau a contesté sa valeur stratégique, en 1971[33].

En ce qui concerne les sauvetages d'otages, le Canada a pris des mesures ponctuelles en fonction de la situation. Le premier sauvetage d'otages connu auquel des Canadiens ont participé s'est déroulé au Congo en 1964. À cette époque la présence onusienne était une force occidentale de substitution destinée à stabiliser le pays et à empêcher une intervention communiste. Des insurgés soutenus par les Soviétiques et les Chinois avaient entamé une campagne de terreur contre les missionnaires et les travailleurs humanitaires et pris des otages. Jugeant que la réussite de l'entreprise des Nations Unies reposait sur l'influence stabilisante exercée dans la région par les organisations non gouvernementales, le commandant canadien supérieur au sein de l'ONU, le brigadier J. A. Dextraze, a créé une force de sauvetage aéromobile composée de Canadiens, de Nigériens et de Suédois qui ont mené une campagne de sauvetage au cours de laquelle plusieurs opérations ont permis d'arracher au moins cent personnes des griffes des insurgés[34].

La première campagne anti-terroriste à l'échelle nationale a duré de 1963 à 1971. À cette époque, alors que les forces militaires du pays se livraient modérément à une cueillette de renseignements sur le mouvement gauchiste du Front de Libération du Québec, le principe de la « primauté de la police » prévalait. Aucune force n'a été créée spécialement pour effectuer des missions contre le Front de Libération du Québec. Quand l'Armée de terre s'est finalement déployée massivement à l'automne 1970, après l'enlèvement de Pierre Laporte, le régiment aéroporté a mené de nombreuses opérations aéromobiles de ratissage et de recherche. Cependant, on pourrait aussi considérer ces opérations comme des missions d'infanterie légère classiques[35].

Les événements tragiques des Jeux Olympiques de Munich en 1972 n'ont pas échappé aux planificateurs canadiens mais, lors des préparatifs des jeux Olympiques de Montréal, en 1976, on estimait que la police allait jouer un rôle prédominant, et les forces armées, un rôle de soutien. Cela dit, les planificateurs de la force mobile chargée de fournir ce soutien ont formé sur une base ponctuelle plusieurs groupes d'intervention rapide. Des sections composées de dix personnes, auxquelles ont été intégrées les sections de tireurs d'élite affectées aux bataillons d'infanterie traditionnels, ont été entraînées selon le modèle du service des armes spéciales et tactiques, puis déployées secrètement sur plusieurs sites des Jeux Olympiques et dans les logements des athlètes. Elles devaient intervenir immédiatement en cas d'éruption de violence. Créées, semble-t-il, à partir des unités d'infanterie et de blindés conventionnelles chargées d'assurer la sécurité dans chaque région, elles ont réintégré leurs unités à la fin des Jeux Olympiques[36].

Il importe de noter la création de la force d'opérations spéciales en 1976. La presse écrite n'a pas tardé à établir ce qu'elle croyait être un rapport entre cette force et le *Special Air Service* quand le régiment aéroporté a été transféré de Edmonton, en Alberta, à Petawawa, en Ontario, et qu'il a reçu un nouvel insigne en forme de « dague ailée » qui s'inspirait fortement de ses origines britanniques. Ce transfert a fait courir de nombreuses rumeurs à propos d'opérations de sécurité intérieure au Québec. La force d'opérations spéciales telle qu'elle a été constituée dans les années 1970 et 1980 était en fait une brigade d'infanterie légère rapidement déployable, conçue pour servir, sous l'égide de l'OTAN, dans la force mobile du Commandement allié en Europe et le groupe-brigade canadien transportable par air et par mer. Elle faisait également partie du bataillon de réserve de l'ONU. Malgré son nom et son insigne, ce n'était pas une force spéciale, bien que ses membres se soient entraînés collectivement et individuellement avec le *Special Air Service* et les forces spéciales américaines[37]. Les plongeurs de combat des unités de génie de l'Armée de terre et les équipes des unités de plongée de la flotte ont notamment effectué des échanges dans les années 1970 avec les *SEAL* de la marine américaine et le *Special Boat Squadron britannique*[38].

La recrudescence vertigineuse du terrorisme international à la fin des années 1970 et dans les années 1980 ne menaçait pas directement le Canada et n'a pas sérieusement inquiété le gouvernement, qui par conséquent ne s'est pas doté des moyens requis par les opérations spéciales dans le contexte de la lutte anti-terroriste. À compter de 1985, la situation a changé car des actes terroristes ont été commis sur le sol canadien. Après plusieurs débats, le Canada a créé le Groupe spécial d'intervention d'urgence, qui est devenu une unité de la Gendarmerie royale, quoiqu'il ait été financé par les fonds de transport des forces aériennes. Il a été formé au sauvetage d'otages par des forces militaires et des forces de police alliées[39].

LES ACTIVITÉS AU COURS DES ANNÉES 1900 ET PAR LA SUITE

Les Forces canadiennes sont entrées dans la période de l'après-guerre froide sans capacité en matière d'opérations spéciales, mais, au début du nouveau millénaire, elles avaient déployé une force spéciale pour combattre Al-Qaïda et les Talibans en Afghanistan. Les documents du domaine public n'indiquent pas clairement comment cette force a été créée ni utilisée au cours des années 1990, bien que certains journaux en aient dépeint la configuration, la structure et les activités globales[40].

Le Canada a pris des mesures temporaires jusqu'au déploiement en Afghanistan. Lorsque des soldats ont été capturés en Bosnie, le pays a créé une force de sauvetage ponctuelle qui a été intégrée à la Force de protection des Nations Unies en 1994. À l'époque, les Canadiens qui servaient dans cette force et qui avaient effectué des échanges avec le *Special Air Service,* le *Special Boat Squadron,* les forces spéciales et les *SEAL*, ont été intégrés au personnel du *Special Air Service* et du *Special Boat Squadron* qui effectuait déjà des opérations dans la région sous le contrôle national des Britanniques. Au cas où la situation se serait détériorée, on a tenu des stages de perfectionnement et élaboré des plans sommaires de sauvetage d'otages[41].

En plus du sauvetage d'otages, au cours des années 1990, il y a eu une demande accrue à l'échelle nationale pour recueillir en temps opportun des renseignements secrets et déterminer l'orientation des déploiements de haute précision. Pour ceux qui examinaient l'avenir de l'Armée de terre, il était évident que ces capacités étaient déficientes et que la meilleure façon de combler ces lacunes consistait à élargir les forces d'opérations spéciales. Des actions préventives pour contrer les menaces terroristes pesant sur les Forces canadiennes en déploiement pouvaient aussi s'avérer nécessaires. En effet, compter sur les forces alliées réduirait la marge de manœuvre du Canada et compromettrait sa souveraineté. C'est pourquoi le pays a redoublé d'efforts pour augmenter les capacités de la force opérationnelle interarmées 2 et son déploiement en Afghanistan reflète bien l'état de la situation.

CONCLUSION

Comment définir globalement l'expérience du Canada en matière d'opérations spéciales? Ces opérations ont été effectuées de manière improvisée, intermittente et ponctuelle jusqu'à la création de la force opérationnelle interarmées 2 dans les années 1990. Elles constituent à bien des égards une arme stratégique: pour être efficaces, elles doivent être fortement soutenues sur le plan politique. Au cours de la Deuxième Guerre mondiale, le Canada, qui était un partenaire jeune et inexpérimenté dans le camp des Alliés, a choisi de s'aligner sur la Grande-Bretagne pour élaborer et appliquer des stratégies, ce qui l'a empêché de se doter d'une capacité autonome pour les opérations spéciales. Il n'existait pas au Canada de contexte stratégique cohérent et logique. Si certaines stratégies ont vu le jour dans les années 1940, elles n'ont pas été codifiées et les décisionnaires ont eu du mal, à l'époque de la guerre froide, à déterminer les composantes fondamentales d'une politique stratégique en matière d'armes nucléaires, de forces navales et de défense aérienne, comme à résoudre les problèmes que posait la coordination de ces éléments avec les objectifs de la politique étrangère. Les forces spéciales auraient dû être soumises à une analyse plus poussée afin de se développer et de prospérer, mais cela n'a tout simplement pas été fait. Quoique certains événements ou certaines situations aient suscité une série de tentatives pour acquérir une capacité en matière d'opérations spéciales, le contexte stratégique canadien n'exigeait pas vraiment la création d'une force séparée et autonome.

Confronté aux réalités de l'après-guerre froide dans les années 1990, le Canada a enfin créé officiellement une force d'opérations spéciales expérimentée qui protège les intérêts du pays, à l'échelle nationale et internationale. Étant donné la nature des conflits actuels et futurs, cette force devrait être maintenue au sein de toutes les capacités opérationnelles du pays.

NOTES

1 Ces remarques sur l'expérience canadienne ne sauraient être aussi élaborées que la définition de treize lignes que l'armée américaine donne des opérations spéciales. Voir W.H. Raven, *Spec Ops: Case Studies in Special Operations Warfare: Theory and Practice*, Novato, CA, Presidio Books, 1995, 2.

2 W. Mackenzie, *The Secret History of SOE: The Special Operations Executive 1940-1945*, Londres, St Ermin's Press, 2000, xix.

3 M. R. D. Foot, *SOE: The Special Operations Executive 1940-1946*, Londres, Pimlico Books, 1999, 5, 18-19; et Mackenzie, *ibid.*, 4-5.

4 Mackenzie, *ibid.*, 10.

5 *ibid.*, 32

6 Foot, *op. cit.*, 9-10, 14.

7 *ibid.*, 5-6; Mackenzie, *op. cit.*, 32.

8 W. Seymour, *British Special Forces*, Sidgewick et Jackson, Londres, 1985, chap. 1, et Mackenzie, 362.

9   H.W. Hyde, *The Quiet Canadian: The Secret Storey of Sir William Stephenson*, Londres, Constable Books, 1962; et Mackenzie, *op. cit.*, 329. Voir aussi Bill Macdonald, *The True Intrepid: Sir William Stephenson and the Unknown Agents*, Vancouver, BC, Raincast Books, 2001.

10 Comme les publications sur les opérations canadiennes du Special Operations Executive sont rarissimes, l'auteur a dû se fier à l'ouvrage magistral de Roy Maclaren, *Canadians Behind Enemy Lines 1939-1945*, Vancouver, BC, UBC Press, 1983, pour la majeure partie de cette section, bien qu'il ait trouvé quelques renseignements dans C. Stacey, *The Victory Campaign: The Operations in North-West Europe 1944-1945*, L'Imprimeur de la Reine, Ottawa, 1960, 635-637.

11 Maclaren, 147, 172, 200.

12 *ibid.*, 65-67.

13 *ibid.*, 80 et 114. Voir aussi B.J. Street, *The Parachute Ward: A Canadian Surgeon's Wartime Adventures in Yugoslavia*, Lester, Orphen et Dennys, Toronto, 1987.

14 Maclaren, *op. cit.*, chap. 13.

15 C. Stacey, *Six Years of War: The Army in Canada, Britain and the Pacific*, Ottawa, ON, L'Imprimeur de la Reine, 1957, 301-305.

16 *ibid.*

17 A. Timpson, *In Rommel's Backyard: A Memoir of the Long Range Desert Group*, Londres, Leo Cooper, 2000; V. Peniakoff, *Private Army*, Londres, Jonathan Cape, 1950; W. Seymour, *British Special Forces*, Londres, Sidgewick et Jackson, 1985. Voir aussi Maclaren, *op. cit.*, 287-299.

18 P. Macdonald, *SAS im Einsatz: Die Geschichte der Britishen Spezialeinheit*, Stuttgart, Motorbuch Verlag, 1990, 1-30; B. Davis, *The Complete Encyclopedia of the SAS*, Londres, Virgin Publishing Ltd, 1998, 57.

19 C. Stacey, *The Victory Campaign*, 552-556.

20 *ibid.*, 553.

21 J.A. Springer, *The Black Devil Brigade: The True Story of the First Special Service Force*, Pacifica Military History, Pacifica, 2001, xxviii; R.H. Adleman et G. Walton, *The Devil's Brigade*, New York, NY, Chilton Books, 1966, 2, 11-13, 85.

22 Les livres de Springer et de Adleman et Walton regorgent de détails sur la structure et l'entraînement de la première force d'opérations spéciales.

23 Springer, *op. cit.*, 46; Adleman et Walton, *op. cit.*, 85-86; C. Stacey, *Six Years of War*, 104-107.

24 Springer, *op. cit.*, 144; Adleman et Walton, *op. cit.*, 177, 189.

25 D. Hartigan, *A Rising of Courage: Canada's Paratroops in the Liberation of Normandy*, Calgary, AB, Drop Zone Publishers, 2000.

26 S.M. Maloney, « The Mobile Striking Force and Continental Defence, 1948-1955 », *Canadian Military History*, vol. 2, no 3, automne 1993, 75-89.

27 S.M. Maloney, *War Without Battles: Canada's NATO Brigade in Germany, 1951-1993*, Toronto, ON, McGraw-Hill Ryerson, 1997, 177.

28 T. Geraghty, *Who Dares Wins: The Special Air Service, 1950 to the Gulf War*, New York, NY, Warner Books, 1992, 323-354; P. Paret, *French Revolutionary Warfare from Indochina to Algeria*, Londres, Praeger Books, 1964, 37.

29 S.M. Maloney, *Canada and UN Peacekeeping: Cold War by Other Means, 1945-1970*, Toronto, ON, Vanwell, 2002.

30 A.H. Paddock fils, *US Army Special Warfare: Its Origins*, Washington, DC, NDU Press, 1982, chap. VII; Jens Mecklenburg (éd.), *Gladio: die Geheim Terrororganisation der NATO*, Berlin, Elefanten Press, 1997, 16-22.

31 Ian D. W. Sutherland, *Special Forces of the United States Army 1952-1982*, San Jose, CA, R. James Bender Publishing, 1990, 164.

32 D. Blaufarb, « Economic/Security Assistance and Special Operations », dans Frank Barnett *et al.* (éd.), *Special Operations in US Strategy*, Washington, DC, NDU Press, 1984, 203-221.

33 « Canadian Armed Forces World Wide Commitments », *Sentinel*, juin 1966, 24-25; Greg Donaghy, « The Rise and Fall of Canadian Military Assistance in the Developing World, 1952-1971 », *Canadian Military History*, vol. 4, no 1, printemps 1995, 75-84.

34 S.M. Maloney, « Mad Jimmy Dextraze: The Tightrope of UN Command in the Congo », dans Bernd Horn et Stephen Harris, *Warrior Chiefs: Perspectives on Senior Canadian Military Leaders*, Toronto, ON, Dundurn Press, 2001, 303-320.

35 S.M. Maloney, « A Mere Rustle of Leaves: Canadian Strategy and FLQ Crisis », *Canadian Military History*, vol. 9, no 2, été 2000, 73-86.

36 Entrevue avec le brigadier-général C. de L. 'Kip' Kirby, 17 mai 1997. Voir aussi S.M. Maloney, « Domestic Operations: The Canadian Approach », *Parameters*, vol. XXVII, no 3, automne 1997, 135-152.

37 R. MacGregor, « The Armed Forces: In from the Cold », *Maclean's*, 6 novembre 1978, 20-25; D. Brown, « Hanging Tough », *Quest: Canada's Urban Magazine*, vol. 7, numéro 3, mai 1978, 12-22. Voir aussi D. Bercuson, *Significant Incident: Canada's Army, the Airborne and the Murder in Somalia*, McClelland et Stewart, Toronto, 1996. Il faut noter que la force d'opérations spéciales des années 1970 s'inspirait de celle des années 1960. Cette dernière avait les mêmes rôles et les mêmes missions mais avait été intégrée au 2e groupe brigade d'infanterie canadienne.

38 Entretiens de l'auteur avec le personnel des Unités de plongée de la flotte et du Corps royal du génie canadien.

39 D. Pugliese, *Canada's Secret Commandos: The Unauthorized Story of Joint Task Force Two*, Ottawa, ON, Esprit de Corps Books, 2002, 13-22.

40 *ibid*. En particulier, les travaux de S. Taylor et D. Pugliese mentionnés dans les notes 38 et 41.

41 S.M. Maloney, *Chances for Peace: The Canadians in UNPROFOR, 1992-1995*, Toronto, ON, Vanwell Publishing, 2002.

CHAPITRE 9

Des forces invariablement noires?
Observations sur l'expérience du Canada dans le domaine des Forces d'opérations spéciales (SOF)

Michael A. Hennessy

Certains éléments des FC et les décideurs en matière de défense ont accueilli l'établissement du nouveau COMFOS avec leur habituel scepticisme. En effet, de nombreuses critiques ont été exprimées à l'encontre des SOF: l'armée canadienne est trop petite pour entretenir de telles forces, elles n'ont pas vraiment de rôle à jouer, la population canadienne n'acceptera pas le rôle qui leur est réservé, etc. Le scepticisme a jusqu'à présent caractérisé les réactions aux efforts déployés sur ce front. Or, la dissension au sein des forces armées et la critique extérieure peuvent sérieusement enrayer l'évolution de la pensée. Il est vrai qu'une bonne dose de scepticisme n'est jamais inutile face au changement, mais un examen de l'expérience canadienne dans la mise en place, le soutien et l'emploi de forces spéciales fera sans doute taire bon nombre de critiques. En fait, les préoccupations exprimées quant à l'employabilité et à la soutenabilité des forces spéciales sont peut-être motivées, mais un examen de l'historique de ces forces au Canada montre que la volonté politique permet toujours de parvenir à ses fins.

La nouvelle force canadienne qu'on est à créer mettra à profit les bases mêmes de la Force opérationnelle interarmées (FOI) 2, une unité d'action directe et de frappe antiterroriste d'abord mise en place pour intervenir dans les prises d'otages. Cette force assure régulièrement la protection individuelle rapprochée (PIR) de personnes importantes ou menacées; elle participe de plus, depuis la fin de 2001, à des missions de détention et de neutralisation qui ont conduit ses membres à s'aventurer aussi loin que l'Afghanistan, où ils mènent des opérations qui s'apparentent à celles des commandos de la Deuxième Guerre mondiale. L'établissement du COMFOS montre que le gouvernement reconnaît l'utilité de ce type de force, au moins dans la lutte contre le terrorisme qu'on mène actuellement à l'échelle mondiale.

L'un des aspects de cette utilité pourrait bien être la nature quasi secrète des forces d'opérations spéciales et des missions qui leur sont confiées. La sécurité opérationnelle (SECOP) exige des mesures poussées, d'où la confidentialité entourant les effectifs, les armes, les méthodes et les objectifs de ces forces. En revanche, ce haut niveau de sécurité permet l'emploi de forces qui seront peu ou pas exposées à l'analyse des médias, ce qui réduit au minimum le risque pour les politiciens d'être sur la sellette. La FOI 2 est donc perçue comme une « force noire », moins pour la couleur de ses uniformes antiterroristes que pour sa nature et son profil subreptices. C'est une force de l'ombre, conçue pour combattre à l'abri des regards. Cela dit, si la FOI 2 est unique par son tableau d'effectifs, elle n'est pas la seule de son genre dans les annales de l'expérience canadienne.

UNE HISTOIRE SANS HÉRITAGE

Contrairement à l'étiquette de nation pacifique qu'on lui a attribuée, le Canada a soutenu de nombreuses entreprises de type SOF avant d'en instaurer cette nouvelle variante. Ce chapitre récapitule certaines de ces entreprises afin de montrer ce que le Canada a déjà accompli à cet égard et de prouver que les Canadiennes et les Canadiens sont tout à fait capables de comprendre leur importance. Nous voulons également souligner les écueils auxquels ces entreprises se sont heurtées par le passé.

Les SOF ont pris naissance au cours de l'ensemble des conflits qui ont formé la Deuxième Guerre mondiale. L'exhortation de Winston Churchill encourageant les alliés à « embraser » l'Europe a accéléré l'expansion rapide de forces conçues expressément pour attaquer l'ennemi par des frappes en profondeur ou des raids sur divers fronts. Le *Special Operations Executive* (SOE) a alors entrepris de recruter et de former des agents militaires qu'il affectait ensuite à des opérations d'action directe, par exemple des missions d'assassinat et des missions d'encadrement de forces de résistance.

DES FORCES INVARIABLEMENT NOIRES?

La contribution canadienne à cet effort de guerre est cependant demeurée très marginale et un très grand nombre de ceux qui avaient été désignés pour faire partie de ces forces n'ont pas terminé leur formation à cause de leur mauvaise condition physique ou d'autres lacunes faisant obstacle à leur déploiement. Manifestement, lorsqu'on confiait à des unités des forces armées la tâche de recruter des volontaires, elles éliminaient de leurs rangs les indésirables; ce problème a saboté tous les efforts de recrutement de forces spéciales déployés au cours de la Deuxième Guerre mondiale. Pourtant, grâce à la composition extrêmement variée de sa population, le Canada pouvait devenir un important fournisseur d'agents; malheureusement, il a en formé bien peu. Malgré tout, des agents du SOE d'origine canadienne-française ou chinoise ont remporté de nombreux succès dans l'organisation de groupes locaux de guérilla ou de résistance, dans la conduite d'opérations de reconnaissance stratégique et dans la perturbation de lignes de communication ennemies en France et en Extrême-Orient. Le recrutement sélectif d'agents spéciaux en fonction de leur langue maternelle et de leurs origines ethniques s'est de plus révélé très productif[1]. Même marginalement, le Canada a contribué au SOE, surtout en fournissant, pour travailler derrière les lignes ennemies, des agents dont la langue maternelle était le français, le chinois ou une langue d'Europe orientale. Or, ce qui était vrai à l'époque l'est encore aujourd'hui. Grâce à son immense diversité ethnique, le Canada est en tête des fournisseurs potentiels d'agents; cependant, on ne tient pas explicitement compte de cette richesse dans les attributions du nouveau COMFOS, un sujet sur lequel nous reviendrons plus loin.

Le Canada a en outre tenté d'apporter une contribution plus importante aux forces de raid des « commandos », mais avec des résultats mitigés. Au cours de la Deuxième Guerre mondiale, le quartier général des opérations interalliées (QGOI) a employé des troupes d'opérations spéciales finalement appelées « commandos », un nom emprunté aux formations boer sud-africaines. L'affectation de la 2e Division du Canada au raid du QGOI sur Dieppe, en août 1942, s'est révélée un désastre total[2]. Le soutien fourni à la *First Special Service Force*, une formation canado-américaine constituée pour un raid avorté en Norvège, a heureusement connu plus de succès. En effet, la 1st SSF a servi avec grande distinction en Italie et dans le Nord-Ouest de l'Europe. Mais l'armée canadienne n'a pas réussi à fournir les renforts nécessaires, en particulier après que la force eut été dévastée dans l'audacieuse tentative de capture d'un bastion allemand établi à Monte la Difensa, immortalisée par *The Devil's Brigade* (La Brigade des diables noirs)[3], un classique du cinéma.

Le Canada a également facilité la formation d'agents secrets pour les puissances alliées en permettant au SOE de diriger l'école de formation appelée Camp X, située près de Whitby (Ontario), ainsi que d'autres écoles établies ailleurs au pays[4] pour les opérations en Asie. De plus, les scientifiques canadiens ont joué un rôle de premier plan en produisant des agents chimiques et biologiques pour les puissances alliées qui allaient s'en servir dans des complots d'assassinat secrets et contre des cibles économiques comme les cultures vivrières[5]. Aussi, de nombreux Canadiens ont participé à la guerre psychologique et, pendant un certain temps, c'est un Canadien qui dirigeait, à l'*Electra House*, les activités de propagande britanniques visant à saper le moral de l'ennemi. Bref, en langage contemporain, le Canada a participé à l'ensemble des conflits qui ont marqué la Deuxième Guerre mondiale.

Cette riche histoire a néanmoins laissé un bien maigre héritage. Les efforts déployés pour maintenir le noyau d'expertise opérationnelle des commandos dans une petite compagnie du SAS (*Special Air Service*) sont tombés à l'eau immédiatement après la guerre. Toutes ces unités spéciales ont été démantelées, les écoles d'agents secrets, fermées, et l'expérience chèrement acquise, éparpillée dans l'Empire et au-delà. Les projets liés aux plans de défense de l'OTAN, élaborés pendant la longue guerre froide, puis le nombre croissant d'actes terroristes dans le monde ont entraîné la création d'une grande formation « aéroportée » canadienne et de la « force d'opérations spéciales » d'intervention rapide, toutes deux aujourd'hui démantelées. À l'époque, l'armée ne cherchait pas à élargir son rôle en matière de lutte antiterroriste; elle s'est par conséquent contentée de laisser la GRC former la première équipe antiterroriste nationale dans le sillage du massacre des Olympiques de Munich et de la violence qui allait suivre. Ce n'est qu'à la suite de la perte d'une mission relevant clairement de l'OTAN, après la chute du mur de Berlin en 1989, que les états-majors de l'armée se sont à nouveau intéressés à la lutte au terrorisme. Comme la GRC était aux prises avec des réductions budgétaires et des problèmes de moral, elle a volontiers accepté, au début des années 1990, de déléguer sa mission - mais non ses effectifs - aux Forces canadiennes, ce qui a entraîné la création de la FOI 2. Mais contrairement à ce qu'avait fait la GRC, cette force n'a pas attendu Godot. Les zones névralgiques de la période de l'après-guerre ont occasionné une série de petits déploiements dont plusieurs, comme le déploiement à la frontière du Zaïre en 1996[6], se sont heurtés à des difficultés qui n'étaient pas sans rappeler l'une des principales limites des forces d'opérations spéciales canadiennes pendant la Deuxième Guerre mondiale.

LE PROBLÈME DU COMMANDEMENT NATIONAL

Il existe bien un héritage persistant et d'importance capitale derrière les efforts actuellement déployés pour recréer des forces d'opérations spéciales. Les activités du SOE, du SAS et des commandos ont été menées au niveau tactique dans le cadre d'opérations pour lesquelles le Canada a fourni peu ou pas d'orientation, de planification ni de contrôle stratégiques. Autrement dit, aux niveaux supérieurs du leadership national, la gestion de ce qui constituait nos forces d'opérations spéciales a été laissée principalement aux puissances alliées, en particulier au Royaume-Uni. L'absence d'une organisation de commandement ou de contrôle aux niveaux supérieurs du gouvernement canadien, chargée de surveiller l'élaboration, la planification et l'exécution des missions de ces forces, peut s'expliquer par l'héritage colonial de notre pays, un problème qui n'a malheureusement jamais fait l'objet d'un examen approfondi. Durant la Deuxième guerre mondiale, le gouvernement canadien n'a pas voulu saisir l'occasion qui lui était donnée d'assumer la responsabilité d'orienter les interventions; il faut cependant constater que toutes les organisations militaires qui contribuaient à l'effort de guerre ont agi de même[7].

L'absence d'un commandement national chargé de la gestion de la conception stratégique et de l'emploi opérationnel axé sur des objectifs nationaux demeure un problème préoccupant. La récente décision hâtive de déployer nos forces à Kandahar témoigne d'une certaine immaturité dans l'organisation actuelle du commandement national[8]. Par ailleurs, la réorganisation des rapports hiérarchiques au sein des Forces canadiennes et du ministère de la Défense nationale en fonction de nouveaux commandements tels que Commandement Canada et COMFOSCAN (Commandement - Forces d'opérations spéciales du Canada) doit être considérée comme l'expression de l'affirmation autoritaire du MDN, ce qui ne constitue qu'un cas parmi bien d'autres[9]. Un problème plus profond que révèle le processus décisionnel ayant abouti au déploiement à Kandahar est lié au niveau de commandement dont relève la Défense nationale. Il ne s'agit pas de contester le pouvoir du BCP/CPM d'ordonner des déploiements, mais d'examiner comment des décisions sur l'emploi de la force sont prises au sein d'un noyau décisionnel totalement étranger à la sphère militaire. En effet, à ce niveau décisionnel, il n'y a rien de comparable au Cabinet de guerre de la Deuxième Guerre mondiale et il n'existe pas non plus d'entité de planification de la sécurité nationale prévalant sur les divers ministères chargés de la planification continue des opérations militaires, de l'emploi de la force et des autres activités de cet ordre. Il y a sans doute une pléthore de comités interministériels spéciaux qui étudient diverses questions, mais aucun comité spécial n'est en mesure de réaliser quoi que ce soit de comparable aux travaux de coordination du *National Security Council* des États-Unis[10] ou de la *US Country Team*, un concept que nous aborderons plus loin. Cette faiblesse du commandement national peut sembler bien éloignée de la réalité des opérations des forces spéciales, mais les risques d'un contrecoup sont élevés et les forces assurent une avance stratégique qui pourrait ne pas être entièrement réalisable sans l'appui d'un leadership stratégique. Les SOF du Canada sont un instrument exceptionnel que le pays est déterminé à mettre au service de la politique nationale et de celle de l'alliance…, mais une politique n'est pas une stratégie. L'écart ne peut être entièrement comblé par la structure générale du ministère de la Défense nationale ni par la chaîne de commandement et de contrôle des Forces canadiennes.

UNE GUERRE ININTERROMPUE?

Peu importe la logique qui motive la mission canadienne en Afghanistan, un bon nombre des diverses opérations qui seront exécutées dans ce pays obligeront les forces à s'engager dans une large gamme d'activités que reconnaît la doctrine américaine des forces spéciales, mais pas la nôtre. La composition et la formation de la FOI 2, ainsi que les missions qui lui sont confiées, en font un membre de la communauté internationale des forces spéciales (FS). Mais cette force est trop restreinte et trop centrée sur ses tâches pour jouer tous les rôles de SOF approuvés par la communauté des FS des États-Unis. En effet, la doctrine américaine incorpore dans les principaux rôles des FS la contre-prolifération des armes de destruction massive (ADM), la guerre de l'information, la guerre non conventionnelle, les opérations psychologiques, les missions de reconnaissance spéciale, les opérations antiterroristes, les opérations d'action directe, ainsi que les missions d'aide aux affaires civiles et de soutien de la défense intérieure étrangère (ci-après SIE)[11]. Les deux derniers types de mission portent sur l'assistance en matière de sécurité, la reconstruction de nations et le renforcement des capacités locales, habituellement par l'entraînement de forces locales. Le Canada n'a pas de doctrine particulière sur la SIE et l'actuelle FOI 2 détient une capacité très limitée, sinon nulle, de mener des raids, des missions de frappe d'envergure et autres, notamment dans les domaines de la reconnaissance stratégique, de la reconnaissance opérationnelle, de l'aide humanitaire, de l'aide aux affaires civiles, de la guerre de l'information, des opérations psychologiques et de l'exploitation de sites sensibles.

La structure du nouveau COMFOS comblera certaines de ces lacunes, mais pas toutes. Dans la doctrine américaine, les FS sont parfaitement adaptées à l'ensemble du spectre d'intensité des conflits. Leur présence accroît considérablement les possibilités tactiques et opérationnelles des commandants et garantit une économie de force notable une fois qu'on a pris la décision de les employer. Les FS sont également conçues de façon à être articulées en fonction des tâches à accomplir; elles sont de plus remarquablement qualifiées pour contrer ou employer des menaces asymétriques. Ces attributs seront également propres à la force canadienne, mais à un degré moindre, parce que notre doctrine n'est pas aussi détaillée et que notre organisation de commandement et de contrôle est moins développée, moins articulée.

Le Canada n'a pas, notamment, de doctrine SIE aussi bien ancrée dans la planification des forces que celle de nos voisins du sud, qui l'ont implantée au début des années 1960. La doctrine SIE articule parfaitement les rôles et responsabilités de tous les organes du gouvernement des États-Unis et constitue un document de politique convenu. En Afghanistan, les forces canadiennes se retrouveront *grosso modo* dans les conditions qui sont décrites par la doctrine SIE américaine; pourtant le Canada n'a pas de doctrine comparable à cette dernière[12]. La doctrine nationale des États-Unis – pas seulement la doctrine du département de la Défense (DoD) – énonce et lie en un tout coordonné les rôles du département d'État, des *country missions* (missions dans un pays étranger sous la direction de l'ambassadeur), de la *Defence Intelligence Agency*, de la CIA et de l'USAID. Les FS américaines sont encadrées par une doctrine extrêmement bien articulée, tandis que nulle part dans la doctrine canadienne précise-t-on de manière aussi détaillée et coordonnée les diverses contributions des autres organismes. Les FS américaines sont conçues et structurées pour mener des opérations dans une variété de conditions depuis les opérations tactiques conventionnelles de soutien jusqu'aux opérations secrètes destinées à appuyer des organisations comme la CIA. Cette continuité de fonctionnement n'est pas étrangère à une politique de dotation souple permettant aux agents des FS d'être affectés à diverses formations secrètes et organisations ministérielles extérieures à la défense en vue d'un emploi tactique sur le terrain (on sait que les membres des FS donnent régulièrement leur procuration à l'État de manière à pouvoir séparer leur personne juridique de leur personne physique, rendant ainsi parfaitement invisible leur affectation à des opérations et à des organisations secrètes). Qu'elles soient affectées à des opérations secrètes ou à des opérations de collecte et d'exploitation du renseignement humain (HUMINT), les FS américaines s'activent dans l'ombre[13]. On ne sait pas si le Canada a adopté cette espèce de concertation invisible et non conventionnelle dans ses opérations actuelles, ce qui pourrait être fait par la fusion des agents de terrain du Service canadien du renseignement de sécurité (SCRS) aux équipes de collecte et d'exploitation HUMINT. Compte tenu de l'extraordinaire diversité ethnique du Canada, la création d'un bassin d'agents secrets prêts à servir devrait être facile à réaliser. Par ailleurs, la philosophie actuelle du Canada, qui mise sur la défense, la diplomatie et le développement (aussi appelée, mais de façon moins heureuse, l'*effort pangouvernemental*), ouvre le débat sur les chances de matérialisation d'une telle concertation interinstitutions, mais il semblerait que celle-ci ne pourrait être que fortuite ou dépendante de la personnalité des partenaires, car l'affectation des ressources ministérielles n'est pas liée à la concertation des ministères.

Un bon exemple est l'actuel Programme de l'équipe provinciale de reconstruction (EPR) en Afghanistan. L'EPR aura besoin de troupes conventionnelles pour mener des opérations de sécurité et de visibilité locales, des opérations secrètes ou non de collecte de renseignement humain, ainsi que de nouvelles missions secrètes d'action directe de FS. Toutes ces missions doivent être accomplies avec le sentiment de finalité recherché par le Canada et ses partenaires alliés. La plupart des activités quotidiennes peuvent être complètement laissées à la gestion des commandants locaux, mais dans ce cas, où serait l'effort national de coordination ? L'origine des activités de l'EPR se trouve dans la doctrine de contre-insurrection et la doctrine SIE américaines. Ces activités ont débuté par des mesures anti-insurrectionnelles locales guidées par ces deux doctrines et le Canada a hérité du plan d'ensemble plutôt que du *totus porcus*. En conséquence, le Canada a pris le contrôle d'un outil élaboré par d'autres et se retrouve maintenant à pratiquer une science dictée par cet outil, autrement dit à expérimenter l'outil plutôt qu'à explorer des enjeux plus fondamentaux[14]; il se peut en outre que les autorités nationales extérieures au ministère de la Défense n'aient ni réfléchi aux limites du plan ni accepté pleinement sa logique.

Ce sont là d'importantes « lacunes » dont notre COMFOS devra éviter les écueils pour être la plus utile possible dans les conflits de toute intensité auxquelles les Forces canadiennes se sont engagées à participer. Il y a amplement de place pour une intégration accrue, horizontale et verticale, des activités des SOF canadiennes aux efforts et à la stratégie nationale du Canada. Cela est particulièrement vrai si l'on tient compte de la « stratégie de guerre ininterrompue » récemment élaborée par les États-Unis pour contrer la menace terroriste internationale[15].

Qui, au Canada, se chargera de préparer une telle guerre?

NOTES

1 Le meilleur compte rendu de ces activités de recrutement se trouve dans R. Maclaren, *Derrière les lignes ennemies: les agents secrets canadiens durant la Seconde Guerre mondiale, 1939-1945*, Montréal, Lux, 2002, mais il est plutôt incomplet. Voir également S.M. Maloney, « Qui a vu le vent? Survol historique des opérations spéciales canadiennes », *Revue militaire canadienne*, (automne 2004), 39-48.

2 Le récent compte rendu de R. Neillands, *The Dieppe Raid. The Story of the Disastrous 1942 Expedition*, Londres, Aurum Press, 2005, révèle peu de nouveaux détails, mais présente une évaluation claire de l'insuffisance de la planification à tous les niveaux.

3 B. Horn, « 'Bastards Sons', An Examination of Canada's Airborne Experience 1942-1995 », St. Catharines, ON, Vanwell, 2001, pour une revue de l'histoire de cette unité aéroportée et d'autres unités du même type. Horn est particulièrement convaincant dans ses propos sur l'échec du corps d'officiers supérieurs à développer, à gérer et à maintenir cette ressource nationale.

4 D. Stafford, *Camp X Canada's School for Secret Agents 1941-45*, Toronto, ON, Lester & Orpen Denny's, 1986.

5 S. Lovell, conseiller scientifique en chef de l'OSS (Office of Strategic Services), révèle une série de vecteurs spéciaux d'origine canadienne destinés à la guerre biologique et chimique, notamment le plan visant à rendre aveugles Adolf Hitler et Benito Mussolini, dans *Of Spies & Stratagems*, New York, NY, Prentice Hall, 1963.

6 M.A. Hennessy, « Opération 'ASSURANCE': planifier une force multinationale pour le Rwanda/Zaïre », *Revue militaire canadienne*, printemps 2001, 11-20.

7 C.P. Stacey, *Armes, hommes et gouvernements; les politiques de guerre du Canada, 1939-1945*, Ottawa, ON, Department of National Defence, 1970.

8   Lcol C. Oliviero, « *Tam Marte Quam Minerva: The Web of Western Military Theory (An Intellectual Investigation of Military Theory in the Western World)* », Collège militaire royal du Canada, thèse de doctorat, ébauche, 2006, 59.

9   Pour une discussion sur la restructuration du Ministère, voir Charmion Chaplin-Thomas, « Origins and growth of the DCDS Group », MDN, fév 2006. Au sujet des problèmes du commandement opérationnel, voir aussi T. Fitzgerald et M.A. Hennessy, « Une réorganisation opportune: l'état-major interarmées au QGDN lors de la guerre du golfe », *Revue militaire canadienne*, vol. 4, no 1, printemps 2003, 23-28.

10 Nous ne prétendons pas que les systèmes de commandement stratégique nationaux des États-Unis représentent un modèle idéal, nombreux sont ceux qui plaideraient contre cette idée, mais au moins ils sont bien articulés et relativement fluides aux divers niveaux de gouvernement, y compris au sein de l'organe législatif.

11 Liste modifiée extraite de l'ouvrage du Général P.J. Schoomaker, « CINUSSOCOM Special Operations Forces: The Way Ahead », USSOCOM, 2000. Voir aussi S.A. Southworth et S. Tanner, *U.S. Special Forces*, Da Capo Press, 2002.

12 Sur les origines de la doctrine SIE américaine, voir M.A. Hennessy, *Strategy In Vietnam: The Marines and Revolutionary War in I Corps, 1965-1972*, Westport CT, Praeger Press, 1997, 13-39.

13 Même dans les opérations de maintien de la paix. Voir mon article « A Reading of Tea Leaves—Toward a Framework for Modern Peacekeeping Intelligence », dans D. Carment et M. Rudner, éd., *Peacekeeping Intelligence*, Londres, Taylor et Francis, 2006, sous presse.

14 La phrase est attribuée à F. Dyson.

15 Au sujet de cette stratégie, voir son élaboration dans l'article du DoD américain, « Quadrennial Defense Review Report », Washington, 6 fév 2006.

Chapitre 10

Les Forces d'opérations spéciales:
congruentes, prêtes et précises

Lieutenant-colonel Jamie W. Hammond

> *Le département américain de la Défense se transforme-t-il assez rapidement pour réagir au contexte de sécurité du XXIe siècle? [...] Pour combattre le terrorisme international, doit-il envisager sous un nouvel angle l'organisation, l'entraînement, l'équipement et les priorités? Les changements que nous avons opérés et que nous opérons encore sont-ils trop mineurs et trop progressifs? J'ai l'impression que nous n'avons pas encore pris de mesures vraiment audacieuses, bien que nous ayons pris beaucoup de mesures raisonnables et logiques dans la bonne voie; mais est-ce suffisant?*
>
> Rumsfeld, secrétaire américain à la Défense[1]

Les forces militaires abandonnent-elles les modèles de la guerre froide pour devenir congruentes, efficientes et efficaces, aptes à réagir aux contextes de sécurité actuels et à venir? Pratiquement n'importe quel ministre de la Défense d'une nation occidentale aurait pu poser les questions de Rumsfeld et la plupart des ministères de la Défense repensent le rôle et l'organisation de leurs forces. Celui du Royaume-Uni, par exemple, a effectué cinq révisions ou mises à jour au cours des six dernières années, dont la dernière date de juillet 2004[2]. Par contre, celui du Canada n'a pas publié d'analyse détaillée de ses besoins depuis 1994. Or presque tous les critiques, analystes et intervenants reconnaissent la nécessité d'un examen approfondi de la défense. Toutefois, un tel examen ne doit pas avoir pour seule fonction de répartir le budget différemment et d'allouer une part équitable à chaque service; il doit aborder des questions épineuses comme celles que Rumsfeld a soulevées. Quelle est la pertinence des Forces canadiennes? Les changements envisagés sont-ils vraiment audacieux? La structure de la force sera-t-elle efficace? Les Forces canadiennes devront dorénavant être aptes à participer à des opérations discrétionnaires avec les alliés du Canada, non seulement par solidarité ou pour que leur pays soit invité à la table des négociations; elles devront pouvoir affronter les inévitables défis asymétriques « non discrétionnaires ». Bref, elles devront se montrer hors pair pour protéger les Canadiens au pays et à l'étranger et devront donc bénéficier d'un financement acceptable et suffisant.

Les Forces canadiennes sont fières de leurs traditions, mais elles doivent reconnaître que ce qui a été congruent jusqu'ici ne le sera peut-être plus. Les capacités de la défense, dont l'organisation actuelle date de 1994, sont très lacunaires, et nous conservons des types de forces qui ne sont plus employées sous leur forme doctrinale depuis un demi-siècle. Les Forces canadiennes devront faire des choix difficiles et combler leurs nombreuses déficiences.

Le présent article se propose de montrer que les forces d'opérations spéciales se sont transformées au cours des dernières années et sont devenues une capacité essentielle et fondamentale dont tout examen de la défense doit absolument tenir compte. Désormais, les médias parlent presque tous les jours de ces forces jadis ignorées ou traitées de façon diffamatoire. Grâce à leur flexibilité et à leur mobilité, elles sont indispensables aux opérations de sécurité dans le monde de l'après 11 septembre, et elles sont aussi très rentables. Cependant, il importe de mieux comprendre ce qu'elles sont, ce qu'elles font dans le monde et ce qu'elles ont à offrir, avant de déterminer de quelles capacités le Canada a besoin.

LES FORCES D'OPÉRATIONS SPÉCIALES AUJOURD'HUI

Vu les événements des trois dernières années, les opérations spéciales ne sont sans doute plus très « spéciales ». Les forces spéciales ont été l'outil principal des opérations en Afghanistan et en Irak et de la campagne contre le terrorisme dirigée par les États-Unis. Il est évident qu'elles ne sont plus de simples auxiliaires des opérations traditionnelles. Un récent rapport interne d'une armée du Commonwealth va jusqu'à laisser entendre, ce qui constitue un renversement de situation, que le rôle-clé des forces traditionnelles est désormais d'appuyer les forces spéciales. C'est ce qui s'est produit pendant la guerre en Afghanistan. Cela a aussi été typique des opérations menées par les Américains dans le monde au cours des dix dernières années et dans toutes sortes de conflits, et cela s'applique particulièrement aux opérations menées après le conflit dans des pays comme l'Irak, où les forces traditionnelles mènent surtout des opérations « cadres » et aident les forces spéciales à lutter contre ceux qui veulent nuire au processus de paix.

Les forces spéciales sont devenues moins spéciales sur un autre plan. Les professionnels discrets qui ne disaient mot sur leurs activités sont entrés dans le monde des médias, des communiqués de presse, de la concurrence pour le recrutement et de la rivalité inter-armée. On parle même publiquement de certaines des forces les plus clandestines du monde. Cela s'explique par la fréquence des opérations spéciales, dont l'utilité n'a pas échappé aux politiciens. Les États-Unis, le Royaume-Uni et l'Australie ont entrepris d'importantes démarches pour augmenter leurs capacités en la matière.

Les forces d'opérations spéciales américaines comptent quelque 49 000 membres et en compteront 52 559 dans cinq ans; l'an dernier, leur budget a augmenté de 35% pour atteindre 6,8 milliards de dollars[3]. D'après sa plate-forme électorale, le candidat présidentiel démocrate, John Kerry, a l'intention de doubler leurs capacités, d'ajouter un escadron d'hélicoptères d'opérations spéciales à la force aérienne et d'augmenter le personnel des affaires civiles et des opérations psychologiques[4]. Cela semble logique, étant donné le rythme des opérations. Récemment, au cours d'une semaine, plus de 6 500 membres des forces spéciales étaient déployés dans le monde; ils ont mené 200 missions en Irak uniquement pendant les quatre derniers mois[5]. Tandis que le Canada déploie généralement une unité sur cinq à l'étranger, les forces américaines vont où on a besoin d'elles. Selon le commandement des opérations spéciales américaines, tous les membres du régiment d'aviation des opérations spéciales ont combattu ces deux dernières années et 90% du personnel des escadrons tactiques spéciaux de la force aérienne a été déployé simultanément en Irak[6].

La situation est la même au Royaume-Uni, mais à plus petite échelle. Un document du ministère de la Défense, publié en juillet 2004, annonçait le renforcement des forces spéciales, l'acquisition d'un nouvel équipement et « d'importantes améliorations »[7]. Le gouvernement n'a pas donné de précisions sur ces améliorations, mais la presse a présumé qu'il s'agissait de la création d'un autre escadron spécialisé[8] et d'un régiment de surveillance et de reconnaissance, composé de 600 membres devant effectuer une surveillance secrète et travailler avec les agences du renseignement[9]. À l'instar de leurs homologues américaines, les forces spéciales britanniques mènent constamment des opérations depuis 2001, mais elles restent beaucoup plus discrètes en ce qui a trait à leurs activités.

Bien que l'Australie ait des forces nettement inférieures à celles des Américains ou des Britanniques, c'est elle qui a restructuré le plus radicalement ses forces en fondant le commandement des opérations spéciales en 2003. Pour instaurer ce « commandement interarmées, dont le rôle équivaut à celui des commandements maritime, aérien et terrestre » et qui compte plus de 2 000 personnes, il a fallu convertir une unité d'infanterie en un régiment de commandos et regrouper d'autres éléments des opérations spéciales[10]. Les forces spéciales ont été les principales forces terrestres envoyées en Afghanistan et en Irak. Le régiment spécial de l'armée de l'air était la principale force en Afghanistan; en Irak, le groupe opérationnel des forces spéciales comprenait des éléments du 4e Régiment royal australien (commando) qui venait d'être créé, une équipe de défense nucléaire, biologique et chimique du régiment de réaction aux incidents, ainsi que des forces de logistique et des hélicoptères Chinook[11]. Pendant les quatre dernières années, l'Australie a donc pu faire une contribution sans commune mesure avec celle d'une puissance moyenne.

Comme le commandement des opérations spéciales américaines est de loin le plus grand et, pour le Canada, le plus important sur le plan de l'interopérabilité, la section suivante présente un survol de son histoire récente et de sa structure.

LA CRÉATION DES FORCES D'OPÉRATIONS SPÉCIALES AMÉRICAINES

Bien que l'efficacité et l'utilité des forces d'opérations spéciales aillent aujourd'hui de soi pour les militaires américains et que des officiers de ces organisations occupent un certain nombre de postes-clés[12], presque personne n'avait prévu la création du commandement des opérations spéciales (SOCOM), et beaucoup s'y sont opposés. Comme le rappelle Susan L. Marquis, ce n'est pas grâce aux officiers supérieurs, mais malgré eux, que les forces d'opérations spéciales américaines ont acquis leurs capacités[13]. En fait, c'est le concours de trois événements choquants survenus au début des années 1980 qui a provoqué la refonte radicale de la force américaine. De toute évidence, les parlementaires ont mieux suivi que les militaires les conseils de Field Marshal Slim il faut: « se souvenir seulement des leçons tirées de la défaite; elles sont plus importantes que celles qu'on tire de la victoire »[14].

Le premier facteur décisif a été l'échec de la libération des otages américains à Téhéran, en 1980. Le 25 avril 1980, les tempêtes de sable et les ennuis mécaniques d'un hélicoptère ont fait avorter l'opération *Rice Bowl / Eagle Claw* dans le désert iranien. Après l'interruption de la mission, la collision d'un hélicoptère avec un C-130 qui était au sol a tué 8 personnes et a fait exploser les munitions, si bien que le commandant a abandonné les autres hélicoptères sur le terrain et que la force s'est retirée, laissant derrière elle les restes de six hélicoptères et d'un C-130[15]. Pendant que les otages demeuraient prisonniers jusqu'à ce que des pourparlers aboutissent à leur libération en janvier 1981, les Américains ont analysé les raisons de ces fiascos. Le rapport le plus notable est celui de la Commission Holloway, le premier examen externe d'une opération spéciale, qui contenait deux recommandations-clés: la création d'une force contre-terroriste interarmées pour éviter les réactions improvisées au terrorisme, et celle d'un groupe consultatif en matière d'opérations spéciales, formé d'officiers supérieurs en service ou à la retraite depuis peu, pour améliorer la surveillance[16].

Les recommandations de la Commission Holloway ont été suivies au cours des trois années suivantes, mais c'est le décès de 247 Marines lors du bombardement d'un camion au Liban, en 1983, qui a fait comprendre la nécessité de se doter de forces spécialisées pour intervenir lors des conflits de faible intensité et lutter contre le terrorisme. L'invasion de Grenade, qui a bafoué les principes éprouvés des opérations spéciales, tels que la simplicité, la sécurité, la répétition, la rapidité, la soudaineté et la concentration[17], a exacerbé le besoin de changement. En fait, sur les sept opérations auxquelles ont participé des forces spéciales, deux seulement ont réussi, deux n'ont réussi qu'en partie et trois ont fait des victimes dans leurs rangs; tout cela pour un avantage opérationnel minime, voire nul[18]. Ces bavures ont convaincu le

Congrès qu'il fallait mieux intégrer les forces spéciales. Ce n'est qu'à la suite de deux autres années de discussions et de débats, que le Congrès a adopté l'« amendement Nunn-Cohen » à la loi *Goldwater-Nichols Defense Organization* de 1986, afin de créer un quartier général de commandement interarmées quatre étoiles, qui est devenu le commandement des opérations spéciales. Pour les législateurs, l'une des questions cruciales était de veiller à ce que le budget et l'expansion des forces d'opérations spéciales ne soient pas tributaires des priorités des services traditionnels. En définitive, le nouveau commandement a été instauré sous l'impulsion des civils et malgré l'opposition des chefs de l'état-major interarmées. Il était responsable du financement des forces d'opérations spéciales, de la recherche et du développement, et enfin, de l'entraînement et de l'intégration dans les opérations interarmées.

De même qu'en Grande-Bretagne et en Australie, le commandement des opérations spéciales américaines est indépendant des autres services. Les commandements et les unités des forces d'opérations spéciales dépendent de l'armée de terre, de la marine ou de l'armée de l'air, mais c'est le commandement des opérations spéciales qui détient l'autorité ultime en matière de budget et de commandement. Les trois services fournissent le personnel et sont responsables de l'entraînement, de l'équipement, de la doctrine, du recrutement et du positionnement qui ne sont pas propres aux forces spéciales. Sur le plan opérationnel, ces dernières se déploient habituellement sous un commandement de forces de combat régional, tel que le Commander Central Command, auquel est subordonné un commandement des opérations spéciales, normalement dirigé par un général à une étoile. Quoique le commandement des opérations spéciales ait toujours surveillé toutes les opérations à l'étranger, il n'a pas joué un rôle primordial dans le commandement et le contrôle de ces opérations avant d'être chargé de lutter contre le terrorisme international, en 2003. À l'instar des trois services, il avait surtout pour fonction de planifier à long terme les forces d'opérations spéciales et de tenir certains éléments à la disposition de l'autorité nationale de commandement, des commandements régionaux ou des ambassadeurs américains. Il est à la tête d'un commandement des opérations spéciales interarmées et contrôle les trois commandements présentés ci-dessous[19].

Le commandement des opérations spéciales de la marine. Ce commandement s'articule autour de huit équipes SEAL, qui sont formées de six à huit pelotons (normalement 16 militaires par peloton) appuyés par des véhicules de transport SEAL (petits sous-marins) et des unités d'embarcations spéciales. Tous les SEAL sont entraînés à plonger, à sauter en parachute et à exécuter des missions allant de la reconnaissance spéciale de ports et de plages à l'abordage de navires et à l'action directe.

Le commandement des opérations spéciales de l'armée de terre. L'armée de terre a plus de forces d'opérations spéciales que les deux autres services. En outre, au sein du commandement des opérations spéciales de ce service, les forces spéciales sont les plus nombreuses. Aux États-Unis, l'expression « forces spéciales » ne désigne que les Bérets verts de l'armée de terre, tandis qu'au Royaume-Uni et dans la plupart des pays du Commonwealth elle s'applique à toutes les forces d'opérations spéciales. La composante de base des Bérets verts, le détachement opérationnel Alpha, comprend un officier, un adjudant et 10 militaires du rang, qui ont tous suivi le « cours Q » des forces spéciales et des cours de perfectionnement dans une spécialité (assistanat médical, communications et langues, par exemple). Six détachements Alpha forment habituellement une compagnie. Trois compagnies et une compagnie de soutien constituent un bataillon. Un bataillon complet compte moins de 400 militaires. Trois bataillons forment un groupe. Il y a actuellement cinq groupes d'environ 1 400 membres qui sont actifs dans le monde et deux groupes dans la Garde nationale, qui ont combattu récemment. Tandis que les bataillons sont capables d'établir des bases opérationnelles avancées, les groupes encadrent souvent un groupe interarmées multinational d'opérations spéciales. Les Bérets verts sont capables d'effectuer des missions d'action directe et de reconnaissance spéciale, mais ils se spécialisent dans la guerre non traditionnelle et la défense intérieure à l'étranger: la première consiste à aider une force révolutionnaire en l'entraînant, en l'équipant et en la conseillant, la seconde, à vaincre et à décourager des forces révolutionnaires par les mêmes moyens.

Le 75e régiment de Rangers comporte trois bataillons d'environ 550 hommes chacun et un bataillon d'instruction. Chaque bataillon comprend trois compagnies d'infanterie légère effectuant des missions d'action directe, tels que raids ou assauts aéroportés et aéromobiles. À bien des égards, la structure et la capacité des bataillons ressemblent à celles qu'avait le Régiment aéroporté du Canada entre 1993 et 1995[20]. Les Rangers font partie de l'infanterie, mais sont considérés comme des forces d'opérations spéciales, ce qui leur confère certains avantages: ils ont le droit de choisir des commandants chevronnés à tous les paliers (ainsi, un commandant de compagnie doit déjà avoir commandé une compagnie); leur budget leur permet de disposer d'un équipement interopérable avec celui des forces d'opérations spéciales; ils ont un personnel en sureffectif pour pouvoir déployer sans préavis un effectif complet; et ils suivent un entraînement collectif exigeant axé sur les opérations spéciales.

L'armée de terre a également trois bataillons dans le 160e régiment d'aviation des forces d'opérations spéciales. Ces bataillons mènent surtout des opérations nocturnes à l'appui des forces d'opérations spéciales et utilisent surtout des hélicoptères MH-47 (Chinook), MH-60 (Blackhawk) et MH-6 (Little Bird). Le M signifie modifié. Les Chinook et les Blackhawk modifiés sont munis d'un équipement électronique de pointe et peuvent être ravitaillés en vol.

Les affaires civiles, les opérations psychologiques, les opérations d'information et certaines unités de défense nucléaire, biologique et chimique sont également groupées au sein des forces d'opérations spéciales.

Le commandement des opérations spéciales de l'armée de l'air. L'armée de l'air dispose de six escadrons tactiques spéciaux qui mènent des missions de recherche et de sauvetage au combat, installent des pistes d'atterrissage et des zones de largage, contrôlent la circulation aérienne et dirigent la livraison aérienne du matériel de guerre. Bien que peu nombreux, ces militaires très entraînés augmentent considérablement la capacité de l'armée de l'air. Ce sont eux qui ont dirigé une grande partie des opérations air-sol pendant la campagne en Afghanistan.

L'armée de l'air dispose également de plusieurs escadres d'opérations spéciales équipées d'aéronefs allant d'hélicoptères MH-53J *Pave Low* à des hélicoptères de combat AC-130U/H *Spectre* et à des variantes du C-130 pour le ravitaillement en vol (MC-130P), les opérations d'insertion et d'extraction (MC-130E/H) et la guerre électronique (EC-130).

LES FORCES D'OPÉRATIONS SPÉCIALES AMÉRICAINES EN AFGHANISTAN

Depuis la création du commandement des opérations spéciales, les forces spéciales américaines ont participé à pratiquement toutes les opérations, y compris aux opérations onéreuses et fortement médiatisées des Rangers en Somalie, en 1993, durant lesquelles 16 soldats ont été tués et 83 blessés en un jour[21]. Après avoir longtemps soutenu les forces traditionnelles, au cours des trois dernières années, elles sont devenues le principal intervenant.

Au début de la campagne en Afghanistan, les Américains ont surtout effectué des opérations à partir de bases avancées à l'extérieur du pays. Les Rangers et les forces spéciales terrestres ont mené des raids audacieux après les opérations aériennes des 13 premiers jours. Le 19 octobre, cette force, qui opérait à partir du *Kitty Hawk* de la marine américaine et se servait de bases à Oman et au Pakistan, a attaqué le palais du mollah Omar, près de Kandahar, et un terrain d'aviation à quelque 60 milles de là[22]. Celui-ci (l'objectif « Rhino ») a été attaqué par 199 Rangers que 4 MC-130 ont parachutés à 800 pieds d'altitude. L'appui-feu et la force des Rangers étaient écrasants et l'opposition extrêmement faible[23]. Au même moment, une force héliportée a atterri au palais d'Omar (l'objectif « Gecko »), et les deux cibles ont été prises en moins de 45 minutes. Ces raids de commandos ont été menés pour des raisons psychologiques et aux fins de renseignement, mais ils visaient aussi à tromper les forces des talibans dans le sud du pays.

Au début, le gros des combats s'est déroulé dans le nord, où les escadres d'opérations spéciales utilisaient des MC et des AC-130 à grand rayon d'action et ravitaillés en vol pour appuyer les opérations au sol de l'Alliance du Nord et d'autres forces afghanes. Ces dernières étaient également équipées, entraînées et conseillées par des bataillons qui avaient déployé des détachements Alpha au sol dès le 19 octobre 2001[24]. Ces détachements bénéficiaient souvent du concours du *Special Tactics Squadron Combat Controller* de l'armée de l'air, qui avait envoyé 190 hommes (70% de son effectif total) en Afghanistan pendant les premiers mois de la guerre, avait dirigé 90% des armes à guidage terminal et avait fait larguer plus de 4 400 bombes sur les cibles talibanes[25]. Quand Kandahar, le bastion-clé des talibans, est tombée le 7 décembre 2001, il y avait moins de 300 membres des forces d'opérations spéciales américaines en Afghanistan, mais leur contribution était sans commune mesure avec leur nombre. Lorsque l'Alliance du Nord est devenue plus expérimentée, le personnel des affaires civiles et des opérations psychologiques a commencé à appuyer ses opérations et a mené jusqu'à la fin du conflit des offensives psychologiques par le biais de prospectus et de campagnes radiophoniques.

Une fois la campagne initiale gagnée, des forces sont venues établir des bases à partir desquelles elles ont continué de traquer Al-Quaïda et les chefs des talibans. Un groupe multinational d'opérations spéciales interarmées (K-BAR) s'est déployé à Kandahar et un autre (DAGGER) en

Ouzbékistan, afin de poursuivre les opérations offensives tout en obtenant de l'information plus précise grâce à des missions de reconnaissance et aux informations fournies par les habitants. Des bases ont été établies dans les secteurs d'intérêt et les forces spéciales ont souvent partagé des locaux avec des agents du renseignement, de la guerre électronique, des affaires civiles et des opérations psychologiques tactiques avec lesquels ils assuraient une meilleure protection des forces et une meilleure synergie. Lorsque c'était possible, de petites forces traditionnelles et des militaires afghans renforçaient la sécurité des équipes de spécialistes. Le groupe K-BAR, dirigé par les SEAL du commandement des opérations spéciales de la marine, a mené plus de 75 missions d'action directe et de reconnaissance spéciale en 2002[26].

Après le ralentissement des combats, les forces spéciales ont poursuivi la guerre non traditionnelle en appuyant les forces afghanes et en cherchant à améliorer le renseignement, afin de combattre les chefs d'Al-Quaïda et des talibans et les poches de résistance. Des patrouilles de reconnaissance mobiles et fixes étaient déployées selon les besoins et des forces plus spécialisées étaient en réserve pour attaquer des cibles suspectes. Les forces traditionnelles, qui ont été utilisées en plus grand nombre à partir de ce moment-là, assuraient la sécurité des bases et menaient des opérations de balayage de plus grande envergure. Après l'instauration de l'Autorité de transition et de l'État de transition islamique, elles ont surtout équipé et entraîné l'Armée nationale. Les opérations en Afghanistan « ont nécessité une coordination considérable entre les forces spéciales et les organismes paramilitaires de la CIA »[27].

La campagne en Afghanistan a souvent été qualifiée de guerre d'opérations spéciales, ce qui est vrai dans l'ensemble. La plupart des combats ont été menés soit par des forces spéciales, soit par l'armée de l'air américaine sous le contrôle de ces forces. Les forces spéciales ont permis aux militaires américains d'économiser leurs efforts et leur ont fourni des capacités précises et utiles. Elles n'étaient ni un multiplicateur de forces, ni l'appendice d'une campagne traditionnelle de plus grande envergure. La campagne d'Afghanistan, c'est elles. Au reste, le nombre de pertes qu'elles ont subies est révélateur: au milieu de 2003, elles avaient perdu 39 soldats. Si ce nombre n'est pas excessif après plus de 20 mois de combat, il représente 85% des pertes américaines jusqu'à cette date[28]. Analysant les leçons tirées de cette guerre, Norman Friedman note simplement: « Les forces d'opérations spéciales étaient cruciales pour la victoire »[29]. Pendant la guerre en

Afghanistan, tous les groupes des forces spéciales américaines, tous les bataillons de Rangers, tous les bataillons d'aviation d'opérations spéciales et tous les escadrons tactiques spéciaux ont relayé leurs forces dans tout le pays. À la fin de 2002, en dépit de leur nombre, ils étaient tous épuisés. Les contributions des alliés, si minimes fussent-elles, étaient essentielles et accueillies avec enthousiasme, parce que les forces américaines avaient besoin d'être remplacées. Néanmoins, l'énorme effort des forces spéciales américaines en Afghanistan semble limité par rapport à leur engagement dans la guerre en Iraq en 2003.

LES FORCES D'OPÉRATIONS SPÉCIALES AMÉRICAINES EN IRAK

Si la campagne en Afghanistan passe pour un conflit intra-étatique ou mettant en jeu des acteurs non étatiques, qui se prêtait à l'intervention des forces spéciales, l'invasion de l'Irak est tout autre chose. Il fallait évidemment d'importantes forces traditionnelles pour combattre l'armée de Saddam Hussein, qui était encore viable et bien équipée. Néanmoins, même dans ce conflit plus traditionnel entre des États et des forces modernes, les forces spéciales ont joué un rôle transformationnel.

Pour ces forces, la guerre en Irak de 2003 comportait deux grandes différences avec la guerre du Golfe de 1991. D'abord, elles ont joué un rôle beaucoup plus important en 2003. Ensuite, comme l'observe le général Tommy Franks :

> « Nous avons vu pour la première fois les forces s'intégrer au lieu de se chamailler. Grâce à cette intégration, les forces traditionnelles (aériennes, terrestres et navales) ont pu aider les forces spéciales à contrer efficacement les menaces asymétriques et à viser des objectifs précis en même temps et dans le même espace de combat. [...] De même, les opérateurs spéciaux ont pu faire appel aux forces traditionnelles pour améliorer et faciliter leurs missions »[30].

Cette intégration était particulièrement forte dans le Sud où, d'après un rapport de l'armée américaine, « les actes héroïques des membres des forces spéciales dans le Sud étaient très notables en raison de leur étroite collaboration aux opérations du Ve Corps et de la I MEF [force du Moyen-Orient] »[31]. C'est toutefois dans le Nord et à l'Ouest que les forces spéciales ont joué un rôle très différent de celui qu'elles avaient joué une dizaine d'années plus tôt. La différence était due en partie à l'ampleur de leur effort. Selon un rapport de l'unité de recherche du Congrès, sur une force disponible de 47 000 personnes, dont 10 000 seulement étaient des forces de combat, les États-Unis ont déployé en Irak de 9 000 à 10 000 membres des forces spéciales[32]. À la suite des victoires que celles-ci ont remportées en Afghanistan, le général Franks les a chargées de contrôler et de dominer presque les deux tiers de l'Irak pendant le conflit. Le 5e groupe des forces spéciales devait protéger le flanc gauche du commandement central, contrôler les déserts de l'Ouest et empêcher les Irakiens de déployer des missiles Scud dans la région, comme ils l'avaient fait en 1991[33]. Cette mission a manifestement été exécutée avec succès: les forces spéciales américaines, britanniques et australiennes dans l'Ouest de l'Irak ont pris plus de 50 cibles la première nuit et 50 de plus la nuit suivante, tandis que d'autres forces spéciales contrôlaient d'autres sites potentiels de missiles Scud et d'armes de destruction massive[34].

Quand la Turquie a refusé presque à la dernière minute d'autoriser les Américains et les Britanniques à établir des bases et à transiter, il a fallu réviser tout le plan de campagne dans le Nord de l'Irak. Finalement, la force Viking (commandée par le colonel Charles Cleveland, du 10e groupe des forces spéciales), a été chargée de mener des opérations non traditionnelles avec des groupes kurdes et d'anéantir les forces irakiennes dans le Nord. Bien que quelques détachements Alpha aient été envoyés auparavant, le gros de la force Viking est arrivé en MC-130, le 20 mars 2003[35]. Comme en Afghanistan, des membres du détachement Alpha ont combattu l'opposition militaire et paramilitaire aux côtés des forces autochtones. C'était un rôle normal pour les forces spéciales américaines, mais, pendant la campagne, le colonel Cleveland a pris la tête de 80 000 soldats, comprenant des forces spéciales américaines et alliées, des Kurdes, la 173e brigade aéroportée (qui a effectué un assaut parachuté les 26 et 27 mars 2003), une force opérationnelle de la 1re division blindée, le 26e corps expéditionnaire de Marines et un bataillon de la *10th Mountain Division*, qui ont tous joint ses forces durant la campagne[36].

Il n'avait jamais été question que les forces spéciales attaquent les forces armées iraquiennes, mais leurs victoires sur des forces mécanisées beaucoup plus nombreuses étaient très impressionnantes. À Aski Kalak, le 5 avril, des Peshmerga kurdes et trois détachements Alpha (environ 36 personnes) ont attaqué une force blindée enfouie qui protégeait un pont crucial. L'appui aérien rapproché et les Bérets verts armés de missiles portables Javelin ont détruit tous les véhicules blindés irakiens. Comme l'a dit un soldat: « Pas un seul char [de la coalition] n'était disponible, ni nécessaire »[37]. De même, le 6 avril, au col de Debecka, des membres du 3ᵉ groupe des forces spéciales et 80 Peshmerga légèrement armés ont attaqué une brigade d'infanterie irakienne avec des chars T-55 et des véhicules blindés de transport de troupes. Cet engagement a fait la une des médias à l'époque, car une équipe de la BBC a filmé sur place les victimes d'un tir ami: un aéronef d'appui rapproché a pris les Peshmerga et les soldats qui se trouvaient près d'un T-55 endommagé pour une cible irakienne. Malgré les victimes de ce tir ami, et grâce à la rapidité des missiles aériens et Javelin (qui, selon un combattant, le sergent de première classe Antenori, « valent leur pesant d'or »), les forces légères ont détruit un nombre important de véhicules blindés et forcé les Irakiens à abandonner 8 T-55 et 16 transports de troupes blindés sur le champ de bataille[38].

Les forces spéciales ont fourni environ 8% des forces qui ont combattu au début du conflit dans l'ensemble du pays[39]. Leurs opérations étaient cruciales à l'Ouest et dans le Nord, ainsi que dans le Centre et le Sud. Selon un article du *New York Times* publié le 6 avril 2003, après deux semaines d'opérations, les forces spéciales contrôlaient l'Ouest de l'Irak et les plates-formes de forage pétrolier en mer, avaient sauvé le soldat Jessica Lynch, s'étaient emparées du barrage de Haditha (susceptible de provoquer d'importantes inondations) et des terrains d'aviation H2 et H3 (soupçonnés d'être des sites d'armes de destruction massive), avaient attaqué le palais Thartar de Saddam Hussein, détruit 10 chars au cours de deux attaques de convois près de Ramadi, assuré la sécurité dans le Nord, entraîné des forces kurdes, et traquaient les chefs du régime avec la CIA. Le brigadier-général Gary L. Harrell conclut dans cet article: « [Les forces d'opérations spéciales] faisaient des choses qui n'avaient jamais été faites à une telle échelle et qui ont donné des résultats phénoménaux. [...] Avec les forces d'opérations spéciales, la coalition en a pour son argent »[40].

Certes, toutes les opérations ne se sont pas déroulées comme prévu: les journaux britanniques prétendent que l'insertion d'une escadrille d'embarcations spéciales dans le Nord de l'Irak s'est soldée par la capture de véhicules et la fuite des soldats[41], et une opération au moins a montré aux Américains les risques encourus lorsqu'il n'y a pas de couverture aérienne[42]. Pourtant, dans l'ensemble, les forces spéciales ont beaucoup contribué à la victoire. Comme l'écrit Cordesman dans la section intitulée « *Snake Eaters with Master's Degrees* » de son livre sur cette campagne: « Il est déjà clair que, pour leur part, les États-Unis ont enfin appris que les forces spéciales sont si indispensables qu'elles doivent prendre une expansion considérable. […] Elles sont probablement en passe de devenir un élément crucial de la guerre interarmées à l'ère des guerres asymétriques »[43]. Toutefois, les militaires américains savent bien qu'elles « doivent compléter les forces traditionnelles, et non leur faire concurrence ou les remplacer »[44]. En Irak et en Afghanistan, elles ont prouvé qu'elles sont maintenant indispensables sur les champs de bataille.

Cela a deux conséquences pour le Canada. D'abord, comme les forces spéciales ont prouvé leur utilité, tant contre les menaces asymétriques que comme outil de combat, les Forces canadiennes doivent maintenant déterminer quelle place elles leur accorderont et quel rôle elles leur feront jouer. Ensuite, ces forces sont maintenant sans contredit le quatrième élément des opérations interarmées (en plus des forces aériennes, terrestres et navales) et seules les nations qui en fourniront au commandement des opérations spéciales de la coalition seront informées de la nature des opérations spéciales. Étant donné que celles-ci sont sensibles sur le plan politique, elles sont souvent discrètes et cloisonnées. Le Canada ne saura vraiment ce qui se passe dans les coulisses d'un théâtre d'opérations que s'il déploie des forces spéciales. Il doit donc considérer ces forces comme l'une des quatre contributions possibles à une coalition.

LES NOUVELLES ORIENTATIONS

Généralement, il faut une force normale pour engager le combat et une force extraordinaire pour gagner.

Sun Tzu[45]

Par définition, les forces spéciales sont nécessaires pour les opérations spécialisées qui ne requièrent pas une vaste force traditionnelle. Elles se spécialisent depuis longtemps dans le contre-terrorisme. Des opérations telles que la libération des otages à *Prince's Gate*, à Londres, par le *Special Air Service*, dans les années 1980, illustrent leur rôle dans le contre terrorisme intérieur. Depuis le 9 septembre, ce rôle s'est élargi. Ainsi, en décembre 2001, le Canada allouait des fonds à la « sécurité publique » pour que le ministère de la Défense double la capacité de la Deuxième Force opérationnelle interarmées, y compris sa capacité de combattre le terrorisme à l'extérieur des frontières. Les États-Unis ont dû faire appel aux capacités souvent secrètes, discrètes ou clandestines de leurs forces spéciales pour traquer et attaquer les terroristes ou les dirigeants de certains régimes. Ces forces sont distinctes des forces en grande partie « blanches » ou combattantes dont il est question plus haut. Les États-Unis ont créé des unités de missions spéciales à la fin des années 1970 et au début des années 1980, mais elles ne sont pas sorties de l'ombre avant le 9 septembre. Maintenant, non seulement elles sont sorties de l'ombre, mais leurs rôles sont en train de changer.

Pour déterminer de quelles capacités spécialisées le Canada a besoin, il ne faut pas se baser uniquement sur le passé, mais prévoir des forces congruentes aux situations à venir. Pour ce faire, il faut connaître la différence entre les forces « noires » et « blanches » et comprendre qu'elles ne sont pas statiques.

À la suite des recommandations de la commission Holloway, les États-Unis ont créé une force opérationnelle contre- terroriste permanente. Plusieurs auteurs ont émis l'hypothèse que le commandement des opérations spéciales interarmées assume les fonctions de cette force[46], mais le gouvernement ne l'a jamais confirmé; même le livre du général (retr.) Carl Stiner et de Tom Clancy, qui traite du rôle joué par Stiner quand il a commandé la force opérationnelle contre-terroriste, puis les opérations spéciales, ne parle que d'un groupe interarmées pour les opérations spéciales[47]. Il était pourtant clair, même avant le 11 septembre, que les unités spéciales américaines joueraient un rôle crucial dans la lutte contre le terrorisme. En fait, elles avaient commencé à se préparer bien avant le 9 septembre. Au dire de Richard Clarke, ancien coordonnateur national américain de la sécurité, de la protection de l'infrastructure et du contre-terrorisme, les forces spéciales interarmées dressaient un plan pour capturer un chef d'Al Quaida à Khartoum en 1996, mais, malgré la fameuse recommandation d'Al Gore de « l'attraper par la peau des fesses », la Maison-Blanche a annulé ce plan[48]. Le *9/11 Commission Report* met également en lumière le fait qu'au début de 1998, avant les attaques à la bombe contre les ambassades au Kenya et en Tanzanie, le commandant des forces d'opérations spéciales interarmées et le commandant de la force Delta avaient reçu l'ordre de passer en revue les plans de la CIA pour capturer Ben Laden à la ferme Tarnak, où quatre membres du 3ᵉ Bataillon, *Princess Patricia's Canadian Light Infantry*, ont été tués en 2002[49]. Manifestement, les forces spéciales américaines assument depuis longtemps un rôle clé au sein des organismes nationaux, qui déborde largement le cadre des opérations interarmées.

Selon plusieurs journalistes, ce sont ces forces d'opérations stratégiques nationales qui ont mené une série d'opérations en grande partie clandestines, destinées à traquer, capturer ou éliminer les chefs d'Al Quaida, des talibans et, plus tard, du régime irakien. D'après un article du *New York Times*, deux forces traquant « des cibles d'un grand intérêt », la Force opérationnelle 5 en Afghanistan et la 20 en Irak, ont été remplacées pendant l'été 2003 par la Force opérationnelle 121, dont le mandat était plus étendu[50]. La Force 20 était apparemment chargée de recueillir des informations sur les fils de Saddam Hussein, Ouday et Qousay, et de les capturer le 22 juillet 2003.

Selon le *Washington Post*, les forces spéciales auraient été divisées sur la manière d'attaquer ces cibles[51]. La capture de Saddam Hussein par la Force 121, le 13 décembre de l'année dernière, a donné raison aux partisans des forces opérationnelles interarmées désignées par un numéro[52]. Comme au cours des opérations précédentes, le renseignement fourni par divers organismes et analysé par la Force 121 a beaucoup contribué à la réussite de cette entreprise. Selon *Newsweek*, la Force 121, « un mélange de renseignement civil et de puissance militaire », continuait en 2004 à traquer Oussama ben Laden en Afghanistan[53].

Rumsfeld, le secrétaire américain à la Défense, a fait pression pour donner au commandement des opérations spéciales un rôle plus important dans la lutte contre le terrorisme international, parce qu'il était persuadé que ce commandement était capable de créer et d'exploiter des forces inter-organisationnelles utiles, coordonnées et réceptives. Depuis janvier 2003, ce commandement ne se contente plus d'apporter son concours aux commandants régionaux; il mène lui-même des opérations[54]. Pour se préparer à cette nouvelle tâche, il a doté son quartier général d'un centre qui consolide le renseignement, la planification et les opérations afin de mieux traquer et « démanteler les réseaux terroristes dans le monde »[55].

Les transformations que subissent continuellement, semble-t-il, les forces spéciales ne cesseront sans doute pas bientôt. Au cours d'une récente conférence, le lieutenant-général Norton Schwartz, l'officier supérieur des opérations du Pentagone, a annoncé que d'autres changements plus fondamentaux seront nécessaires. « Cette communauté a besoin de changer. [...] Nous devons leur ressembler plus [aux terroristes] qu'ils ne nous ressemblent », a déclaré Schwartz, qui préconise davantage d'éléments de renseignement humain et électromagnétique dans les forces spéciales[56]. Des changements plus importants encore vont peut-être survenir. La commission du 9/11 a en effet recommandé que « la direction et l'exécution des opérations paramilitaires, qu'elles soient clandestines ou secrètes, soient assumées par le ministère de la Défense [et non plus par la CIA] et étayées par les capacités d'entraînement, de direction et d'exécution des opérations que met au point le commandement des opérations spéciales »[57]. Des commentateurs tels que Jennifer Kibbe ont exprimé des doutes sur la légalité des opérations militaires secrètes américaines, mais ce genre de consolidation semble jouir d'un soutien accru[58].

QUELQUES OBSERVATIONS SUR LES FORCES SPÉCIALES MODERNES

Le présent article n'a donné qu'un aperçu des structures actuelles des forces spéciales, des opérations récentes et des tendances à venir. Il a fallu laisser beaucoup de choses de côté, faute de place et de sources du domaine public. En particulier, les forces spéciales jouent un rôle très important dans le contre-terrorisme à l'échelle nationale, dont il n'est pas beaucoup question ici: au Canada, au Royaume-Uni, en Australie et en Nouvelle-Zélande, ce sont les premières forces d'intervention. Même aux États-Unis, où la loi *Posse Comitatus* limite l'intervention des militaires sur le territoire national, les forces spéciales jouent, de concert avec le *Department of Homeland Security* et le FBI, des rôles qui ont une priorité très élevée.

Les contributions du Canada et du Commonwealth au cours des dernières années ont aussi été passées sous silence. Bien que les opérations des Américains aient une envergure beaucoup plus grande que celles de leurs alliés, les Britanniques, les Canadiens, les Australiens et les Néo-Zélandais ont mené des opérations similaires. Il est possible de tirer des observations générales de ces expériences collectives.

Premièrement, les forces spéciales sont réellement devenues le quatrième élément des opérations interarmées. Elles ne sont pas seulement un ajout, un multiplicateur de force ou une composante facultative, elles sont indispensables. Sans elles, une coalition aurait moins de chances d'être victorieuse. Une nation qui ne possède pas de forces spéciales et doit demander aux coalisés de lui en fournir ne saura probablement pas ce qui se passe dans les coulisses et sera moins capable de faire valoir ses prérogatives en matière de souveraineté au cours des opérations.

Deuxièmement, ces forces sont aujourd'hui très demandées et continueront à l'être. Nos plus proches alliés améliorent tous leurs capacités en la matière, souvent aux dépens des autres services. Les forces spéciales australiennes comportent un bataillon d'infanterie, les Britanniques réduisent l'effectif de leur infanterie mais renforcent leurs forces spéciales, et les États-Unis donnent la primauté à ce renforcement. Tandis que les armées réduisent leurs effectifs pour rationaliser leurs capacités et leurs dépenses, les forces spéciales prennent de l'importance et reçoivent une plus grande part des maigres fonds.

Troisièmement, la doctrine des forces spéciales américaines stipule depuis des années « qu'on ne peut pas mettre sur pied des forces d'opérations spéciales compétentes après une crise. » Il faut des années pour structurer une telle organisation et former du personnel compétent. Si les forces d'opérations spéciales américaines étaient prêtes à intervenir après le 9 septembre, c'était uniquement parce que, comme l'a déclaré en 2002 le général de l'armée de l'air, Charles Holland: « les visionnaires politiques et militaires [...] ont créé ce commandement pour doter les États-Unis d'une force entraînée, équipée et prête à combattre de tels adversaires [les terroristes] et à les éliminer »[59]. Il est clair que les trois services ne proposeront pas des structures interarmées avec les forces spéciales aux dépens de leurs capacités fondamentales. Il faudra prendre des décisions difficiles et, pour contrer d'éventuelles menaces, il faut les prendre maintenant.

Quatrièmement, utilisées à bon escient, les forces spéciales permettent de retirer des gains sur les plans militaire, diplomatique et politique, qui sont sans commune mesure avec leur nombre. Elles sont rentables. En cas de conflit, elles sont efficaces dans toutes les opérations; elles comprennent les besoins des autres ministères et connaissent bien les objectifs tactiques, opérationnels et stratégiques. Bien armées, bien exploitées et appuyées par des forces interarmées, ce sont des combattants de haut calibre, dont la contribution à une coalition est aussi importante que celle de n'importe quel autre service. Elles peuvent être des « ensembles » de forces auxquelles le Canada a les moyens de donner un calibre international et auxquelles les alliés feront appel.

Cinquièmement, pour bien exploiter les forces antiterroristes, il faut qu'elles collaborent avec d'autres organismes au renseignement ou à l'amélioration du renseignement. Ces forces ne mènent pas des opérations militaires traditionnelles et ne devraient pas le faire. Pour avoir une efficacité maximale, elles doivent être intégrées dans des formations homogènes et disposer de tout ce dont elles ont besoin. Au Canada, la Deuxième Force opérationnelle interarmées fournit le fer de lance, mais peut-on se mettre à chercher la hampe lorsque la crise éclate? Il ne faut toutefois pas faire un mauvais usage des forces antiterroristes. Confier à la Deuxième Force opérationnelle interarmées des tâches relevant des forces spéciales serait mal exploiter cette ressource stratégique et pourrait nuire aux opérations antiterroristes qu'elle effectue pour protéger les Canadiens. Le Canada a besoin de forces spéciales polyvalentes, pouvant intervenir dans des situations très diverses et être combinées le cas échéant.

Sixièmement, les forces spéciales sont précises, létales et distinctes. Lors des opérations préventives et de celles qui sont menées pendant et après un conflit, elles font partie de la solution et non du problème. Elles peuvent être préparées de manière à connaître la région dans laquelle elles se déploieront et à pouvoir communiquer avec les autochtones, et elles s'entraînent pour fonctionner et combattre dans des environnements complexes et sensibles. En général, les éventuels dommages collatéraux sont évalués en fonction des objectifs non seulement militaires, mais politiques et humanitaires.

Enfin, comme on l'a vu en Afghanistan et en Irak, toutes les forces spéciales ne sont pas égales. Ce serait une erreur de faire mener à des forces antiterroristes une guerre non traditionnelle à découvert. Les unités d'action directe comme les Rangers ne sont pas faites pour des tâches sophistiquées ou pour conquérir « les cœurs et les esprits ». Si les armées ont besoin de diverses capacités traditionnelles, elles ont aussi besoin de diverses capacités en matière de forces spéciales, qui doivent compléter et non calquer les autres, surtout dans une petite force. De même que toutes les forces spéciales ne sont pas égales, toutes les nations n'ont pas les moyens de mettre sur pied des forces spéciales complexes et crédibles. Les pays du Groupe des Huit, dont le Canada, peuvent se doter de cette composante hors pair, mais de nombreux pays ne le peuvent pas.

LE CANADA CONTINUERA-T-IL À SE CRAMPONNER AU PASSÉ?

Le présent article a commencé par poser des questions élémentaires sur l'importance de la défense. Les changements actuels et antérieurs sont-ils trop mineurs et trop progressifs? Au moment où nous repensons l'organisation de notre force, nous devons nous poser des questions difficiles sur les opérations discrétionnaires et non discrétionnaires. Quelles options les Forces canadiennes *doivent-elles* pouvoir donner rapidement au gouvernement en cas de crise? Étant donné que pratiquement n'importe quelle capacité de défense est un lourd fardeau pour les contribuables, nous devons nous assurer que nos forces seront congruentes, vigoureuses et prêtes. En cas de coalition, elles ne doivent pas se contenter de grossir les rangs mais contribuer à la victoire. Si elles sont capables de contrer les menaces asymétriques à l'échelle nationale, cela ne peut qu'augmenter leur pertinence. Il est communément admis que les forces spéciales peuvent réagir aux menaces asymétriques non discrétionnaires du futur contexte de sécurité.

Cet article a montré comment les forces spéciales mènent une guerre ou y participent. Ce sont des forces compatibles avec les aspirations du Canada et les réalités économiques. Elles conviennent autant à la puissance douce de la diplomatie et au renforcement des capacités qu'à la lutte armée. Plusieurs modèles applicables au Canada ont été proposés[60], mais il faut d'abord que les Forces canadiennes admettent qu'elles doivent se modifier pour demeurer abordables et pertinentes. Si la plupart des officiers ne doutent pas de l'utilité des forces spéciales, ils sont nombreux à penser qu'une petite armée n'a pas les moyens d'en avoir. Or, à une époque où les menaces asymétriques sont continuelles, le Canada ne peut pas se permettre de ne pas avoir de forces susceptibles de protéger ses ressortissants au pays et à l'étranger et de combattre ses ennemis, le cas échéant.

Au moment où le gouvernement entreprend un examen approfondi des besoins en matière de défense, les planificateurs militaires devront trouver des solutions novatrices pour se doter de capacités adaptées, solides, précises et abordables. Cela signifie qu'il faudra abandonner des capacités plus anciennes et moins utiles, datant de la guerre froide. Au début des années 1990, le chef d'état-major de la Défense, le général John de Chastelain, a comparé la politique du Canada à un « acrobate sur les ailes d'un avion ». Dans un contexte de sécurité en mutation, nous nous comportons comme un acrobate sur les ailes d'un avion, dont le secret de la réussite est de ne jamais lâcher prise avant de se cramponner à autre chose. Pour le général de Chastelain, l'avion était notre politique de défense nationale. Nous vivons de nouveau dans un monde où le contexte de sécurité se transforme. Nous voyons que les forces spéciales sont les prises solides qui nous permettront de traverser les turbulences des menaces asymétriques, mais nous hésitons à lâcher les bons vieux crampons de la structure actuelle de notre force. Si nous y regardons de plus près, nous verrons que certains des crampons auxquels nous

nous fions le plus ont rouillé au fil des ans et que d'autres sont hors de prix et donc inaccessibles. Certains d'entre eux ne servent plus depuis des dizaines d'années, mais ils continuent de peser sur l'aéronef. D'autres ne sont peut-être même plus attachés à la cellule. Le monde a changé et nous n'avons pas beaucoup d'argent. Oui, nous devons vraiment réfléchir.

NOTES

1   Note de service du 16 octobre 2003 au général Richard Myers, CJCS, au général Peter Pace, VCJCS, à Paul Wolfowitz, secrétaire adjoint à la Défense et à Douglas Feith, sous-secrétaire à la Défense pour la politique. Voir http://www.globalsecurity.org/military/library/policy/dod/rumsfeld-d2003 1016sdmemo.htm.

2   À la suite du rapport de 1998 sur la défense stratégique, le ministère de la Défense du Royaume-Uni a publié un livre blanc mis à jour en 1999, un « nouveau chapitre » de l'examen de la défense en 2002, un nouveau livre blanc en 2003 et enfin un Defence Command Paper en 2004. Chaque document a entraîné d'importants remaniements structurels et stratégiques dans ce ministère. Voir http://www.mod.uk/publications/index.htm.

3   E. Schmitt et T. Shanker, « Special Warriors Have Growing Ranks and Growing Pains », dans « Taking Key Antiterror Role », *The New York Times*, le 2 août 2004, http://www.nytimes.com/2004/08/02/politics/02mili.html.

4   http://www.johnkerry.com/issues/national_security/military.html. Consulté le 30 août 2004.

5   Schmitt et Shanker, *op. cit.*

6   R. Wall, « Sharpening the Sword, » *Aviation Week and Space Technology*, vol. 160, no 8, le 23 février 2004, 80.

7   http://www.mod.uk/issues/security/cm6269/index.html, consulté le 2 août 2004.

8   S. Rayment, « SAS creates a new squadron to counter threat from Al Qaeda, » *The Telegraph*, le 7 mars 2004. http://www.telegraph.co.uk/news/main.jhtml?xml=/news/2004/03/07/wbin107.xml

9   S. Rayment, « Britain forms a new special forces unit to fight the Al Qaeda », *The Telegraph*, le 25 juillet 2004. http://www.telegraph.co.uk/

news/main.jhtml?xml=/news/2004/07/25/nrsr25.xml

10 Le commandant des opérations spéciales, un major-général, a le même grade que les chefs des autres services. http://www.defence.gov.au/terrorism/

11 Voir les propos des commandants supérieurs australiens lors d'une conférence de presse: http://www.defence.gov.au/media/2002/73002.doc et http://www.defence.gov.au/media/2003/ACF17A.doc

12 Le général Henry Shelton, ancien chef de l'état-major interarmées, était à la tête des opérations spéciales en 1996-1997. Le général Peter Schoomaker lui a succédé pendant 3 ans; en 2000, après avoir pris sa retraite, il a été nommé chef d'état-major actuel de l'armée américaine, poste qu'il détient toujours. Le lieutenant-général Norton Schwartz, le J3 actuel au Pentagone, a aussi des liens étroits avec les forces d'opérations spéciales.

13 S.L. Marquis, *Unconventional Warfare: Rebuilding U.S. Special Operations Forces*, Washington, DC, Brookings Institution, 1997. Voir surtout le chapitre six, « Legislating Change ». Ce livre n'est pas seulement utile à ceux qui s'intéressent à l'histoire des forces spéciales, c'est aussi une excellente étude de cas de l'acquisition d'une capacité et de la résistance institutionnelle au changement.

14 Field Marshal Slim, *Defeat into Victory*, New York, NY, David Mackay, 1961, 99.

15 Pour des témoignages sur la mission de libération des otages en Iran, voir J. Kyle, *The Guts to Try*, New York, NY, Orion Books, 1990, ou C. Beckwith, *Delta Force*, New York, NY, Harcourt, Brace and Jovanovich, 1983.

16 Amiral J.L. Holloway, et al., Report of the Review Group into the Iranian Hostage Rescue Operation, le 23 août 1980. Rapport disponible à l'adresse: http://www.gwu.edu/~nsarchiv/NSAEBB/NSAEBB63/doc8.pdf

17 W.H. McRaven, *Spec Ops: Case Studies in Special Operations Warfare: Theory and Practice*, Novato, CA, Presido Press, 1996.

18 Pour un bref examen critique de ces opérations, voir R.A Gabriel, *Military Incompetence: Why the American Military Doesn't Win*, New York, NY, Hill and Wang, 1985.

19 Ce qui suit se base principalement sur « Transforming the Force at the Forefront of the War on Terrorism », The United States Special Operations Forces Posture Statement 2003-2004, consulté à l'adresse: http://www.

defenselink.mil/policy/solic/2003_2004_SOF_Posture_Statement.pdf. Divers sites publics ont également été consultés, notamment www.special operations.com et www.specwarnet.com. L'information recueillie sur Internet a été confirmée lorsque c'était possible.

20 En fait, les deux régiments étaient jumelés. Leur organisation à l'échelle de la compagnie et leur matériel étaient très semblables.

21 Ces incidents survenus les 3 et 4 octobre font l'objet du livre de M. Bowden, *Black Hawk Down: A Story of Modern War*, New York, NY, G.K. Hall, 2000, et du film portant le même titre. Pour un bref examen de cette opération et d'autres opérations du commandement des opérations spéciales avant l'Irak, voir *US SOCOM History*, Commandement américain des opérations spéciales, MacDill AFB:SOCOM, édition du 15e anniversaire, 2002, disponible à l'adresse: http://www.socom.mil/Docs/15th_aniversary_history.pdf

22 J. Burke, et al., « US special forces kill 20 in fierce Afghan firefight » *The Guardian Observer*, le 21 octobre 2001. Consulté à l'adresse: http://www.guardian.co.uk/waronterror/story/0,1361,578138,00.html le 8 août 2004. Certaines de ces affirmations sont confirmées dans R. Moore, *The Hunt for Bin Ladin: Task Force Dagger – On the Ground with the Special Forces in Afghanistan* New York, NY, Random House, 2003, 28-29. Pour connaître l'opinion du commandant de CENTCOM sur ces opérations initiales, dont il parle en détail, voir général Tommy Franks et de Malcolm McConnell, *American Soldier*, New York, NY, Regan Books, 2004, 303-305.

23 R. Kriper, « Into the Dark: The 3/75th Ranger Regiment », *Special Warfare*, septembre 2002, 6-7.

24 Voir le compte rendu du détachement Alpha 595 dans « The liberation of Mazar-e Sherif: 5th Group conducts UW in Afghanistan », *Special Warfare*, vol. 15, no 2, juin 2002, 34-41. Selon Moore, *op. cit.*, 104, le détachement Alpha 595 était la première force sur le terrain pendant la guerre. D'après CNN et le *Guardian*, des forces spéciales américaines et britanniques étaient en Afghanistan le 28 septembre 2001, mais aucune autre source ne confirme ces allégations. Voir http://www.cnn.com/2001/US/09/28/ret.special.operations/ et http://www.guardian.co.uk/international/story/0,,560245,00.html. En fait, l'insertion des forces spéciales avait été planifiée beaucoup plus tôt. Franks, *op. cit.*, 296-300, dit avoir été irrité par ce retard de dix jours causé surtout par les conditions météorologiques et la poussière.

25 Colonel J.T. Carney fils et B.F. Schemmer, *No Room for Error: The Covert Operations of America's Special Tactics Units from Iran to Afghanistan*, New

York, NY, Ballantine, 2002, 274-275. Pour les opérations des forces spéciales de l'armée de l'air, voir aussi M. Hirsh, *None Braver: U.S. Air Force Pararescuemen in the War on Terrorism*, New York, NY, New American Library, 2003.

26   Voir http://www.navsoc.navy.mil/navsoc_missions.asp

27   F.L. Jones, « Army SOF in Afghanistan: Learning the Right Lessons », *Joint Forces Quarterly*, hiver 2002/2003, 18.

28   Carney et Schemmer, op *cit*, 284.

29   N. Friedman, *Terrorism, Afghanistan and America's New Way of War*, Annapolis, MD, Naval Institute Press, 2003, 221. [TCO]

30   Exposé présenté devant le Senate Armed Services Committee, le 9 juin 2003. Cité dans *Lessons of the Iraq War: Summary Briefing* de A.H. Cordesman, CSIS, Washington, le 15 juillet 2003, à l'adresse: http://www.csis.org/features/iraq_instant lessons_exec.pdf. Consulté le 24 juillet 2003.

31. Colonel (retr.) G. Fontenot, et al, *On Point: The United States Army in Operation IRAQI FREEDOM*, Centre for Army Lessons Learned, U.S. Army, Fort Leavenworth, 2003. Consulté à l'adresse: http://www.globalsecurity.org/military/library/report/2004/onpoint/ch-8.htm.

32   R. O'Rourke, coordonnateur, *Iraq War: Defense Program Implications for Congress*. CRS Report RL31946, Congressional Research Service, Washington, le 4 juin 2003, 40-42.

33   W. Murray et major-général (retr) Robert H. Scales fils, *The Iraq War: A Military History*, Cambridge, MA, Belknap Press, 2003, 185.

34   A.H. Cordesman, *The Iraq War: Strategy, Tactics and Military Lessons*, Washington, DC, The CSIS Press, 2003, 59. Voir aussi « Australian Forces Go Scud Hunting in Western Iraq », *Jane's Intelligence Review*, juillet 2003, 20-22, et « Interview with MGen Duncan Lewis », dans le même numéro, 56.

35   Pour des chapitres détaillés sur la force VIKING, voir Robin Moore, *Hunting Down Saddam: The Inside Story of the Search and Capture*, New York, NY, St. Martin's Press, 2004.

36   Murray et Scales, op. *cit*., 189-190.

37 Cité dans Moore, *Hunting Down Saddam*, 44.

38 G. Gilmore, « Special Operations Troops Recount Iraq Missions », American Forces Information Service, Washington, DC, le 5 février 2004. Consulté à l'adresse: http://www.defenselink.mil/news/Feb2004/n02052004_200402057.html

39 Cordesman, *The Iraq War*, 362.

40 T. Shankar et E. Schmitt, « Covert Units Conduct a Campaign Invisible Except for the Results », *The New York Times*, le 6 avril 2003, consulté à l'adressse: http://query.nytimes.com/search/restricted/article?res le 14 août 2004.

41 T. Harding, « Shake-up in Special Boat Service over claims it 'panicked and fled' in Iraq », *The Daily Telegraph*, le 26 juillet 2004, consulté à l'adresse: http://portal.telegraph.co.uk/news/main.jhtml?xml=/news/2004/07/26/nsbs26.xml.

42 S. Voegel, « Far from Capital, A Fight That US Forces Did Not Win », *The Washington Post*, le 10 avril 2003, 38.

43 Cordesman, *The Iraq War*, 364-365.

44 Joint Publication 3-05, *Doctrine for Joint Special Operations*, le 17 décembre 2003, I-1. Consulté à l'adresse: http://www.dtic.mil/doctrine/jel/new_pubs/jp3_05.pdf.

45 Sun Tzu, *The Art of War*, traduit par Samuel B. Griffith, Londres, Oxford University Press, 1963, 91.

46 D.C. Martin et J. Walcott, *The Best Laid Plans: The Inside Story of America's War Against Terrorism*, New York, NY, Harper and Row, 1988, ou J.D. Kibbe, « The Rise of the Shadow Warriors », *Foreign Affairs*, vol. 83, no 2, mars/avril 2004, 102-116. Franks, *op. cit.*, parle des opérateurs d'élite et des unités de mission spéciale du Commandement interarmées des opérations spéciales.

47 Général (retr.) C. Stiner, T. Clancy et T. Koltz, *Shadow Warriors: Inside the Special Forces*, New York, NY, G.P. Putnam's Sons, 2002.

48 R. Clarke, *Against All Enemies: Inside America's War on Terror*, New York, NY, Free Press, 2004, 144-145.

49 T.H. Kean et al., *The 9/11 Commission Report*, Government Printing Office,

Washington, le 22 juillet 2004, 112-113. Consulté à l'adresse: http://www.9-11commission.gov/report/911Report.pdf

50 T. Shanker et E. Schmitt, « Pentagon says a Covert Force Hunts Hussein », *The New York Times*, le 7 novembre 2003.

51 Selon les Bérets verts, au moins deux cibles importantes leur ont échappé en Afghanistan parce qu'on a fait intervenir des unités éloignées et non celles qui étaient sur les lieux. Dans les deux cas, ils estiment que la lenteur de l'intervention des forces d'élite a permis aux chefs talibans de s'échapper. Voir G.L. Vistica, « Military Split on How to Use Special Forces in Terror War », *The Washington Post*, le 5 janvier 2004.

52 Voir R. Moore, *Hunting Down Saddam*, 227-256, pour la présentation la plus exhaustive de cette opération, baptisée « Red Dawn ».

53 M. Hirsh et al., « The Hunt Heats Up », *Newsweek*, vol. 143, no 11, le 15 mars 2004, 46-49. Selon cet article, la Force 121 était commandée à l'époque par William McRaven, un officier des SEAL, auteur des *Spec Ops* cité plus haut, et elle était « la SEAL la plus douée qui n'ait jamais existé». Cette affirmation est peut-être juste, mais elle fera certainement sourire de nombreux membres des forces spéciales américaines.

54 Apparemment, ce sujet a été discuté dès septembre 2002. Voir S. Schmidt et T.E. Ricks, « Pentagon Plans Shift in War on Terror », *The Washington Post*, le 18 Septembre 2002, A01. Voir aussi J. Kibbe, *op. cit.*, 110.

55 T. Breen, « U.S. Special Operations Command », *Armed Forces International*, juillet 2004, 46.

56 R. Wall, « Sharpening the Sword: Special Operations clamors for better ISR, but cultural change also deemed critical », *Aviation Week and Space Technology*, vol. 160, no 8, 23 février 2004.

57 T.H. Hearn, et al, *The 9/11 Commission Report*, 451.

58 Pour une analyse des sujets en question, voir J. Kibbe, *op. cit.*, E. Schmitt et T. Shanker, « Special Warriors Have Growing Ranks and Growing Pains in Taking Key Antiterror Role », *The New York Times*, le 2 août 2004; Richard Ladner, « Special Ops, CIA Mix In War Stir Legal Questions », *Tampa Tribune*, le 29 février 2004 et Colonel Kathryn Stone, « *All Necessary Means – Employing CIA Operatives in a Warfighting Role Alongside Special Operations Forces* », USAWC Strategy Research Project, US Army War College, Carlisle Barracks, Penn, le 7 avril 2003. Il faut rappeler que *secret* a un sens particulier aux États-Unis. Une opération clandestine est

destinée à rester cachée jusqu'à son exécution, une opération secrète, à cacher l'identité de celui qui l'a organisée, les États-Unis en l'occurrence. Il est peu probable que le gouvernement canadien mène des opérations secrètes, mais les opérations clandestines et discrètes sont jugées incontournables pour la sécurité du pays. Ceci dit, elles demandent une étroite surveillance.

59 T. Breen, o*p. cit.*, 47.

60 Voir l'article du major Brister dans ce numéro, et la Direction - Concepts stratégiques (opérations terrestres) des Forces canadiennes, *Future Force: Concepts for Future Army Capabilities*, Kingston, 2003, 176-179.

Partie III

*La voie à suivre pour
les Forces d'opérations spéciales
canadiennes*

CHAPITRE 11

Est-ce une mission impossible?
Trouver des Forces spéciales pour l'armée de terre canadienne

Major Tony Balasevicius

Depuis leur création au début de la Seconde Guerre mondiale, les Forces spéciales (FS) modernes[1] n'ont cessé de croître pour en arriver à former un élément essentiel de l'arsenal militaire d'un pays. Dans la période de l'après-guerre froide, elles se sont révélées tout particulièrement populaires auprès des dirigeants politiques en raison de leur présence discrète, de leur faible visibilité et de leur capacité d'accomplir une multitude de missions délicates. On pouvait, grâce à elles, éliminer des déploiements nationaux plus importants, ce qui réduisait les risques de pertes élevées et évitait d'éventuels problèmes politiques.

L'utilité des FS s'est manifestée de façon plus particulière après l'attentat terroriste du 11 septembre 2001 commis contre les États-Unis. On cherche depuis à accroître leurs capacités et à étendre leur portée ; on s'attend aussi à ce qu'elles soient de plus en plus sollicitées au cours des prochaines années. C'est ainsi que depuis le 11 septembre, les FS ont été appelées à jouer des rôles de premier plan dans les récentes opérations menées en Afghanistan, en Irak et aux Philippines. Ces opérations fort médiatisées ne représentent qu'une petite partie de l'engagement constant et croissant que prennent les pays occidentaux au regard des FS[2]. Rien de surprenant à ce que les FS soutiennent une telle cadence opérationnelle étant donné tout ce qu'elles peuvent accomplir, qu'il s'agisse de reconnaissance lointaine et d'actes de sabotage derrière les lignes ennemies pour faire obstacle au terrorisme, ou encore de formation de forces militaires étrangères.

La plupart des forces militaires modernes disposent maintenant de FS, sous une forme ou sous une autre. Selon Robin Neillands, auteur de *In the Combat Zone: Special Forces Since 1945*, on compte plus de 287 unités des forces spéciales à travers le monde, actives dans 66 pays ou états[3], ce qui explique que l'Armée de terre canadienne, dans le cadre de son étude sur le développement de la force, cherche à s'en doter. On examine entre autres la possibilité de mettre sur pied une formation qui s'inspirerait des Rangers américains et à qui l'on confierait des opérations d'action directe (AD).

Un tel projet doit bien sûr s'appuyer sur une analyse critique qui fournira des réponses à certaines questions fondamentales. Il importe notamment de savoir de quelle façon cette organisation permettrait au Canada de mieux composer avec les différentes contingences auxquelles les FS sont appelées à faire face, et de savoir si la formation d'une telle unité contribuerait à améliorer les capacités canadiennes et à répondre à des objectifs stratégiques. Même s'ils constituent une force d'infanterie légère exceptionnelle, riche d'un dossier reluisant et qu'ils relèvent du *Special Operations Command* (SOCOM) des États-Unis, les Rangers américains effleurent tout au mieux le domaine des FS. Depuis leur création, les Rangers sont organisés, entraînés et équipés pour participer à un éventail d'opérations très réduit. De plus, leur structure et les tâches qui leur sont confiées les rendent peu utiles pour le Canada. La complexité du sujet traité nous amène à nous concentrer sur le concept des Rangers en tant que FS, à suivre l'évolution de cette formation et à examiner le rôle qu'elle a été appelée à jouer au fil des ans. Nous pourrons ainsi identifier ses forces et ses limites à partir de son expérience opérationnelle et évaluer la valeur d'une unité de Rangers dans le contexte canadien.

Comme pour tout concept de doctrine, les pays donnent aux opérations spéciales des définitions différentes. Aux fins du présent document cependant, nous nous en remettrons à la doctrine américaine et nous nous intéresserons avant tout aux modèles américains des FS puisque c'est dans ce contexte que les Rangers ont évolué. Selon la doctrine américaine relative aux opérations spéciales interarmées, les opérations confiées aux FS sont:

> [...] les opérations menées dans des zones hostiles, interdites ou délicates sur le plan de la politique, dans le but d'atteindre

des objectifs militaires, diplomatiques, informationnels ou économiques en utilisant des moyens militaires non conventionnels. Ces opérations exigent souvent des moyens secrets, clandestins ou discrets. Les opérations spéciales (OS) s'appliquent à l'ensemble des opérations militaires. Elles peuvent être menées en autonomie ou de concert avec les opérations entreprises par des forces conventionnelles ou d'autres organismes gouvernementaux, et comprendre des opérations réalisées par des forces indigènes ou auxiliaires, ou encore avec l'aide ou par l'entremise de celles-ci. Les OS se distinguent des opérations conventionnelles par le niveau de risque qu'elles comportent sur les plans physique et politique, les techniques d'opération, leur emploi, l'autonomie face au soutien provenant des forces amies et le fait qu'elles doivent compter sur du renseignement opérationnel détaillé et des ressources locales[4].

Les unités des FS sont organisées et formées en vue de remplir neuf missions principales[5], à savoir la contre-prolifération (CP), le contre-terrorisme (CT), la sécurité intérieure étrangère (SIE), la reconnaissance spéciale (RS), l'action directe (AD), les opérations psychologiques (OPSPSY), les affaires civiles (AC), la guerre non conventionnelle et les opérations d'information (OI)[6]. Viennent s'y greffer de nombreuses tâches, généralement connues sous le nom d' « activités collatérales », que les FS remplissent en raison de leurs compétences uniques et de leur entraînement bien particulier. Ces activités comprennent le soutien à la coalition, la recherche et le sauvetage de combat (RESCO), la lutte antidrogue, le déminage humanitaire, l'aide humanitaire, l'assistance à la sécurité ainsi que d'autres activités spéciales.

Il est intéressant de noter que nombre de ces missions, qu'il s'agisse de missions principales ou d'activités collatérales, ne sont pas nécessairement le fait de circonstances opérationnelles. Selon Thomas K. Adams, auteur de *US Special Operations Forces in Action: The Challenge of Unconventional Warfare*, « cette liste n'est qu'un ramassis d'anciennes missions conventionnelles, non conventionnelles et ordinaires dont certaines, en fait, se rattachent à d'autres. Elle témoigne d'une certaine façon de la volonté générale des dirigeants des FS de considérer pratiquement n'importe quelle mission comme étant du ressort des FS »[7]. Il ajoute qu'« en acceptant ainsi n'importe quel genre de mission, on a l'impression que les FS cherchent à montrer de quoi elles sont capables et à rivaliser avec toutes les autres organisations afin de s'approprier une part d'un budget militaire à la baisse. C'est ainsi qu'on y trouve des activités qui, de toute évidence, sont et doivent être conventionnelles »[8].

Les neuf missions principales et les sept activités collatérales découlent de trois missions centrales qui se sont presque toutes développées à partir des capacités mises en œuvre pour répondre à des exigences opérationnelles bien particulières de la Seconde Guerre mondiale.

Ces trois missions sont l'action directe (AD), la reconnaissance spéciale (RS) et la guerre non conventionnelle (UW). Elles sont ainsi mises en évidence parce que les FS modernes sont habituellement organisées, équipées et entraînées pour intervenir dans l'un ou l'autre de ces trois domaines. Les capacités résiduelles acquises au cours de l'entraînement donnent lieu à un certain recoupement, mais il importe de comprendre qu'il y a des limites à ce que les FS peuvent accomplir au cours de ces missions. C'est ainsi que les opérations d'action directe peuvent se subdiviser en actions de grande envergure confiées à des unités comme les commandos de l'Armée britannique et les Rangers américains, ou en opérations de faible envergure qui exigent des attaques plus précises lancées par des forces plus petites, le *Special Air Service* (SAS) par exemple. De même, la guerre non conventionnelle peut comprendre des missions qui reviennent à des forces plus importantes comme l'ancien *Office of Strategic Services* (OSS), des groupes opérationnels (GO) et les Forces spéciales américaines actuelles[9], ou à des équipes de liaison plus petites comme les équipes *Jedburg* auxquelles les Alliés[10] ont fait appel au cours de la Seconde Guerre mondiale. Comme chacune des missions centrales exige des forces extrêmement spécialisées en termes d'organisation, d'entraînement et

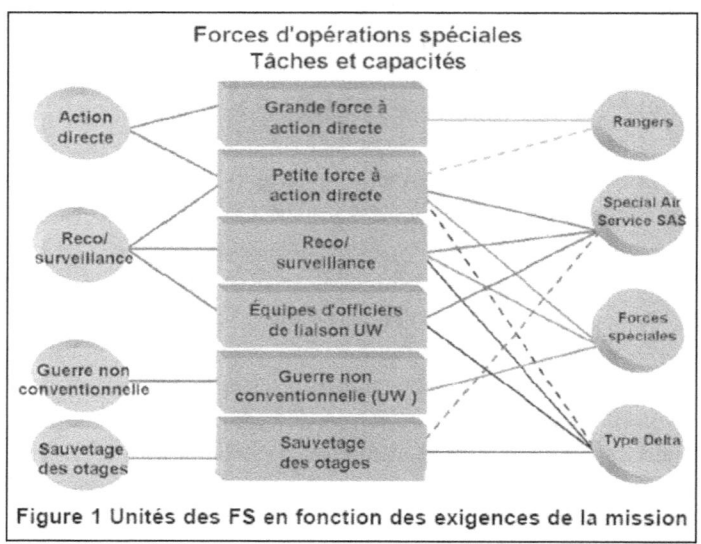

Figure 1 Unités des FS en fonction des exigences de la mission

d'équipement, les FS se spécialisent en général dans les opérations d'action directe de grande et de faible envergures ainsi que dans les missions de reconnaissance spéciale[11] ou de guerre non conventionnelle. Quant aux Rangers, ils s'occupent habituellement des opérations d'action directe de grande envergure[12].

Le principal problème que posent les unités spécialisées dans des opérations d'action directe de grande envergure vient de leur tendance à faire concurrence aux forces militaires qui sont, elles aussi, aptes à mener ce genre d'opérations, des raids par exemple. Il est donc difficile de faire valoir que ces unités satisfont au critère qui veut qu'on « utilise des moyens militaires non conventionnels ». De plus, ces forces n'ont pas recours à des moyens ni à des modes d'emploi « secrets, clandestins ou discrets » et « doivent compter sur le soutien des forces amies »[13].

En fait, depuis l'arrivée des unités d'action directe de grande envergure au début de la Seconde Guerre mondiale, cette capacité est passée des FS aux forces conventionnelles. Malheureusement, les institutions militaires ont créé ces unités en croyant à tort qu'elles pouvaient fournir des FS qui rempliraient aussi d'autres tâches conventionnelles. Le peu de connaissance qu'on a des FS en général et de leur capacité de procéder avec précision à des actions directes de grande envergure amène souvent les commandants militaires, mal informés de leurs limites[14], à les utiliser à mauvais escient. La mauvaise utilisation des FS est fort à propos aujourd'hui puisqu'elles sont très recherchées et qu'il est tentant de fournir une solution rapide en ayant recours à une capacité hybride, les Rangers par exemple. Les Rangers forment une force d'infanterie légère des plus qualifiées capable de mener des missions hautement spécialisées qui cadrent très bien avec la domination qu'exerce l'Armée américaine sur l'ensemble du spectre des conflits. Dans ce contexte limité, ces forces peuvent produire des résultats remarquables. Il est rare cependant que ces imposantes forces d'action directe puissent participer à des opérations qui leur conviennent.

L'origine des unités d'action directe de grande envergure remonte à la création des commandos britanniques au cours de la Seconde Guerre mondiale. Une des premières unités des FS formées par les Alliés, les Commandos, se voulait des « troupes légères mobiles et très énergiques capables de lancer des raids ou d'opérer derrière les lignes ennemies »[15]. On a ainsi créé une trentaine de commandos qui, au départ, étaient entraînés et équipés pour participer à des opérations offensives contre les ouvrages défensifs allemands le long de la côte française. Ces opérations, des actions directes classiques, comportaient de « brèves frappes et d'autres […]

actions offensives qui visaient à prendre, détruire, capturer ou reprendre du personnel ou du matériel, ou encore à infliger des dommages »[16].

Le programme d'entraînement mis en place à l'intention des unités responsables des missions spéciales était axé sur le perfectionnement du soldat, notamment sur la forme physique, les armes (nos armes aussi bien que les armes de l'ennemi), les dispositifs de destruction, l'orientation, le combat rapproché, l'assassinat silencieux, les transmissions, les techniques de survie, l'assaut amphibie et l'assaut de falaises ainsi que l'utilisation de véhicules. L'entraînement était extrêmement exigeant et réaliste, et on avait souvent recours à des munitions réelles[17]. La création des commandos s'est révélée importante puisque d'autres FS britanniques, qui sont venues plus tard durant la guerre, le *Special Air Service* (SAS) et le *Special Boat Service* (SBS) par exemple, leur doivent, d'une façon ou d'une autre, leur existence. De plus, les équipes *Jedburgh* ont en partie été formées par des instructeurs des Commandos alors que d'autres unités alliées, comme la 1re Force d'opérations spéciales (1re SOF) et des groupes opérationnels de l'OSS, se sont inspirées du programme d'entraînement des Commandos pour leur propre entraînement. Les Britanniques ont exercé une telle influence à cet égard que les Américains ont décidé d'inscrire leur premier groupe de Rangers au cours de Commandos britanniques offert à Achnacarry Castle, en Écosse.

Les Rangers américains modernes ont été créés le 1er juin 1942 alors que le Général George Marshall, chef d'état-major, a ordonné la création d'une organisation américaine de commandos. Le Général Marshall voulait un cadre de militaires forts d'une expérience au combat qui pourraient se retrouver dans toute l'Armée. Il a prescrit à cette fin la mise en service du 1er Bataillon des Rangers le 19 juin 1942, à Carrickfergus, en Irlande du Nord[18]. Afin de leur permettre d'acquérir de l'expérience, on avait prévu associer les Rangers aux commandos britanniques. C'est ainsi que même s'ils possédaient l'équipement d'une unité d'infanterie américaine, les Rangers allaient recevoir de l' « équipement spécial pour procéder à des débarquements amphibies et à des attaques de nuit, dont des canots pneumatiques pliants en caoutchouc et des gilets de sauvetage »[19]. Ils disposaient aussi de ressources du génie comme du matériel de destruction et des filets de camouflage[20]. Comme des soldats spécialisés participaient aussi à l'entraînement et aux opérations des commandos à titre de spécialistes en destruction, de mécaniciens, de conducteurs de camions et tracteurs et de personnel d'entretien, ces postes additionnels figuraient aussi au tableau d'effectif des Rangers. Malgré l'excellent entraînement qu'ils recevaient et la qualité de leur personnel, la légèreté de l'équipement dont ils disposaient dans les opérations qui ont suivi a toujours constitué un problème pour les Rangers[21]. Cet état de chose avait l'avantage de les rendre plus mobiles, mais réduisait d'autant leur puissance de feu. Ce problème était sans trop de conséquences pour les engagements de courte durée, mais lorsque les opérations se prolongeaient ou que l'unité était appelée à jouer le rôle d'infanterie régulière, une puissance de feu limitée devenait un inconvénient de taille. Ironiquement, cette tendance s'est maintenue durant toute la guerre et, avec le temps, « plus on utilisait les Rangers comme force d'infanterie conventionnelle, plus il leur fallait de puissance de feu; plus il leur fallait de puissance de feu, plus leur quartier général était susceptible de leur confier des opérations conventionnelles »[22].

Ce problème s'est accentué au cours de la campagne d'Afrique du Nord. En novembre 1942, au début de l'opération TORCH, les Rangers avaient reçu une mission d'action directe adaptée à leurs fonctions. De nuit, ils ont procédé à un débarquement surprise au nord d'Arzew, en Algérie (Afrique du Nord française) et ont réussi à neutraliser les principaux dispositifs de défense du port et à s'emparer des quais. L'opération terminée, les Rangers ont été affectés au *Invasion Training Center* (ITC) de la Cinquième Armée où ils ont servi de troupes de démonstration et de troupes expérimentales[23]. Même les commandants qui comprennent le concept qui sous-tend ces forces et qui sont conscients de leur potentiel les affectent à des missions qui sont l'apanage de l'infanterie conventionnelle. Vers la fin de la campagne d'Afrique du Nord, les Rangers « ont pratiquement passé quatre fois plus de temps à mener des combats conventionnels qu'à participer à des opérations pour lesquelles ils étaient formés, et ils ont rempli presque uniquement des fonctions autres que des fonctions de combat »[24].

Cette situation tenait au fait que les Rangers, en raison de l'entraînement spécial qu'ils avaient reçu et des capacités qu'ils possédaient, étaient gardés en réserve pour des opérations de grande valeur, la destruction d'installations ennemies importantes par exemple. En règle générale, on ne retrouvait pas les Rangers sur la ligne de feu aussi souvent que les unités conventionnelles, ce qui laissait croire que ces forces étaient gourmandes de personnel et contribuaient peu à l'effort de guerre, ce que le dossier de combat d'une unité permettait en général de vérifier. On croyait de plus que des troupes d'infanterie bien formées pouvaient faire le même travail que ces forces[25]. Cette logique ne correspondait pas à la réalité: ces imposantes forces d'action directe sont, en fait, des troupes d'infanterie bien formées. On a malheureusement tendance à oublier qu'en temps de guerre, on ne peut offrir à chaque unité d'infanterie d'une grande armée l'entraînement qui lui permettrait de satisfaire à la norme exigée pour mener les missions prévues[26].

Le fait de garder ainsi en réserve des troupes d'action directe crée un dilemme important, soit celui d'y avoir recours pour régler des problèmes pour lesquels les troupes conventionnelles seraient plus désignées. Quand cela se produisait, les troupes d'action directe subissaient de lourdes pertes, elles qui n'avaient ni la structure ni l'équipement pour participer à des combats prolongés. La destruction des bataillons de Rangers à Anzio en est un bon exemple:

> Une infiltration bâclée sur la tête de pont d'Anzio au début de 1944 a signifié la fin des Rangers de Darby [...] Lorsque les deux bataillons ont voulu pénétrer le dispositif ennemi dans la nuit du 29 au 30 janvier, ils ont bien vite été repérés et à l'aube, des troupes d'infanterie et de blindés les encerclaient, juste à l'extérieur de Cisterna. Dans un ultime effort pour secourir les unités isolées, le 4e Bataillon des Rangers a lancé des attaques répétées sur les lignes allemandes durant tout l'avant-midi et a perdu la moitié de son effectif au combat dans cet effort futile. Vers midi, les derniers éléments des 1er et 3e Bataillons se sont rendus. Huit hommes seulement ont pu réintégrer les lignes américaines[27].

Les pertes subies au cours d'opérations conventionnelles ont aussi affecté la 1re Force d'opérations spéciales (1re SOF) au cours d'opérations menées en Italie. En 1942, les Britanniques cherchaient à créer un commando mobile équipé de motoneiges qui s'occuperait des installations allemandes en Norvège. Après plusieurs discussions de haut niveau, les Américains et les Canadiens se sont entendus pour former une unité de volontaires à qui l'on confierait cette tâche[28]. La 1re SOF n'a jamais réalisé la mission opérationnelle pour laquelle elle avait été créée. Au lieu de cela, on l'a envoyée en Italie où elle a servi essentiellement de force d'infanterie conventionnelle[29]. Après deux mois de combats classiques intenses dans les montagnes d'Italie, la 1re SOF ne comptait plus que 400 hommes encore actifs sur un effectif initial de 1 800,[30] des pertes difficiles à combler. Les Américains ont tenté de trouver une solution en allant puiser chez les fantassins[31], alors que les renforts canadiens participaient à un « entraînement de trois semaines sur les armes et les *drills* des Américains ainsi que sur les tactiques des Forces spéciales »[32]. Face à des pertes aussi lourdes que celles qu'a subies la 1re SOF, on se retrouve souvent en présence d'un climat d'instabilité et d'inefficacité Les unités qui perdent un grand nombre de soldats hautement qualifiés et qui doivent composer avec des renforts moins entraînés ne tardent pas à n'être guère plus que des organisations d'infanterie conventionnelles. C'est ce qui est arrivé à la 1re SOF. Lorsqu'on l'a retirée du combat, il lui a fallu beaucoup de temps pour se reconstituer; on a alors procédé à un entraînement intensif afin de permettre aux renforts d'obtenir les qualifications requises.

Des opérations d'action directe de grande envergure bien menées peuvent produire de bons résultats. Lorsque les Américains ont pris d'assaut la plage d'Omaha le 6 juin 1944, des éléments du 2e Bataillon des Rangers ont gravi la colline d'une hauteur de 100 pieds, à Pointe du Hoc, et se sont emparés de pièces d'artillerie allemandes qui menaçaient les troupes américaines débarquant sur la plage. Malgré les lourdes pertes qu'il a subies, le 2e Bataillon des Rangers a pu contenir certaines contre-attaques des Allemands et conserver la position.

L'opération la plus intéressante à laquelle ont participé les Rangers au cours de la Seconde Guerre mondiale revient cependant au 6e Bataillon[33] qui a reçu l'aide de membres des *Alamo Scouts*[34] et de guérilleros philippins pour secourir 511 prisonniers alliés détenus dans un camp de prisonniers de guerre (PG) japonais situé près de Cabanatuan, dans les Philippines[35]. Alors que la Sixième Armée entrait dans la partie centrale de Luçon, le 6e Bataillon cherchait des moyens de libérer les prisonniers. Pour la planification, qui était assez poussée, on a utilisé une quantité considérable de cartes et de photographies aériennes et on a procédé à une reconnaissance terrestre. Lorsque le renseignement a permis d'établir avec précision l'emplacement des prisonniers de guerre, on a confirmé la mission et entrepris une planification détaillée. Tous ceux qui avaient pris part à l'opération connaissaient dans les moindres détails tous les aspects du plan, y compris « les itinéraires jusqu'à l'objectif, les rendez-vous et la disposition de l'objectif »[36]. L'opération a été un énorme succès et a permis de montrer ce que d'importantes forces d'action directe peuvent accomplir lorsqu'elles sont employées correctement et qu'elles ont le temps et les ressources qu'il leur faut pour mener une mission:

> Le 6e Bataillon des Rangers (-), renforcé par les Alamo Scouts et des guérilleros philippins, a libéré, au prix de deux soldats, 511 prisonniers de guerre américains et alliés et tué ou blessé environ 523 Japonais. Les principes et les techniques [utilisés pour la planification de l'opération] ont été importants puisqu'ils ont permis aux Rangers de se rendre à l'objectif sans se faire repérer,

de prendre les Japonais totalement par surprise, de lancer sans problèmes un assaut sur le complexe et de libérer les prisonniers[37].

Cabanatuan a été la dernière opération d'importance à laquelle a participé le 6e Bataillon des Rangers. Dans les Philippines, il s'est contenté d'assurer la sécurité du Quartier général de la Sixième Armée, d'effectuer des patrouilles de reconnaissance, de chercher des traînards japonais et d'éliminer de petites poches de résistance ennemie[38].

À l'instar de la plupart des unités spécialisées qui ont vu le jour durant la Seconde Guerre mondiale, les Rangers ont été dissous en 1945. Les opérations qui ont eu lieu à Arzew, Pointe du Hoc et Cabanatuan ont démontré qu'une telle force était utile et qu'elle pouvait avoir un impact considérable sur les opérations générales quand elle était employée correctement. Plus souvent qu'autrement cependant, les Rangers étaient mal utilisés et formaient avant tout des fantassins d'assaut très bien entraînés — un destin qui ressemblait à celui des commandos britanniques. Chez le commandement allié, on avait l'impression que le personnel et l'entraînement qu'exigeaient ces forces n'étaient pas justifiés étant donné le peu d'occasions qu'elles avaient de se déployer.

À l'origine, les commandos étaient des attaquants très qualifiés, dotés d'une grande souplesse et de nombreuses compétences individuelles. Avec le temps cependant, on avait réduit leur rôle jusqu'au point où, au moment de l'Opération OVERLORD menée en 1944, ils étaient devenus des spécialistes de l'assaut amphibie[39]. Les contraintes du transport maritime les avaient amenés à jouer ce rôle. Les Britanniques ont réalisé que même le transport d'une petite force de 300 soldats était exigeant. Pour espérer atteindre leurs objectifs, ces forces légères devaient aussi compter sur un appui-feu naval et un appui aérien importants[40]. Finalement, en raison du peu de missions qu'on lui confiait ainsi que du soutien et de la protection qu'elle exigeait, l'unité d'action directe de grande envergure n'était plus une FS mais plutôt une unité d'infanterie spécialisée, classe dans laquelle les Marines, les forces aéroportées et d'autres forces légères ont maintenant tendance à se retrouver[41].

Après la fin de la Seconde Guerre mondiale, l'idée d'utiliser les Rangers comme force d'action directe de grande envergure a lentement refait surface mais ne s'est vraiment concrétisée qu'au début des années 1970. En août 1950, 15 compagnies de Rangers ont été mises en service au cours de la guerre de Corée. Entre décembre 1950 et août 1951, sept compagnies ont pris part à l'action en Corée, au sein de différentes unités d'infanterie. Elles étaient surtout appelées à servir d'éclaireurs de troupes, à patrouiller des positions ennemies, à effectuer des raids derrière les lignes ennemies et à tendre des embuscades[42].

Cependant, après la Corée, les Rangers ont une fois de plus été dissous et n'ont revu le jour qu'à la fin des années 1960, au cours de la guerre du Vietnam. On leur a alors confié sensiblement les mêmes missions que celles qu'ils avaient reçues en Corée. Organisés en détachements dont l'effectif pouvait atteindre celui d'une compagnie, les Rangers relevaient directement des quartiers généraux de la division et du corps et menaient des missions d'action directe et de reconnaissance spéciale, à petite échelle. Ils participaient aux opérations habituelles comme les patrouilles, la reconnaissance, les raids et les missions d'éclairage et s'occupaient de certaines tâches comme l'enlèvement de prisonniers, l'évaluation des dommages causés par les bombes et les missions d'écoute clandestine»[43]. Les Rangers se sont aussi lancés dans un nouveau genre de mission, les patrouilles de reconnaissance à longue portée (PRLP). Pour ce faire, ils faisaient appel à des équipes de 6 à 12 hommes qui passaient souvent des semaines derrière les lignes ennemies à lancer des raids, tendre des embuscades et demander un tir d'appui naval et des frappes aériennes sur des positions ennemies. Conséquences de la guerre du Vietnam, les compagnies autonomes des Rangers sont devenues des bataillons qui, là encore, ont servi de force d'infanterie légère de réaction rapide à qui l'on confiait des missions d'action directe plus importantes[44].

La renaissance d'une force d'action directe de grande envergure s'est poursuivie au lendemain de la guerre du Vietnam. En 1980, un nouveau rôle a été confié aux Rangers alors que la Compagnie C, *1st Battalion 75th Infantry* (Ranger) a été chargée d'appuyer l'Opération EAGLE CLAW destinée à secourir les otages américains détenus en Iran. Il s'agissait avant tout d'une mission qui était du ressort des FS; on a cependant demandé aux Rangers d'assurer la sécurité de certains des éléments d'appui pendant que les forces d'assaut procédaient à la libération des otages[45].

Les Rangers ont par la suite continué d'appuyer les FS. En octobre 1983, au cours de l'Opération URGENT FURY, l'invasion de la Grenade, ils ont reçu comme mission de mener l'assaut visant à s'emparer d'un aérodrome. Ils ont été parachutés sur la piste de Point Salinas dont ils se sont emparés, préparant le terrain pour la *82nd Airborne Division*[46]. Six ans plus tard, au Panama, dans le cadre de l'Opération JUST CAUSE, les Rangers ont encore une fois été appelés à occuper l'aérodrome principal, à Tocumen, appuyés pour ce faire par la *82nd Airborne Division*. Ils ont aussi neutralisé une compagnie ennemie basée à l'aérodrome militaire de

Rio Hato ainsi que la maison de plage fortifiée du Général Noriega[47]. En 1990-1991, au cours de la guerre du Golfe, les compagnies A et B du 1er Bataillon des Rangers ont appuyé la mission des forces alliées afin d'expulser les forces irakiennes du Koweït. Les Rangers ont effectué des raids et des patrouilles de reconnaissance au Koweït afin de recueillir de l'information qui servirait aux forces d'assaut[48]. En Somalie, on a continué d'avoir recours à de petits éléments des Rangers pour renforcer des forces spéciales. Les Rangers de la Compagnie B, 3e Bataillon des Rangers, sont venus appuyer les FS de la *Delta Force* au cours d'une série d'opérations qui visaient à capturer les principaux dirigeants d'un clan qui entravait le bon déroulement de la mission des Nations Unies dans la région. Les Rangers ont continué d'appuyer les FS dans le nouveau millénaire. Dans les premiers temps de l'Opération ENDURING FREEDOM (2001-), dont l'objectif était de détruire le réseau Al Qaeda et de déloger les Talibans du pouvoir en Afghanistan, les Rangers ont prêté main-forte aux forces de l'Alliance du Nord qui travaillaient sous la supervision de forces spéciales. Le 19 octobre, une compagnie des Rangers a été parachutée dans un petit complexe de commandement et de contrôle ennemi qui se trouvait à l'extérieur de Khandahar ainsi que sur un aérodrome situé dans le sud de l'Afghanistan. Au cours des raids, les Rangers ont détruit plusieurs caches d'armes et recueilli du renseignement. Ils ont aussi fouillé des réseaux de cavernes et servi de force de réaction rapide aux FS.

Les opérations menées dans les années 1980 et 1990 correspondent au concept d'emploi des Rangers mis de l'avant par l'armée américaine. Aujourd'hui, les Rangers sont appelés « à planifier et à mener des opérations militaires spéciales [...] qui peuvent appuyer des opérations militaires conventionnelles ou être menées de façon autonome en l'absence de forces conventionnelles [....] »[49]. On s'attend aussi à retrouver les Rangers dans des opérations que les Américains qualifient de « frappes en profondeur, » des raids en fait, ainsi que dans des opérations d'interdiction et de récupération[50]. Ces frappes sont exécutées au niveau opérationnel de la guerre dans le cadre du combat aéroterrestre (*Air Land Battle*) de l'armée: elles s'inscrivent dans un plan de campagne général dont l'objectif est de détruire, retarder et désorganiser l'ennemi; elles cherchent de plus à détourner les forces opérationnelles et la puissance de l'ennemi de leurs tâches de sécurité dans la zone arrière. Par les frappes, on cherche enfin à créer un environnement stable dans lequel on peut tirer parti des capacités des FS et de l'impact de leurs actions. On s'attend à ce que les Rangers puissent mener des opérations spéciales confiées à des troupes d'infanterie légère, dont de « nombreuses missions d'infanterie légère assignées à des brigades et à des bataillons aéroportés, d'assaut aérien ou d'infanterie légère »[51]. Une unité de Rangers possède en effet les mêmes capacités que ces unités.

Il est facile de comprendre pourquoi les Rangers très entraînés, souples et qualifiés de la Seconde Guerre mondiale sont devenus une force d'infanterie légère spécialisée à qui l'on confie des missions plus générales. Le peu d'occasions qu'on a de les utiliser correctement, même lors de conflits internationaux comme une guerre mondiale, ne justifient pas les dépenses qu'elles entraînent. En tentant d'expliquer leur présence dans un créneau très compétitif, les Rangers sont devenus des forces conventionnelles plus polyvalentes, ce qui ne les empêche pas de tenter de revendiquer le titre de meilleure unité de soutien des FS. Même en supposant qu'ils soient les mieux placés pour remplir toutes ces tâches, les occasions de les utiliser sont toujours aussi limitées: au cours des trente dernières années, les Rangers américains ont participé à trois opérations déclassifiées à l'appui des FS et à deux missions d'action directe[52].

Maintenant que nous connaissons le parcours des Rangers américains, nous devons nous demander si une telle capacité serait un bon choix pour le Canada. Pour le savoir, jetons tout d'abord un coup d'œil aux capacités dont les Forces canadiennes (FC) prévoient avoir besoin au cours des prochaines années. Selon la publication *Façonner l'avenir de la défense canadienne: Une stratégie pour l'an 2020*, les FC « doivent évoluer pour affronter les problèmes de l'avenir ». Pour y parvenir, les FC doivent « positionner la structure des FC [...] pour doter le Canada de forces modernes aptes au combat et adaptées à leurs tâches, qui pourront être déployées dans le monde entier et intervenir rapidement en cas de crise, tant au pays qu'à l'étranger, dans le cadre d'opérations interarmées ou interalliées ». De plus, et surtout, « cette structure doit être viable, réalisable et à la mesure de nos moyens »[53].

Il est certainement possible qu'une unité Rangers soit à la fois viable, réalisable et à la mesure de nos moyens. Les Rangers sont des forces légères hautement qualifiées qui peuvent s'adapter rapidement à leurs tâches et se déployer partout dans le monde. Il faudrait prévoir beaucoup de temps pour organiser et former de telles forces, ce qui ne devrait pas poser trop de problèmes pour l'Armée de terre canadienne[54]. Les éléments fondamentaux de l'entraînement des Rangers sont actuellement enseignés à certains soldats qui suivent le cours sur les opérations d'éclaireurs-patrouilleurs offert au Centre de parachutisme du Canada de Trenton, en

Ontario[55]. Il pourrait être facile d'adapter ce cours aux besoins d'une unité de Rangers. De plus, l'Armée de terre dispose déjà d'une force légère importante (malgré l'absence d'une doctrine cohérente) en ses bataillons d'infanterie légère (BIL), qui pourraient constituer le fondement d'une unité de Rangers. On pourrait, avec un budget un peu plus élevé, préparer une unité pour ce rôle sans pour autant modifier en profondeur la structure fondamentale des BIL. On doterait ainsi l'Armée de terre d'une force de réaction rapide capable d'effectuer des frappes et de réaliser des opérations spéciales confiées à une force d'infanterie légère.

Le plus difficile serait de fournir suffisamment de personnel. Il faut se demander plus particulièrement si les occasions de faire appel à l'unité seraient assez nombreuses et si on pourrait lui fournir l'effectif dont elle a besoin sans risquer d'en compromettre l'efficacité. Pour le Canada, il est très important de tenir compte des occasions d'emploi au moment de développer des capacités pour l'avenir. Si l'on considère la taille réduite de l'Armée de terre canadienne et le rythme opérationnel extrêmement exigeant qu'elle soutient, il est difficile de s'imaginer qu'une unité de Rangers de 600 soldats ne soit pas appelée à participer à d'autres missions, le maintien de la paix par exemple. Au cours d'opérations récentes, les Rangers américains ont avant tout été utilisés pour s'emparer d'aérodromes et appuyer les FS. Dans l'Armée britannique cependant, les forces aéroportées conventionnelles ont rempli les mêmes missions sans trop de problèmes. C'est ainsi qu'au cours d'une opération de prise d'otages en Sierra Leone, quelque 150 parachutistes britanniques, appuyés par des membres du SAS, ont libéré 11 otages britanniques. Les parachutistes britanniques peuvent aussi participer à des missions conventionnelles, le maintien de la paix par exemple, et exécuter d'autres tâches confiées aux troupes d'infanterie légère conventionnelles. Le Canada ne possède pas d'unité aéroportée, mais chaque BIL compte une compagnie de parachutistes[56]. Il est possible — si on leur donne la formation, les ressources nécessaires et un mandat particulier — que les BIL puissent remplacer les Rangers à bien des égards, notamment pour le soutien fourni aux FS. Cela permettrait aussi de faire alterner les tâches, ce qui ne peut se faire avec une seule unité.

Pour être efficace, une unité de Rangers doit maintenir en permanence un état de préparation élevé afin d'être en mesure de se déployer rapidement, ce qui constitue une autre difficulté. Pour y parvenir, il faudrait que l'Armée de terre puisse libérer ces unités des affectations courantes afin de leur permettre de se concentrer sur l'entraînement et sur d'autres éléments inhérents à une intervention rapide. Jusqu'ici, l'Armée de terre n'a pas très bien réussi à ce chapitre. En sa qualité d'unité d'intervention rapide du Canada, on s'attendait à ce que l'ancien Régiment aéroporté du Canada (RAC) puisse se déployer à l'étranger à moins de 72 heures d'avis. Cependant, lorsque l'unité a quitté Edmonton pour Petawawa à la fin des années 1970, l'Armée de terre lui a confié une grande partie des affectations individuelles et l'a déployée, au même titre que d'autres unités conventionnelles, dans le cadre des missions de maintien de la paix des Nations Unies. L'Armée de terre avait alors besoin de ressources additionnelles, mais elle a avant tout réalisé que même si le RAC pouvait maintenir un état de préparation élevé, il lui était difficile d'assurer son transport. Comme le déploiement du groupe-bataillon du PPCLI en Afghanistan l'a démontré, la capacité de l'Armée de terre de déployer rapidement des unités dépend non seulement de l'état de préparation élevé de l'organisation, mais aussi de la vitesse avec laquelle on peut obtenir des appareils. Même si l'Armée de terre parvient à fournir du personnel en vue de déploiements rapides, on ne peut, dans les FC, placer des appareils en attente pour assurer le transport d'unités d'intervention rapide dans les délais prévus. Il y aurait lieu de se pencher sur ce problème.

Une fois déployée, le principal problème auquel une unité de Rangers canadiens devrait faire face et qui l'empêcherait de participer à un déploiement prolongé résiderait dans sa mobilité tactique réduite, notamment au chapitre du transport terrestre. Il est intéressant de noter que bien des pays cherchent actuellement à améliorer la mobilité tactique de leurs forces d'infanterie légère dans un effort pour mieux les adapter au champ de bataille moderne[57]. La récente expérience des BIL en Afghanistan, à l'instar de celle des Rangers américains en Afrique du Nord et en Italie, montre bien qu'il y a lieu d'accroître considérablement la mobilité tactique des forces légères si elles comptent être utiles, du moins lorsque la mobilité tactique est importante.

Le déploiement des BIL du 3e Bataillon, The *Royal Canadian Regiment* (3 RCR) en Afghanistan a clairement fait ressortir ce problème. Au moins deux compagnies de véhicules blindés légers (VBL) du 1 RCR ont dû renforcer l'unité pour lui permettre de réaliser adéquatement ses missions[58]. Il aurait été difficile pour le groupe-bataillon du PPCLI, qui était appuyé d'un BIL, de connaître autant de succès en Afghanistan sans l'important soutien qu'il a reçu de l'aviation américaine. Une éventuelle unité de Rangers manquerait de moyens de transport; si on l'affectait à des missions autres que celles pour lesquelles elle a été spécifiquement formée, elle ferait face aux mêmes problèmes de mobilité tactique et de protection de la force que le RCR et le PPCLI.

La question de l'équipement et ses conséquences sur les déploiements ont toujours été un problème pour l'ancien RAC. Selon le Lieutenant-colonel Bernd Horn, qui a servi au sein du Régiment et qui a écrit *Bastard Sons, An Examination of Canada's Airborne Experience 1942-1995*, « Même s'il formait la force nationale de réserve des Nations unies, le Régiment aéroporté, exception faite de son déploiement à Chypre en 1974, n'a jamais été utilisé comme tel. On le disait aussi la réserve stratégique du Canada, mais le peu d'équipement dont il disposait, surtout son manque de véhicules, en amenait plusieurs à prétendre que le Régiment devait se limiter à des opérations nationales »[59]. Horn ajoute qu'« à chaque fois que le RAC recevait une mission, cela voulait dire qu'on devait dépouiller les unités conventionnelles de leur équipement, ce qui ne faisait que renforcer l'idée que le Régiment était dépassé et, tel un parasite, venait miner les ressources de plus en plus limitées des autres éléments de l'Armée de terre »[60].

Le Régiment grugeait les ressources d'une armée dont les effectifs diminuaient, ce qui était un autre problème important. Pour bien jouer leur rôle, les unités de Rangers comptent sur un bon leadership, les meilleurs soldats qui soient et un excellent niveau d'entraînement. Les Rangers exigeraient les meilleurs soldats d'une armée et, surtout, il faudrait que ces soldats reviennent régulièrement à leur unité d'appartenance pour y recevoir une formation d'appoint. Il était tout particulièrement difficile pour le RAC d'attirer et de conserver des leaders et des soldats de qualité. Pour mieux comprendre ce problème, disons qu'environ 70% des soldats qui suivent un cours de saut en parachute réussissent le cours alors que pour le cours des Rangers, ce pourcentage est de l'ordre de 50%[61]. S'il a été difficile pour l'Armée de terre d'assurer la survie du RAC alors que 70% des membres réussissaient le cours de saut en parachute, il lui serait sans doute encore plus difficile de parvenir à conserver une unité de taille équivalente[62] qui possède encore plus d'habiletés et de capacités spécialisées et qui élimine 50% des candidats qui se présentent à l'entraînement.

Détail intéressant, le document provisoire sur les capacités futures de l'Armée de terre ne reconnaît aucun de ces problèmes. En matière de capacités spécialisées, on y affirme que « même s'il faut encore conserver des forces polyvalentes en raison des mandats de l'Armée de terre, la spécialisation sera de plus en plus nécessaire pour faire face à la multitude de risques à la sécurité nationale »[63]. On y ajoute qu'« à la lumière des menaces futures, des contraintes économiques et des réalités politiques, l'Armée de terre devra améliorer, développer et mettre au point ses SOF »[64]. Même si on admet dans le document bon nombre des limites actuelles de l'Armée de terre, on n'y tient aucunement compte de l'expérience dont dispose le Canada sur le plan du maintien d'une force de réaction rapide d'importance.

En fait, le document ouvre la porte à une éventuelle organisation de FS et recommande la création d'une unité d'action directe semblable à celles des Rangers dans les FC. Le problème cependant, c'est qu'on cherche à reproduire un modèle qui appartient à une autre armée et qui ne cadre pas avec les ressources limitées dont dispose l'Armée de terre canadienne. Peu de pays, et certainement pas le Canada, peuvent se permettre d'avoir des FS ayant chacune ses propres besoins en matière de sélection, d'entraînement et de soutien. Si elle souhaite se spécialiser dans des domaines importants, l'Armée de terre doit mettre en place une organisation capable de répondre aux besoins du pays. Cette organisation doit être sélective et permettre de tirer le maximum des ressources qu'elle utilise ou, comme on le dit souvent, de « rentabiliser l'investissement ».

Dans l'environnement stratégique actuel, il est extrêmement bénéfique que des pays comme les États-Unis aient recours à des FS puisque ces forces sont hautement qualifiées, ont une présence discrète ainsi qu'une faible visibilité et sont en mesure d'accomplir une multitude de missions délicates. Les Rangers n'évoluent pas dans la sphère d'activités de telles forces. Ils n'ont ni l'équipement, ni l'entraînement, ni l'organisation qui leur permettraient de participer, par exemple, à des missions de reconnaissance lointaine sur de longues périodes. Ils possèdent une capacité de surveillance limitée et ne peuvent participer à des affectations de longue durée sans soutien — des caractéristiques qui distinguent les FS des forces conventionnelles. On ferait une erreur en affectant une telle unité à des missions qui exigent la présence des FS.

Le Canada ne peut se doter de forces qui couvriraient le spectre complet des missions des FS. Il doit donc tenter de trouver une façon d'obtenir la plus grande marge de manœuvre possible tout en respectant cette limite. Des FS semblables au modèle des SAS britanniques ou des FS américaines aideraient davantage nos partenaires de la coalition qu'une unité d'action directe, et exigeraient moins de soldats[65]. En s'inspirant du modèle présenté à la figure 1, l'option qui assure la plus grande marge de manœuvre et qui a donc le plus de chance d'être mise en œuvre est le SAS, une unité d'action directe de faible envergure et une force de reconnaissance spéciale. Il serait aussi facile de dispenser à cette unité, en cas de nécessité, l'entraînement qui lui permettrait d'établir des liaisons dans le cadre de missions de guerre non conventionnelle, comme l'ont fait les équipes *Jedburgh*.

En résumé, les Rangers américains modernes présentent plusieurs forces et faiblesses qui caractérisaient les premières forces d'action directes importantes comme les commandos britanniques, et qui se retrouveraient aussi chez toute force que l'Armée de terre canadienne pourrait créer. Ceci dit, aucune force militaire n'est parfaite. Ce qu'il faut se demander, c'est si ces forces et ces faiblesses peuvent cadrer avec les exigences stratégiques bien particulières du Canada. Si l'Armée de terre canadienne cherche des FS, le modèle des Rangers ne convient pas, car il ne répond pas aux besoins du Canada en matière d'équipement, d'entraînement et d'organisation. Les Rangers accomplissent des tâches très limitées et doivent composer avec les limites inhérentes à l'infanterie légère.

Malgré les succès spectaculaires qu'elles ont connus au cours de certaines missions, de façon générale, les unités d'action directe, comme les Rangers, n'ont pas obtenu de très bons résultats par le passé. Ceci tient en grande partie au fait que les occasions de les utiliser sont limitées et qu'elles exigent un soutien important pour être aptes à mener des opérations. Récemment, les Rangers ont surtout été appelés à s'emparer d'aérodromes et à appuyer les opérations des FS. Dans le contexte canadien, il serait inutile de créer une unité qui serait exclusivement appelée à appuyer les opérations des FS, ou une force spécialisée dans les actions directes. Les forces aéroportées de l'armée britannique ont effectué sans problèmes le même travail. Il serait donc préférable que le Canada opte pour des FS qui s'inspirent des forces spéciales américaines (UW) ou du SAS britannique (RS/AD de faible envergure). Ces unités ont un impact opérationnel important et comme elles sont peu nombreuses, elles sont toujours très en demande. Il est plus difficile de recruter et d'entraîner ces unités, mais l'Armée de terre en est capable. En définitive, elles permettraient essentiellement de fournir au Canada la force qu'il recherche, bien mieux que ne saurait le faire une unité de Rangers.

NOTES

1 William S. Cohen, secrétaire de la Défense, États-Unis, *Annual Report to the President and Congress, 1998*, avril 1998, disponible à l'adresse suivante: <http://www.dtic.mil/execsec/adr98/index.html>. Les forces spéciales (FS) sont des unités militaires spécialisées conçues pour s'occuper de différentes situations. On peut lire, dans le rapport, qu' « elles offrent aux décideurs de nombreux choix lorsqu'ils font face à des crises et à des conflits autres que la guerre, qu'il s'agisse d'actes de terrorisme, de sédition et de sabotage. Les forces spéciales agissent aussi comme multiplicateurs de force dans des conflits d'importance, contribuant à accroître l'efficacité et l'efficience de l'effort militaire américain. Elles sont finalement les forces qu'on privilégie dans des situations qui exigent une orientation régionale et pour lesquelles on doit faire preuve de diplomatie sur le plan culturel et politique, notamment pour établir des contacts entre les forces militaires et réaliser des missions de non-combattants, des missions d'aide humanitaire, d'aide en matière de sécurité et de maintien de la paix par exemple ».

2 Dans leur livre, *No Room for Error: The Covert Operations of America's Special Tactics Units from Iran to Afghanistan*, John T. Carney et Benjamin F. Schemmer déclarent: « Entre le 1er octobre 2000 et le 30 septembre 2001 [...] les forces spéciales se sont déployées dans 146 pays ou territoires étrangers, à raison de quelque 4 938 militaires par semaine. Elles ont aussi mené 132 opérations combinées interarmées dans 50 pays et 137 missions de lutte antidrogue dans 23 pays en plus de réaliser des missions de déminage humanitaire dans 19 pays. Il s'agit d'une augmentation de 43% des déploiements effectués depuis dix ans, soit depuis l'opération *Desert Storm*, de 57% au regard des missions entreprises et de 139% pour ce qui est du nombre de militaires du Special Operations Command affectés à l'étranger au cours d'une semaine, et tout ceci avec un effectif pratiquement inchangé. » J.T. Carney et B.F. Schemmer, *No Room for Error: The Covert Operations of America's Special Tactics Units from Iran to Afghanistan*, New York, NY, Ballantine Books, 2002, 23.

3 R. Neillands, *In the Combat Zone: Special Forces Since 1945*, Londres, Orion, 1977, 320.

4 United States, *Joint Chiefs of Staff, Joint Pub 3-05 — Doctrine for Joint Special Operations*, Washington, DC, 17 December 2003, I-1. La plupart des pays alliés, dont le Canada, ont pour une bonne part accepté cette définition.

5 *Ibid.*

6   *Ibid.* En mai 2003, des changements ont été apportés aux missions principales et aux activités collatérales des FS. Plus particulièrement, les « missions principales » sont maintenant désignées sous le nom de « tâches centrales ». Ces tâches comprennent la guerre non conventionnelle (UW), la défense intérieure de pays étrangers, l'action directe (AD), la reconnaissance spéciale (RS), la lutte contre le terrorisme, la contre-prolifération des armes de destruction massive, les opérations psychologiques (OPSPSY), les opérations d'information (OI) et les opérations des affaires civiles (OAC). Les Américains ne travaillent maintenant plus en fonction des activités collatérales. Ils croient malgré tout qu'on peut attribuer aux FS une ou plusieurs de ces anciennes « missions collatérales » en tant que tâche intégrée. Je me suis limité, aux fins du présent document, à du matériel non classifié déjà publié. Les tâches principales comprennent la reconnaissance spéciale (RS) — mener des missions de reconnaissance et de surveillance afin d'obtenir ou de vérifier des informations sur les capacités, les intentions et les activités d'un ennemi réel ou potentiel, ou pour recueillir des données sur les caractéristiques d'une zone particulière; l'action directe (AD) — exécuter des frappes de courte durée et d'autres actions offensives de faible envergure afin de saisir, détruire, capturer ou récupérer des personnes ou du matériel précis ou d'infliger des dommages; la guerre non conventionnelle (UW) — organiser, entraîner, équiper, conseiller et aider les forces indigènes et auxiliaires dans le cadre d'opérations militaires et paramilitaires de longue durée; les opérations d'information (OI) — obtenir la maîtrise de l'information en manipulant l'information et les systèmes d'information de l'ennemi tout en protégeant ses propres informations et systèmes d'information .

7   T.K. Adams, *US Special Operations Forces in Action: The Challenge of Unconventional Warfare*, Portland, OR, Frank Cass Publishers, 1998, 303. Eric Morris reprend un peu les mêmes idées dans son livre, *Guerillas in Uniform:* « Les forces de guérilla (forces spéciales), une fois créées, avaient une peur bleue d'être mises de côté. Vulnérables de ce fait à une forme de chantage psychologique, elles acceptaient des tâches et des missions pour lesquelles elles n'avaient pas l'équipement requis. Les commandos envoyés au Moyen-Orient ont souvent fait l'objet d'abus de la part de généraux qui ne pouvaient ou ne voulaient tout simplement pas comprendre leur rôle sur le plan tactique. » E. Morris, *Guerillas in Uniform*, Londres, Hutchinson, 1989.

8   *Ibid.*, 303.

9   *L'Office of Strategic Services* (OSS) a été le précurseur de la CIA, de 1942 à 1945. On confiait à des groupes opérationnels (GO) les missions qui exigeaient une présence plus robuste que ce que pouvaient fournir les équipes Jedburgh. Ces groupes étaient organisés de la même façon que l'équipe A des forces spéciales américaines.

10 Les équipes Jedburgh avaient été formées pour être parachutées en France à l'été 1944 afin d'appuyer le débarquement en Normandie. Elles ont joint les rangs des organisations de la Résistance française qui combattaient les Allemands. Chaque équipe comprenait deux officiers et un opérateur radio du grade de soldat.

11 Selon les Alliés, le concept de RS a été mis de l'avant en Afrique du Nord par le Groupe de reconnaissance à longue portée dans le désert. Préoccupé par l'important espace non protégé qui s'étendait sur les flancs ouest et sud du désert du Caire, le Major Bagnold a proposé de constituer une petite organisation dotée de véhicules performants qui pourrait se rendre loin en territoire ennemi et observer la circulation sur la route côtière située au nord de la Libye et de l'Égypte et, si la situation s'y prêtait, attaquer des avant-postes et des aérodromes isolés. La proposition a finalement été acceptée et le Groupe de reconnaissance a vu le jour. On peut dire que le concept de la patrouille moderne conçue pour réaliser des AD et une RS est issu de l'expérience des Britanniques au cours de la campagne de Malaisie. L'expérience a joué un rôle important dans la façon dont les Britanniques s'y sont pris pour entraîner le SAS, qui reprenait le service, et dont de nombreuses armées américaines ont appliqué le modèle du SAS pour produire leurs propres capacités. Bien des FS appuient leurs opérations sur la patrouille.

12 Adams, 17-18.

13 L'idée selon laquelle les FS ne sont pas les seules à mener des opérations d'action directe de grande envergure est reprise par Mark Lloyd dans *Special Forces: The Changing Face of Warfare*. Il catégorise les forces d'élite en disant: « Au cours de la seconde moitié du XXe siècle, les unités d'élite sont devenues plus spécialisées — et plus secrètes — afin de satisfaire aux exigences du champ de bataille moderne, de plus en plus perfectionné. On les a aussi divisées en trois catégories: les unités soi-disant de forces spéciales capables d'opérer dans n'importe quel théâtre à travers le monde; les forces spéciales créées et formées pour participer à un seul type de guerre et les unités d'appellation spéciale (un phénomène particulier au temps de guerre) formées et équipées pour mener une seule opération. Plusieurs des plus célèbres forces d'élite sont en fait des forces spéciales, choisies et entraînées pour un type de conflit bien précis. Il s'agit des parachutistes, des Rangers, des Marines et des commandos de toutes les principales forces armées ainsi que des conscrits des anciens Spetsnaz soviétiques. Elles forment des troupes de choc dans la meilleure tradition des forces d'élite. Contrairement aux véritables forces spéciales, elles ne peuvent cependant se déployer bien longtemps; on s'attend donc à ce qu'elles soient assez vite remplacées par des forces conventionnelles ». M. Lloyd, *Special Forces: The Changing Face of Warfare*, New York, NY, Arms and Armour Press, 1996, 11.

14 M.J. King, *Rangers: Selected Combat Operations in World War II*, Fort Leavenworth, KS, Combat Studies Institute, U.S. Army Command and General Staff College, June 1985. Introduction.

15 Wikipedia Encyclopaedia en ligne. Commandos britanniques. Présenté à l'adresse suivante: http://en.wikipedia.org/wiki/British_Commandos# Formation> consulté le 15 février 2004.

16 Joint Pub 3-05, II-11.

17 P. Young, *The First Commando Raids: History of the Second World War Series*, Londres, BCE Publishing Ltd, 1966, 1-4. Selon Charles Messenger, auteur du livre The Commandos 1940-1946, « alors qu'au départ, on insistait pour que le commando travaille seul, on a bien vite réalisé que sans discipline personnelle et sans discipline au sein de l'organisation, le commando ne servirait pas à grand chose. Il en était de même des connaissances militaires de base, et c'étaient des compétences qu'il possédait que le commando tirait sa souplesse. Outre les tâches spécialisées qu'il était appelé à assumer, le commando pouvait combattre au même titre que n'importe quel fantassin, comme l'ont démontré les batailles de la Crête, de Tunisie, de Normandie et de la Colline 170. Le soldat du commando devait être en meilleure condition physique que le soldat ordinaire, être capable de travailler seul ou au sein d'une formation importante et posséder plus de compétences ». Messenger utilise la définition présentée dans la brochure sur le Royal Marine d'après-guerre pour définir les qualités d'un commando, selon laquelle les « commandos sont des fantassins hautement qualifiés qui doivent être des spécialistes dans leurs fonctions. Ils doivent de plus: (a) être capables de se déplacer rapidement sur n'importe quel type de terrain et faire preuve d'autonomie sur les routes; (b) apprécier les combats de nuit; (c) être prêts à travailler au sein de petits groupes ou seuls; (d) être capables de débarquer sur des côtes impraticables pour les fantassins ordinaires et de suivre les spécialistes de l'escalade lorsqu'il s'agit de prendre des collines d'assaut ». Messenger ajoute qu'on reconnaît cependant que ce qui comptait le plus, c'était que les commandos aient le bon état d'esprit. C'est ce qu'on appelle l'« esprit du commando », qui était constitué des éléments suivants: (a) la détermination; (b) l'enthousiasme et l'entrain, surtout dans les moments difficiles; (c) l'esprit de camaraderie; (d) la débrouillardise et l'autonomie ». C. Messenger, *The Commandos 1940-1946*, Londres, William Kimber, 1985, 410-411.

18 W.O. Darby et W.H. Baumer, *Darby's Rangers: We Lead the Way,* New York, NY, Random House, *1980*, 28-29.

19 *Ibid.*, 29.

20 *Ibid.*

21 King, *Rangers*, « Chaque peloton pouvait compter un officier et vingt-cinq soldats et comprenait un quartier général de peloton et deux sections. Au quartier général de peloton, on pouvait retrouver un chef de peloton, un sergent de peloton, un messager muni d'une mitraillette et un tireur d'élite/grenadier muni d'un fusil Springfield 1903. Chaque section pouvait réunir un chef de section, un adjoint, deux éclaireurs, un homme de pointe, un adjoint et cinq fusiliers. Dans une section, tous les hommes avaient des fusils M-1 à l'exception d'un des éclaireurs, qui avait une mitraillette, et de l'homme de pointe. Chaque section disposait aussi d'une mitrailleuse M1919A4 de calibre .30 qu'on gardait en réserve au quartier général du bataillon ».

22 *Ibid.* La transformation des Rangers, qui sont passés d'une force légère conçue pour mener des « opérations spéciales » à une unité beaucoup plus lourde capable d'entreprendre des opérations de combat plus traditionnelles, a débuté avant la première opération à laquelle ils ont pris part.

23 Darby et Baumer, 66.

24 King, *Rangers*.

25 *Ibid.*

26 Le Brigadier Mike Calvert, ex-commandant en temps de guerre du SAS, s'est fait plus direct. Dans son rapport sur la valeur du SAS après la guerre, il déclare que « les unités de volontaires comme le SAS attirent des officiers et des soldats qui témoignent d'un esprit d'initiative, de débrouillardise, d'autonomie sur le plan intellectuel ainsi que d'assurance. Dans une unité régulière, on a beaucoup moins de chance d'utiliser ces ressources et, en fait, dans bien des formations, elles représentent un handicap puisqu'une attitude individualiste nuit à l'harmonie d'une équipe. Cela vaut particulièrement pour la guerre européenne où l'individu doit mettre de côté son esprit d'initiative naturel afin de s'intégrer à la machine ». A. Kemp, *The SAS at War, 1941-1945*, Londres, John Murray, 1991, appendice D, 294.

27 D. Hogan Jr., *U.S. Army Special Operations in World War II*, Washington, DC, CMH Publication 70-42, Department of the Army, 1992, 23.

28 K. Finlayson et C.H. Briscoe, « Case Studies in Selection and Assessment: The First Special Service Force, Merrill's Marauders and the OSS OGs », *Special Warfare Magazine*, Fall 2000, 22.

29 Fait intéressant, la 1re Force d'opérations spéciales (1re SOF) a vécu le même problème de transport aérien que celui qu'ont connu les Commandos. Le programme d'entraînement de la 1re SOF au cours de l'hiver 1942-1943 consistait avant tout à se préparer en vue d'un déploiement opérationnel en Norvège dont l'objectif était de saboter des installations électriques nationales. Il a cependant fallu établir un plan auxiliaire puisque ceux qui avaient planifié la mission ont eu de la difficulté à trouver suffisamment d'appareils pour assurer le transport de l'unité et de son équipement. L'unité a donc été appelée à mener l'assaut sur l'île de Kiska durant la campane dans les Aléoutiennes puis à se rendre à Fort Bradford pour participer à un entraînement amphibie (l'information provient du ministère de la Défense nationale. Rapport n° 5, 1er Bataillon de service spécial du Canada, Section d'histoire, 13).

30 Canada, Ministère de la Défense nationale, *Rapport n° 5, 1er Bataillon de service spécial du Canada* (Section d'histoire de la Défense nationale), 10-12.

31 *Ibid.*, 54.

32 *Ibid.*, 42.

33 Le 6e Bataillon des Rangers a été créé en septembre 1944 à partir du 98e Bataillon d'artillerie de campagne. Les hommes ont participé à un entraînement très exigeant qui ressemblait à celui que les Rangers de Darby avaient suivi en Écosse. L'unité a entrepris le combat aux Philippines, où elle « est parvenue à débarquer sur les îles de Dinagat, de Guiuan, et de Homonhan le 17 octobre 1944, trois jours avant la principale invasion des Américains, et à détruire les installations radio et d'autres positions japonaises qui servaient à surveiller l'entrée au golfe Leyte ». Au cours de ces opérations, l'unité a appris que les prisonniers de guerre étaient gardés dans la région de Cabanatuan.

34 Ayant besoin d'informations fiables dans les jungles denses du théâtre, la Sixième Armée a mis en service les Alamo Scouts en novembre 1943. Cette unité était chargée de recueillir du renseignement stratégique et de mener des opérations secrètes.

35 États-Unis, Department of the Army, *FM 78-5 Ranger Operations*, 9 juin 1987, chapitre 4, disponible à : http://www.army.mil/cmhpg/books/wwii/70-42/70-424.html.

36 King. Le plan précisait aussi que les Alamo Scouts assureraient la surveillance de l'objectif. Les équipes « partiraient avant le début de l'opération, établiraient un contact avec les guérilleros et seraient rejointes par des guides locaux, puis se dirigeraient vers une position située au nord

de l'objectif. Elles communiqueraient avec les guérilleros dans la zone et surveilleraient le complexe afin d'évaluer l'effectif des troupes japonaises, d'identifier les gardes ainsi que leurs habitudes ». L'information serait ensuite transmise aux Rangers, à leur arrivée dans la zone.

37 *Ibid.* Dans le « rapport hebdomadaire du G2, on la décrit comme *un exemple presque parfait de reconnaissance et de planification préalables à l'opération...* On soutient de plus qu'elle a permis de démontrer ce *que les patrouilles peuvent accomplir en territoire ennemi lorsqu'elles appliquent les principes fondamentaux de la reconnaissance et de la patrouille, travaillent en secret et épient, ont recours à la dissimulation, procèdent à la reconnaissance d'itinéraires, utilisent des photographies et des cartes avant l'opération elle même [...] et effectuent la coordination de toutes les armes avant d'entreprendre une mission ».*

38 *History of the Rangers,* disponible à: http://www.grunts.net/army/rangers.html

39 A. Weale, *Secret Warfare: Special Operations Forces from the Great Game to the SAS,* Londres, Hodder Headline, 1998, 76.

40 *Ibid.,* 76. Selon David Stirling, fondateur du SAS, des raids lancés par les commandos, comme ceux dirigés sur des positions allemandes le long de la côte de Cyrénaïque, en Afrique du Nord, n'étaient pas très utiles. Il estimait que ces opérations étaient des plus inefficaces et faisait valoir que pour des forces lancées à partir de navires de guerre, il fallait presque le tiers de la force pour établir la tête de pont, puis pour la défendre. Il a aussi déclaré que même si on parvenait à surprendre l'ennemi, les troupes subiraient de lourdes pertes et finiraient par se désengager. Stirling a conclu qu'il s'agissait au mieux d'expériences coûteuses qui exigent beaucoup d'effectifs et de ressources et qui ne dérangent guère l'ennemi. Mais surtout, les Allemands en étaient venus à bien connaître ces actions directes de grande envergure. C'est ainsi qu'ils avaient aménagé des positions défensives afin de réduire la menace. Stirling a soutenu que si une petite force arrivait à se déplacer dans des vastes régions désertiques du sud, on pourrait infiltrer une force derrière les lignes ennemies et la désengager rapidement. A. Hoe et E. Morris, *RE-Enter the SAS: The Special Air Service and the Malayan Emergency,* Londres, Leo Cooper, 1994, 2-3.

41 Il est important de noter que ces limites sont inhérentes à la structure même de ces unités et qu'elles continueront d'exister. La capacité de déployer rapidement des unités SP très légères n'est utile que si la mission est importante, que le déploiement se fait rapidement et que la mobilité tactique n'est pas en cause. Si les déploiements sont plus longs et que la mobilité tactique prend plus d'importance, alors cette capacité n'a plus

aucun intérêt. Voilà entre autres pourquoi ces unités ont disparu après la Seconde Guerre mondiale.

42 *FM 78-5 Ranger Operations*, appendice F, Ranger History.

43 *Ibid.*

44 History of the Rangers.

45 *Ibid.*

46 *Ibid.*

47 T. Clancy et C. Stiner, *Shadow Warriors: Inside the Special Forces*, New York, NY, Penguin Putnam, 2002, 322-324 (voir aussi 352-361).

48 *Ibid.*

49 *FM 78-5 Ranger Operations*, chapitre 5. Il est à noter que ces tâches proviennent de l'Armée américaine et qu'elles ne sont pas nécessairement attribuées par le SOCOM.

50 *Ibid.*

51 *Ibid.* Les Rangers ont aussi certaines limites. Selon la doctrine américaine, ces limites comprennent une « capacité limitée contre des unités blindées ou motorisées en terrain découvert, l'absence de ressources de transport internes, une capacité de combat soutenu limitée attribuable à l'absence d'éléments organiques de soutien au combat et de soutien logistique du combat, un nombre limité d'armes de défense antiaérienne intégrales et un appui-feu indirect intégral limité, l'absence de moyens d'évacuation sanitaire ainsi que l'important effort de reconstitution et de recyclage requis pour remplacer les pertes au combat ».

52 Ces données ne tiennent pas compte de la guerre du Golfe de 1990-1991, ou des déploiements en Haïti en 1994.

53 Canada, Ministère de la Défense nationale, *Façonner l'avenir de la défense canadienne: une stratégie pour l'an 2020*, Ottawa, juin 1999, 6.

54 Pour faire partie des Rangers, les soldats doivent satisfaire aux normes de condition physique suivantes: (1) obtenir 80 points pour chacune des activités de l'*Army Physical Readiness Test* (APRT) et effectuer six tractions; (2) réussir l'épreuve de natation exigée; (3) courir 8 kilomètres en 40 minutes ou moins; (4) effectuer un déplacement de 12 kilomètres sur route en trois

heures ou moins (avec le havresac, le casque et l'arme); (5) avoir la taille et le poids exigés. S'il est choisi, le soldat participe à un programme de familiarisation de trois semaines. Ce programme, exigeant sur le plan physique, vise à enseigner aux soldats les compétences et les techniques élémentaires utilisées par les unités de Rangers. L'entraînement comprend: un entraînement physique quotidien, une épreuve sur l'histoire des Rangers, la lecture de cartes, le test d'aptitude physique de l'Armée, une opération aéroportée, les normes des Rangers, la navigation terrestre de jour et de nuit, une course de 5 milles effectuée au rythme de combat, l'épreuve de survie dans l'eau, des déplacements de 6, 8 et 10 milles sur route, l'entraînement de conducteur (carte DDC), l'entraînement avec corde de descente rapide et l'attestation de secouriste de combat. Le programme permet d'identifier et d'éliminer les candidats qui n'ont pas une volonté à toute épreuve, qui manquent de motivation, qui ne sont pas en bonne condition physique et qui sont fragiles émotivement. Un tel programme, axé sur le leadership, est offert aux officiers et sous-officiers qui souhaitent joindre les rangs de l'unité.

55   Le soldat doit réussir le cours de leadership des Rangers, mieux connu sous le nom de cours des Rangers, pour devenir un leader au sein du régiment des Rangers. Le cours dure 56 jours et ressemble beaucoup au premier cours des Commandos, alors que l'accent est mis sur la patrouille. Au cours de cet entraînement, très exigeant physiquement, on enseigne aux soldats les procédures suivies par les commandants de peloton et de section, les ordres d'opération et les patrouilles au niveau des petites unités.

56   Cette organisation se rapproche considérablement de celle des bataillons des Rangers. Chaque unité compte une compagnie de parachutistes.

57   Dans un article publié dans le numéro de Mars/Avril 2003 de *Asia-Pacific Defence Reporter*, le Dr Roger Thornhill a mentionné qu'en « 1999/2000, la société RAND a réalisé une étude portant sur l'efficacité des divisions aéromobiles rapides de l'Armée américaine (les 82nd et 101st divisions ont servi pour les études de cas). Il a appris que ces formations terrestres étaient trop légères et qu'elles ne venaient en fait que ralentir une avance militaire déterminée, comme lors de l'invasion du Koweït par l'Irak en 1990/1991. Le rapport propose certains moyens qui permettraient de soutenir les divisions aéroportées en faisant appel à la technologie ... »

58   Ce problème n'est pas exclusif aux BIL. Il est en fait beaucoup plus vaste. Pour la plupart des missions actuellement entreprises par l'Armée de terre, il faut en effet prévoir des renforts importants tant au chapitre des effectifs que de l'équipement.

59   B. Horn, *Bastard Sons, An Examination of Canada's Airborne Experience 1942-1995*, St. Catharines, ON, Vanwell Publishing, 2001, 265-266.

60 *Ibid.*

61 Même s'il convient de souligner que le cours des Rangers est un cours de leadership et que tous les Rangers ne sont pas tenus de le suivre, tout soldat qui souhaite demeurer avec les bataillons des Rangers pendant un certain temps doit le réussir.

62 Ces données sont établies en fonction d'une unité de Rangers d'environ 600 soldats. Si l'unité est plus importante, alors le problème prend de l'ampleur.

63 Canada, Ministère de la Défense nationale, Directeur — Concepts stratégiques (Opérations terrestres), *La Force de demain: Vision conceptuelle des capacités de l'Armée de terre de l'avenir*, Kingston, Bureau de l'éditeur de l'Armée de terre, 2004, 172-176.

64 *Ibid.*

65 Selon des sources non classifiées, environ 24 % des candidats désireux de joindre les rangs du SAS/des FS américaines passent les étapes de la sélection et de l'entraînement. Chez la *Delta Force*, ce taux se situe entre 10 et 12 %, ce qui vaut sans doute aussi pour la FOI 2. C'est ainsi que selon le mode de sélection adopté, l'Armée peut recueillir les autres candidats, ceux qui se situent entre 12 et 24 %, pour créer une « force verte ». Cette force compterait de 120 à 150 opérateurs, ce qui serait bien inférieur aux 600 à 700 hommes requis pour former une unité de Rangers.

CHAPITRE 12

Les besoins changeants des Forces d'opérations spéciales du Canada:
un document de conception pour l'avenir

J. Paul de B. Taillon

*Tous les hommes rêvent, mais pas tous de la même manière.
Ceux qui rêvent la nuit dans les replis poussiéreux
de leurs pensées s'éveillent le jour et rêvent que c'était vanité:
mais les rêveurs de jour sont des hommes dangereux, car ils
peuvent, les yeux ouverts, mettre à exécution leur rêve pour le
rendre réalité.*

T. E. Lawrence, *Les sept piliers de la sagesse*

Le 1er avril 2006, les Forces d'opérations spéciales du Canada (FOSCAN)[1] fêteront leur 14e année de service au sein des Forces canadiennes (FC)[2]. Les années passées, marquées de grands défis et de grands changements, ont vu s'accroître la réputation de professionnalisme des FOSCAN sur les scènes nationale et internationale, réputation dont la preuve a été faite récemment durant les opérations des Forces d'opérations spéciales (SOF) interarmées et coalisées en Afghanistan. Ces années ont aussi été une période de recherche de soutien militaire et politique.

En plus d'une décennie, les SOF sont passées d'une unité formée en grande partie de membres du Régiment aéroporté du Canada à une organisation composée d'un large éventail de volontaires militaires, y compris de réservistes. Les FOSCAN ont œuvré dans nombre de pays, dont la Bosnie, le Rwanda, l'Afghanistan et Haïti. De plus, les opérations des FOSCAN ont été des plus variées, allant de la protection de Canadiens de marque à l'accomplissement d'un mandat d'observateurs de la commission mixte[3] en Bosnie et à l'entraînement de constables en Haïti[4], jusqu'à l'exécution d'opérations de surveillance et d'action directe en Afghanistan[5].

À la suite des attentats du 11 septembre 2001 à New York et à Washington, le gouvernement canadien aurait augmenté le budget des FOSCAN de quelque 119 millions de dollars, un élément intégral de sa participation à la guerre mondiale contre le terrorisme[6]. Le gouvernement entendait ainsi doubler l'effectif de l'unité des SOF pour le porter à 600 membres[7]. Voilà un très grand défi si l'on considère non seulement la taille de l'effectif régulier des FC, mais aussi les critères de sélection exigeants imposés à qui voudrait se joindre aux SOF. Pour y parvenir, les FC devront peut-être modifier le processus de recrutement et de sélection des agents des SOF, et se tourner plutôt vers les réservistes et vers d'autres Canadiens qui possèdent les compétences et les aptitudes recherchées. En créant un escadron de réserve des SOF, comme l'ont fait certains de nos alliés, on obtiendrait un bassin d'agents des SOF entraînés, prêts à participer aux opérations et aptes à renforcer les effectifs des FOSCAN au besoin.

QUALITÉS REQUISES DU PERSONNEL DES SOF

L'agent des SOF doit être très motivé et doté d'une intelligence aiguë; il doit être en bonne forme physique, psychologiquement stable, débrouillard et autonome. Il doit pouvoir travailler seul ou en petite équipe, être flegmatique et posséder ce courage qu'Ernest Hemingway qualifie de « sang-froid face à l'adversité »[8].

Le tact et le pouvoir de persuasion sont aussi des qualités vitales pour ceux qui conseillent et entraînent des militaires étrangers; les personnes qui sont insensibles au milieu socioculturel dans lequel elles évoluent auront peu d'influence sur les officiers étrangers et leurs sous-officiers, dont beaucoup possèdent peut-être davantage d'expérience pratique. Comme le disait un agent du *Special Air Service (SAS):* « On peut conseiller l'Afghan rusé sur la façon d'organiser une meilleure embuscade, mais il ne faut jamais lui dire qu'il n'a pas d'expérience dans l'exécution des embuscades »[9]. La lecture de n'importe quel bref ouvrage d'histoire sur les opérations militaires soviétiques en Afghanistan entre 1979 et 1989 vous convaincra rapidement de la capacité des combattants afghans à infliger des pertes et des dommages à leurs adversaires.[10]

L'AIDE À L'ENTRAÎNEMENT DES SOF ET LA NÉCESSITÉ D'UNE EXPERTISE CULTURELLE/LINGUISTIQUE

Les opérations des SOF sont, de par leur nature, des opérations à faible visibilité qui misent sur la vitesse, la surprise, l'audace et la déception pour minimiser les risques et maximiser les résultats. Ces tactiques, techniques et procédures (TTP) permettent aux SOF d'accomplir des missions qui pourraient dans bien des cas, quoique plus difficilement, être exécutées par des forces militaires classiques; les SOF constituent donc une « force de choix »[11]. Nos alliés – les États-Unis et la Grande-Bretagne en particulier – comptent beaucoup d'agents des SOF qui ont été ou qui sont « géographiquement orientés » et qui, par conséquent, comprennent la culture d'une région et savent communiquer dans la langue ou les langues qu'on y parle[12]. Cela permet aux SOF de nos alliés de s'acclimater rapidement à des environnements exotiques et à entreprendre leurs missions de plein pied. Nos alliés peuvent ainsi affecter sans difficulté leurs SOF à des opérations de sécurité intérieure étrangère[13], à des équipes mobiles d'entraînement (MTT)[14] ou à des rôles de conseillers, non seulement en vue de prêter main-forte à leurs amis et alliés, mais aussi dans le but de promouvoir la politique étrangère de leur propre gouvernement. Grâce aux programmes d'instruction qui leur sont offerts, les membres des SOF qui participent aux activités mentionnées ci-dessus peuvent élargir leur champ de compétences et former des contacts personnels et des réseaux qui pourraient s'avérer importants.

Étant donné que les SOF et le service du renseignement seront au premier rang de la guerre mondiale contre le terrorisme, les FOSCAN constituent l'une des trois ressources militaires stratégiques[15] du gouvernement canadien. En ce sens, les FOSCAN ont la capacité d'influer sur le programme de sécurité internationale du Canada. L'utilisation des FOSCAN comme ressource d'entraînement pour des nations amies garantirait à ces dernières une formation de qualité tout en étendant et donnant de l'importance aux intérêts et à l'influence de la politique étrangère canadienne à l'étranger. Par ailleurs, les opérations des FOSCAN, tout en exigeant relativement peu de personnel et de matériel, auraient un impact stratégique: celui de contribuer à la consolidation, à la démocratisation et à la stabilisation de démocraties naissantes tout en renforçant les relations et l'influence du Canada dans des régions qui ont besoin d'aide pour entraîner leur personnel. La participation canadienne aux opérations de sécurité intérieure internationale et aux programmes d'aide militaire en collaboration avec les alliés augmenterait le prestige du Canada sur la scène internationale et représenterait une option viable et intéressante pour les pays qui ne solliciteraient pas nécessairement l'aide de nos cousins britanniques et américains.

Pour répondre à ce besoin potentiel, les FOSCAN devront compter parmi leurs compétences des capacités linguistiques autres que la connaissance de nos deux langues officielles. L'arabe, l'espagnol, le chinois et les dialectes afghans sont quelques-unes des langues dont on aura probablement encore besoin dans un avenir prévisible. De plus, notre connaissance du français sera un atout important dans nos rapports avec les pays africains de langue française et Haïti, lesquels pourraient éventuellement demander l'appui militaire du Canada.

Une façon de résoudre le problème de la compétence linguistique et de la sensibilité culturelle serait de repérer[16] des Canadiens de deuxième génération provenant de divers groupes ethniques[17] et de les recruter directement dans les FC en vue de les sélectionner et de les entraîner pour faire partie des FOSCAN. La sélection de citoyens canadiens de deuxième génération qui parlent une langue étrangère rappelle la façon de faire en Suède, où, pour des raisons de sécurité, on n'emploie que des interprètes suédois de deuxième génération pour accompagner les forces à l'étranger[18]. Les FOSCAN se retrouveraient donc avec des candidats qui, en plus d'être canadiens, seraient nés et éduqués dans une nation multiethnique et posséderaient les qualités vitales que sont la sensibilité et la conscience culturelles[19] ainsi que la capacité primordiale que constitue la compétence linguistique. À la suite de leur sélection et de leur entraînement, les agents ethniques canadiens devraient avoir la possibilité de se rendre dans le pays natal de leur famille pour voir d'eux-mêmes la région où ils pourraient être appelés à travailler et pour voir de quoi ils auraient besoin pour y entreprendre ou y appuyer des opérations spéciales le cas échéant. Ces personnes sélectionnées et entraînées pour les FOSCAN, et capables de se fondre aisément au contexte linguistique et culturel, constitueraient de précieux ajouts à notre éventail de capacités.

Une autre façon de rassembler ces compétences serait de repérer des étudiants d'université qui étudient des langues intéressantes du point de vue opérationnel et de voir comment ils pourraient contribuer aux FOSCAN. Une fois recrutées et formées, ces personnes pourraient séjourner dans le pays pour se familiariser et l'étudier de première main, tout en exerçant leurs compétences linguistiques et en développant leur conscience culturelle[20]. Malheureusement, il n'existe pas de raccourcis. Les cours magistraux sur la géographie, la population, la culture, la langue et la géomorphologie ne permettent pas de transmettre les connaissances requises au sujet de l'ordre social, de la politique locale et de ses caractéristiques, ou des particularités sociales. Il faut aussi que les agents des SOF soient capables de s'adapter au mode de vie indigène partout où ils se trouvent. Cette capacité d'adaptation n'est pas donnée à tous. Cependant, les personnes qui savent s'adapter aux cultures étrangères s'attireront le respect des habitants et établiront des relations personnelles utiles tout en faisant avancer la mission. Cela rejoint la nouvelle politique militaire de promotion des coalitions qui consiste à développer des relations à l'appui des opérations. La directive d'exécution du Chef d'état-major de la Défense (CEMD) précise davantage les objectifs de la promotion des coalitions en y ajoutant l'interopérabilité et l'intégration efficaces avec des alliés non traditionnels et les partenaires de la coalition, qui sont des habilitants essentiels si les FC veulent être en mesure de jouer un rôle de nation dirigeante dans des opérations multinationales de soutien de la paix. Les FOSCAN pourraient jouer un rôle stratégique clé dans cette initiative du CEMD.

Pour assimiler ces compétences linguistiques et culturelles si importantes, mais si souvent négligées, les FC devront peut-être modifier leurs démarches de recrutement et de sélection en vue de mettre sur pied un programme novateur et flexible pour repérer, recruter, trier, sélectionner et entraîner des personnes et superviser leur administration et leur cheminement de carrière[21]. Il va sans dire que ce virage hors des traditionnelles voies de recrutement et de sélection serait difficile à réaliser. Mais nous devons accepter de prendre des mesures novatrices pour répondre aux attentes du gouvernement. Si nous faisons abstraction de ces possibilités, la communauté des FOSCAN pourrait fort bien perdre un important moyen de recruter des candidats convenables pour les SOF ainsi que son soutien et sa crédibilité sur le plan politique.

Il importe de reconnaître les avantages de la mosaïque culturelle et ethnique qui forme maintenant la société canadienne et l'importance pour les SOF d'adhérer à cette mosaïque[22]. L'importance de ces avantages est démontrée par des exemples historiques tels que le recrutement par l'armée britannique de Canadiens d'origine chinoise pour servir dans la *Special Operations Executive (SOE) Force 136*[23]. Ces mêmes Canadiens se sont acquittés de leurs tâches avec brio dans les rudes jungles malaisiennes, en sachant fort bien qu'ils seraient exécutés s'ils étaient capturés par les

Japonais. Récemment, un manque de connaissances linguistiques et culturelles a causé des problèmes à l'armée canadienne déployée en Afghanistan parce qu'il n'y avait apparemment personne au sein du personnel qui parlait les langues afghanes. Heureusement, on a découvert un officier du renseignement canadien qui possédait les compétences linguistiques requises et il a été affecté au 3ᵉ bataillon, *Princess Patricia's Canadian Light Infantry (3 PPCLI)* à titre d'interprète. Cette expérience illustre la nécessité d'intégrer les capacités linguistiques et culturelles au sein de nos SOF et de nos très capables bataillons d'infanterie légère[24].

ESCADRON DE RÉSERVE DES FOSCAN

Les FOSCAN ont été sommées de doubler leur capacité opérationnelle. C'est un ordre difficile à exécuter, étant donné surtout que la Force régulière des FC compte environ 55 000 personnes et la réserve, quelque 23 000 personnes au total[25]. De plus, de nombreux agents et employés de soutien ont quitté les SOF ces derniers temps, soit pour prendre leur retraite, soit pour se joindre aux services policiers ou aux secteurs privé ou public. Vu le nombre de départs, il est raisonnable de penser que toute croissance sera très lente. Cela étant, il conviendrait peut-être d'explorer la possibilité de créer un escadron de réserve des FOSCAN. Cet escadron serait entraîné et organisé pour exécuter des opérations spéciales limitées, dont des tâches d'équipes d'entraînement mobiles et de cellules rouges, de collecte du renseignement, de repérage de linguistes et de surveillance rurale/urbaine, entre autres fonctions des SOF. Ce nouvel escadron de réserve des SOF serait composé d'anciens membres de l'unité, de réservistes des FC possédant des compétences de spécialistes et de civils repérés et recrutés en fonction de qualités et de capacités précises, ainsi que d'individus qui affirment avoir les compétences requises pour les FOSCAN. Toutes ces personnes seraient assujetties à un rigoureux programme de sélection et à un entraînement de suivi. Elles formeraient un personnel de renfort, semblable à celui de la *Individual Ready Reserve (IRR)* du *United States Marine Corps*, ou des *21ˢᵗ ou 23ʳᵈ SAS Regiments*, qui est composé de soldats de la *British Reserve Territorial Army (TA)*, lesquels sont prêts à entreprendre l'entraînement et les opérations à court préavis[26]. Dans le Royaume-Uni, la TA et les régiments du SAS de la Force régulière collaborent étroitement et les membres du 22 SAS sont souvent attachés au SAS (R)[27]. Dans les années 1980, le SAS de la Force régulière a adopté une pratique obligeant les officiers et les sous-officiers supérieurs du 22 SAS qui souhaitaient monter en grade à passer quelque temps dans le SAS(R). Ces réservistes ont par la suite occupé des postes d'importance dans les hautes sphères ministérielles et politiques; un tel cheminement n'est actuellement pas possible au sein des FC dans l'ensemble et des FOSCAN en particulier. Par exemple, Sir Paddy Ashdown, ancien officier du *Special Boat Service (SBS)*, a été le chef du parti Libéral démocrate du Royaume-Uni de 1988 à 1999[28]. Avec des personnes telles que Ashdown pour conseiller ses pairs du cabinet sur les capacités et les limites des troupes des SOF, il serait d'autant plus possible d'aspirer à un haut niveau de coopération et de compréhension sur le plan politico-militaire.

L'idée d'un escadron de réserve pour les SOF peut sembler impensable pour certains membres de la communauté des SOF canadiennes[29], mais nos alliés ont découvert qu'ils pouvaient recruter dans les rues, comme le font les 21e et 23e régiments SAS de l'armée britannique depuis leur mise sur pied. Il est à noter que le régiment de l'*Artists' Rifles Territorial Army*, basé à Londres, est devenu le *21 SAS (Artists' Rifles)* en 1947[30] et qu'il constitue encore aujourd'hui un élément intégral de la communauté des SOF britanniques, tout comme le 23 SAS. En janvier 2001, les *US Army Special Forces (SF)* ont mis sur pied le *Special Forces Initial Accessions Program*, un programme de recrutement communément appelé *18X Program*. Il y a vingt-cinq ans, l'armée américaine avait tenté de recruter des soldats de FS directement dans la rue, ce qui avait soulevé beaucoup de controverse. Malgré cette première tentative problématique, le *US Army Recruiting Command* a commencé à présélectionner et à sélectionner des soldats pour le 18X. Le calendrier d'entraînement pour ces candidats recrutés « dans la rue » est un programme à temps plein d'une durée de deux ans qui se donne à l'école de l'infanterie et des forces aéroportées. Une fois que le candidat des FS a terminé la première phase d'entraînement, il est affecté au Fort Bragg, en Caroline du Nord. Là, le soldat du 18X fréquente le *Special Forces Assessment and Selection Center*. S'il est choisi pour faire partie des FS, il suit le *SF Qualification Course (SFQC)*, après quoi il suit le cours de formation linguistique et le *Survival, Evasion, Resistance and Escape (SERE) course*. Lorsqu'il a terminé tous ces cours, il est promu au grade de sergent. Selon le Sergent-major de commandement Michael S. Breasseale, « la qualité des recrues est impressionnante et, jusqu'ici, les membres du programme 18X ont surpassé toutes les attentes »[31]. À la lumière des modèles britanniques et américains mentionnés ci-dessus, les FC voudront peut-être étudier et mettre à l'essai l'une de ces méthodologies, ou les deux, pour voir si elles répondent aux besoins actuels et futurs des SOF canadiennes.

Au Canada, l'intégration de réservistes aux SOF exigerait une restructuration administrative car leur incorporation nécessiterait un changement radical aux différents plans de l'administration du personnel et de la gestion de carrière. Par contre, cela inviterait la résolution de la question de la perméabilité et de l'intégration des éléments de la force régulière et de la réserve, qui demeure problématique. La perméabilité permettrait aux membres du personnel de circuler aisément entre la force régulière et la réserve avec un minimum de bureaucratie et les cotes de fiabilité acquises, et de répondre promptement aux exigences d'entraînement ou aux exigences opérationnelles. Il faudrait pour cela un système de gestion du personnel et un système d'instruction individuelle et de recrutement très souples et novateurs. Les FOSCAN pourraient ouvrir la voie à la perméabilité entre les forces régulières et les forces de réserve.

SIMILARITÉ DES PARAMÈTRES D'EMPLOIS MILITAIRE ET CIVIL

Les FC doivent déterminer s'il y a similarité entre les compétences requises dans les SOF et dans certains emplois civils. Certains réservistes utilisent chaque jour des compétences semblables ou parallèles à celles que l'on exige des unités des SOF. On pense tout de suite aux agents de police affectés aux équipes d'intervention d'urgence (EIU), aux ingénieurs en démolition qui travaillent sur des projets de construction, aux équipes médicales, aux plongeurs des grands fonds et à une myriade d'autres civils dont l'expertise pourrait facilement faire partie des capacités requises des SOF. Par exemple, un ancien officier des SOF américaines a affirmé à l'auteur de ce texte en juin 2004 qu'une des unités de SOF américaines les plus efficaces est la *Special Weapons and Tactics (SWAT) Team* du *Los Angeles Police Department (LAPD)*. Apparemment, des agents des SOF américaines avaient été affectés à cette équipe à titre d'observateurs et pour y suivre des cours.

La Deuxième Guerre mondiale a entraîné la création du *Special Operations Executive (SOE)* britannique et de l'*Office of Strategic Services (OSS)* américain; c'est donc dire que les méthodes de recrutement suggérées ci-dessus ne sont ni uniques, ni inhabituelles, mais bien fondées sur des précédents historiques. Les nombreux tests psychologiques et physiques qui ont été conçus précisément pour évaluer le potentiel militaire d'un individu, du point de vue des SOF, pourraient être adaptés de manière à accélérer la sélection des nouveaux candidats. Étant donné leur vaste éventail d'occupations, les réservistes apportent traditionnellement de précieuses compétences aux forces armées; ils pourraient donc être un important moteur d'innovation (pensons à la perméabilité administrative, le rehaussement des capacités et une nouvelle conception culturelle), en plus d'aider à éliminer les obstacles internes, et à formuler et échanger des idées – toutes choses qui sont vitales pour une capacité SOF efficace et en constante évolution[32].

OPÉRATIONS SECRÈTES

Dans l'avenir, surtout si la guerre mondiale contre le terrorisme ne perd rien de son intensité au cours de la prochaine décennie, le Canada devra peut-être se doter d'une capacité opérationnelle secrète en vue de contrer des activités terroristes organisées ici même au Canada ou émanant d'autres pays et ayant pour cible le Canada, ses intérêts ou ceux de ses alliés. Certaines activités des FOSCAN ont été mises à jour durant la campagne en Afghanistan lorsqu'une photo a été publiée montrant des agents canadiens qui faisaient descendre d'un aéronef des combattants talibans aux yeux bandés; la participation canadienne à la guerre secrète en Afghanistan était ainsi dévoilée.

Le succès futur des opérations secrètes exigera l'intégration de FOSCAN compétentes dotées d'une unité du renseignement. Cette unité doit être capable de maintenir une liaison arrière afin d'accéder à toutes les sources de renseignement et de fusionner ces éléments en un tout cohérent, opportun et utilisable. La nécessité de comprendre un ennemi plus complexe et culturellement varié intensifiera le besoin d'obtenir des produits du renseignement plus raffinés et donc un appareil de soutien du renseignement fondé sur une approche interministérielle et interagences. Une telle organisation engloberait probablement la capacité HUMINT tactique et stratégique du Service canadien du renseignement de sécurité (SCRS), la capacité d'interception de certaines sections du Centre de la sécurité des télécommunications (CST) et du Groupe des informations d'opération des Forces canadiennes (GIOFC) et, selon la situation, la capacité policière de la Gendarmerie Royale Canadienne (GRC)[33]. De plus, cette unité du renseignement peut englober la participation de tout autre ministère ou agence (ceux des pays alliés y compris), nécessaires pour satisfaire aux exigences opérationnelles du moment. Ceci améliorerait l'éventail de capacités dont disposent les FOSCAN dans le théâtre opérationnel en plus d'améliorer la connaissance de la situation sur le terrain.

TOUT DOUX, TOUT DOUX

Sans vouloir critiquer les unités de SOF, qui doivent toutes apprendre de leurs expériences, le déploiement des agents des FOSCAN à Haïti en 2004 a révélé un manque de sophistication dans les opérations à faible visibilité, voire secrètes. Leur déploiement a été mis au jour peu après leur arrivée lorsque des photos montrant des agents des SOF en excellente condition physique, munis de lunettes de soleil enveloppantes dernier cri et de casquettes Nike ont fait les manchettes, provoquant un battage médiatique qui a tôt fait d'attirer l'attention du monde politique et du grand public. Malheureusement, cet incident a décuplé l'intérêt des médias pour les activités des FOSCAN en Haïti et au Canada. Cet incident rappelle ce qu'avait dit le défunt Chef d'état-major général britannique, Feld-maréchal Lord Carver, à propos de sa réticence à employer des membres du SAS britannique en Irlande du Nord. Lord Carver croyait fermement que « le problème avec les opérations clandestines est qu'elles restent rarement clandestines pendant longtemps »[34]. Cette perspective est d'autant plus à propos aujourd'hui que toutes les activités militaires font l'objet d'un examen médiatique constant et intense.

Les agents des SOF doivent consacrer beaucoup de temps à apprendre et à s'exercer à pénétrer dans des endroits interdits. Les opérations exécutées à l'aide de parachutes, d'engins submersibles pour nageurs, de bateaux, de sous-marins, d'hélicoptères, de scaphandres et de kleppers (kayak à deux places) ne sont que quelques-uns des moyens servant à introduire ou à retirer des agents. À mesure que la population partout au monde quitte les milieux ruraux au profit des centres urbains, les SOF devront trouver des techniques faisant moins appel à la testostérone pour s'introduire quelque part ou s'en retirer. Les SOF doivent apprendre à se fondre aux populations nationales et étrangères tout en étant prêts à exécuter leur mission. Il faut pour cela que les agents soient formés aux activités clandestines afin qu'ils puissent se déplacer de façon anodine ou, comme dirait le SAS, de façon *keeni meeni*[35] vers leur objectif et, une fois la mission terminée, qu'ils puissent quitter les lieux promptement, sans laisser de trace. Ces nouvelles réalités soulignent la nécessité d'appliquer des politiques de recrutement multiethnique pour que les SOF puissent travailler sans se faire remarquer dans un nombre grandissant de milieux ethniques et culturels partout au monde.

Pour remédier à notre manque de méthodes opérationnelles secrètes/clandestines, les FOSCAN pourraient chercher à réaliser des échanges avec nos alliés britanniques et américains, comme le font nos services du renseignement, en vue d'améliorer notre expertise à ce chapitre. De plus, des attachements auprès de la Gendarmerie Royale Canadienne (GRC) et du Service canadien du renseignement de sécurité (SCRS) en vue de s'initier aux activités du renseignement/des opérations secrètes pourraient aussi aider à améliorer les compétences et les capacités des agents et du personnel des SOF en matière d'activités clandestines.

BESOINS EN RENSEIGNEMENT DES SOF DE COALITION

L'un des principaux problèmes à noter des récentes opérations en Afghanistan aura été la constante difficulté qu'entraînait l'échange des renseignements entre les membres de la coalition. On peut comprendre qu'il faille protéger ses sources de renseignement et ses technologies sensibles. Mais, assigner aux membres de la coalition des missions à haut risque, de type classique ou SOF, sans leur fournir le renseignement de toutes sources vital correspondant aux objectifs assignés, pourrait être considéré comme immoral et particulièrement privatif. Devenue un sujet épineux au sein de la communauté des SOF de coalition à Kaboul, cette question a, à un moment donné, exacerbé les relations avec un allié et nui aux opérations des SOF multinationales. Heureusement, le personnel du renseignement canadien a intercédé et est parvenu à régler le problème. L'emploi de membres du personnel canadien comme médiateurs entre alliés témoigne du besoin de faire preuve de tact et de patience, deux qualités importantes pour ceux qui exécutent des opérations spéciales. Il faut donc s'assurer que les SOF sélectionnent et retiennent, pour les activités du renseignement, des personnes qui soient capables de fonctionner au sein d'un état major interarmées et de coalition, de faire face à l'ambiguïté, de traiter des questions de renseignement délicates et de travailler avec des agents des SOF alliées/étrangères et en tenant compte des desseins alliés[36]. Vu le rôle critique du renseignement en tant que moteur des activités des SOF, il incombe aux organisations de renseignement intégrales des SOF, surtout celles de l'alliance spéciale ou traditionnelle formée par le Canada, la Grande-Bretagne, l'Australie, la Nouvelle-Zélande et les États-Unis, de trouver une façon convenable de tenir compte des besoins en renseignement des SOF dans une coalition. Cela évitera des conflits et éliminera toute animosité qui aurait très bien pu se manifester avant, durant ou après les opérations des SOF de coalition. En se penchant tous dès maintenant sur la question essentielle, quoique pointilleuse, du partage du renseignement, nos alliés traditionnels et futurs seront plus portés à vouloir intégrer leurs SOF respectives à d'éventuelles initiatives coalisées[37].

OPÉRATIONS D'INFORMATION

En raison de la cadence opérationnelle croissante et de la concentration sur les opérations basées sur les effets (EBE), on doit doter les FOSCAN d'une capacité d'exécution d'opérations d'information (OI) qui engloberait la guerre électronique (GE), les opérations axées sur les réseaux informatiques, les opérations psychologiques (OPSPSY) et la sécurité des opérations (SECOP). Tant dans les opérations classiques que spéciales, les OI constituent un multiplicateur de la force capable de:

— Prévenir, décourager, dissuader, et si elles sont bien organisées, orienter un ennemi;

— Perturber l'unité de commandement de l'ennemi tout en protégeant la nôtre;

— Protéger nos propres plans tout en induisant en erreur l'ennemi.

Des opérations d'information bien intégrées peuvent améliorer les opérations spéciales dans tout le spectre opérationnel et façonner l'environnement opérationnel des SOF. Les OI seront, maintenant et dans l'avenir, une ressource d'appui vitale qui doit faire partie des SOF et être utilisée de manière novatrice[38].

LES SOF ET LA GUERRE RÉSEAUCENTRIQUE

La guerre réseaucentrique est une forme de guerre relativement nouvelle. Selon le Capitaine Greg Gagnon de la *United States Air Force*, elle met l'accent « sur l'effet synergétique amplifié que peut produire l'établissement d'un réseau et d'une liaison électronique entre des forces géographiquement dispersées pour en faire une seule grille d'engagement de capteur à tireur ». La guerre réseaucentrique procure aussi à l'exécutant une meilleure connaissance de la situation et du champ de bataille en augmentant l'étendue du réseau et des équipes individuelles[39]. Selon le Capitaine Gagnon, le fait d'accéder à un centre d'information opérationnel commun pour amasser de l'information plutôt que des forces de combat, permettrait de projeter efficacement la puissance de combat. Tous les intervenants d'un réseau basé sur l'information exécutent leurs opérations conformément à l'intention du commandant et aux règlements régissant les activités et établissant les « lignes directrices servant à coordonner et à contrôler l'interaction entre les éléments du réseau ». Ces lignes directrices préciseraient aussi qui est responsable de l'engagement des objectifs en plus d'optimiser la portée des capteurs tout en éliminant les conflits entre intervenants. La guerre réseaucentrique vise à décentraliser le pouvoir décisionnel et, par l'accès à une base d'informations opérationnelles commune, à accélérer le cycle d'observation, d'orientation, de décision et d'action de Boyd, communément appelée boucle OODA[40]. Ainsi, les membres du réseau pourraient « engager plus d'objectifs en agissant globalement que ne peuvent en engager les membres agissant individuellement. » Il en découle une meilleure connaissance de la situation, fondée sur les règles et les directives du commandant, de sorte que les SOF et les forces classiques n'ont pas à attendre leurs ordres.

Cette capacité réseaucentrique comporte de nombreux avantages. La possibilité d'obtenir des informations en temps réel peut influer sur la structure organisationnelle en réduisant la taille de l'élément de pointe tout en améliorant de beaucoup sa connaissance de la situation et donc son efficacité. Par contre, la capacité technique de partager la connaissance de la situation en temps réel en se servant d'une base d'informations opérationnelles commune peut favoriser l'intervention hiérarchique. La capacité d'accéder au réseau du commandant permet tant aux SOF qu'aux forces classiques d'élargir leur rayon de combat en accédant aux systèmes d'armes plus rapides et à plus longue portée dont on dispose.

Théoriquement, les opérations spéciales réseaucentriques amélioreront la connaissance de l'espace de bataille et de la situation en plus d'accélérer le cycle de prise de décision, ce qui augmentera notre efficacité au combat. Considération faite des avantages théoriques de la guerre réseaucentrique et de ses éventuelles applications, il incombe aux FOSCAN et peut-être à nos forces légères, de se joindre à nos alliés, et à la communauté universitaire, pour explorer l'impact potentiel de cette forme de guerre et ce qu'elle représente pour les opérations de l'infanterie légère et des SOF[41].

LES SOF ET LA FORMATION MILITAIRE

Pour beaucoup d'officiers d'état-major, les SOF évoquent l'image d'un Rambo en uniforme. De plus, beaucoup d'officiers qui occupent des postes clés de l'état-major et du commandement connaissent mal les capacités et les exigences liées aux opérations des SOF. Enfin, peu reconnaissent que les SOF constituent une ressource nationale stratégique « de grande valeur et de faible densité ». C'est pourquoi il incombe au système de collèges d'état-major des Forces canadiennes, et à ceux de nos proches alliés, d'offrir des cours qui permettront aux officiers d'état-major de se familiariser avec les SOF et de participer à des exercices, notamment ceux qui portent sur le contre-terrorisme au pays et/ou à l'étranger. Ces cours seraient semblables à ceux qu'offre actuellement le *Command and General Staff College* de l'armée américaine et qui emploie un Commandant de forces d'opérations spéciales interarmées (CFOSI) dans des exercices de Force opérationnelle interarmées multinationale (FOIM). Ainsi, les aspirants officiers d'état-major des SOF verront comment un état-major interarmées multinational emploierait les ressources susmentionnées (intégration des capacités) et se familiariseraient avec des problèmes concrets qui opposent les coalitions aux SOF et avec les façons d'y remédier. Nos établissements d'enseignement devraient aussi promouvoir l'étude de l'histoire des opérations des SOF, de leurs exigences, des leçons retenues, et ainsi de suite, pour favoriser une compréhension des exigences et des opérations des SOF dans les contextes politique et militaire. De telles études aideraient les futurs officiers d'état-major à comprendre ce que représentent les SOF et ce qu'elles peuvent faire lorsqu'elles ont les ressources voulues et les occasions d'agir, et à reconnaître les risques politiques associés aux missions des SOF.

Il est également vital que les états-majors à la planification soient au courant des compétences des SOF de nos coalitions traditionnelles et qu'ils prennent part à des exercices dans lesquels les SOF jouent un rôle clé plutôt qu'accessoire[42]. Ce type d'initiatives contribuera à enchâsser les SOF dans nos plans de contingence et à montrer aux officiers d'état-major comment employer les compétences particulières des SOF tout en s'assurant que ces ressources de grande valeur et de faible densité ne sont pas utilisées de manière inappropriée. De plus, il pourrait être nécessaire de créer un champ professionnel distinct pour les officiers/MR (soldats) des SOF. Par ailleurs, la formation des membres des SOF devrait être élargie pour approfondir leur connaissance de l'histoire des SOF, pour parfaire leur compréhension des incidences politiques et militaires des SOF en temps de guerre et de paix et pour accroître leur appréciation du rôle des SOF dans les opérations classiques et non classiques. Le Collège militaire royal du Canada, situé à Kingston, en Ontario, propose actuellement des études de cas et des cours sur le thème des SOF, qu'on pourrait élaborer davantage en ajoutant au Département des études sur la conduite de la guerre un centre d'études spéciales sur la conduite de la guerre, dont le personnel serait formé d'universitaires qui étudient ce sujet et d'experts des SOF. Une expérience continue des opérations des SOF serait aussi un outil d'apprentissage important tant pour les agents que pour les commandants et les états-majors qui les appuient. Pour se familiariser avec les opérations des SOF et en tirer des leçons, il faudra maintenir une cadence opérationnelle raisonnable. Nous pourrions à cette fin nous joindre à nos alliés pour exécuter des opérations de SOF à intervalles réguliers afin de déceler et de démanteler des cellules terroristes et toute autre menace à notre intérêt national partout au monde. On ne peut pas laisser constamment en attente les FOSCAN comme s'il s'agissait d'une sorte d'équipe d'armes spéciales et tactique *(SWAT team)* au risque de voir leurs compétences et leur équipement tomber en désuétude. Pour préserver la capacité des SOF, il faut les utiliser.

RÉASSIGNER LES TÂCHES NON LIÉES AUX SOF

Certaines tâches qui sont actuellement confiées aux SOF pourraient être réassignées à nos bataillons d'infanterie légère. Bien que l'infanterie légère canadienne soit tout à fait en mesure de les exécuter, certains observateurs pourraient croire que ces tâches érodent les capacités des forces classiques. Par contre, le Canada pourrait souhaiter que son infanterie légère classique ressemble davantage à des SOF, ce qui lui permettrait d'accomplir certaines tâches traditionnellement dévolues aux SOF, telles que la défense de la sécurité intérieure étrangère. On pourrait soutenir que les opérations d'évacuation de non-combattants (OENC) et la protection individuelle rapprochée (PIR) devraient plutôt être confiées à des membres hautement qualifiés de nos bataillons d'infanterie légère auxquels ces rôles se prêtent mieux. Il résulte de ce qui précède un triangle de capacités. Au sommet du triangle se trouvent des SOF telles que les forces antiterroristes de l'armée de terre et des forces navales américaines, la *Counter Revolutionary Wing (CRW)* (anciennement l'équipe Pagoda du SAS) et les FOSCAN. Juste au-dessous, il y a des SOF capables d'effectuer de la reconnaissance stratégique, des opérations d'action directe et des opérations de sécurité intérieure étrangère et ainsi de suite. La base du triangle est formée par une infanterie légère hautement qualifiée dans l'exécution des opérations aéroportées et aéromobiles, des raids, des rondes de patrouille et des opérations d'infanterie légère classiques.

L'infanterie légère représente une source d'approvisionnement pour les CANSOF, car les jeunes soldats peuvent y acquérir tout un éventail de compétences de chef et de soldat et donc une assise solide pour passer au niveau suivant du triangle, celui des FOSCAN, où l'on se chargera d'évaluer leurs compétences et de promouvoir leur perfectionnement. Les bataillons d'infanterie légère canadiens devraient constituer une étape intermédiaire logique pour les personnes qui souhaitent faire partie des FOSCAN. Si cela devient le cas, les bataillons d'infanterie légère, en vertu de la qualité de leur personnel et de leur entraînement, seraient en mesure d'exécuter les opérations traditionnelles de ranger/commando qui s'inscrivent dans un éventail plus large de tâches « grises » des SOF. On pourrait penser que l'infanterie légère canadienne devrait être en mesure de s'acquitter des rôles normatifs attendus d'une unité de ce calibre, et de devenir une unité de contre-ingérence capable d'exécuter de telles opérations au moyen d'une panoplie d'outils de surveillance, de tactique, d'OPSPSY et de coopération civilo-militaire (COCIM). Une unité d'infanterie légère désignée à titre d'unité de soutien direct des opérations spéciales, à l'instar du *1st Battalion The Parachute Regiment* ou du *75th Ranger Regiment*, pourrait entreprendre un processus de sélection/ d'entraînement semblable à celui d'une unité de commando ou de Ranger et être en mesure d'appuyer les opérations des FOSCAN[43]. L'histoire démontre[44] que la SODSU doit faire partie intégrante de la communauté des FOSCAN et, idéalement, être co-implantée avec ces dernières de manière à faciliter la planification et l'entraînement intégré, tous deux indispensables à l'efficacité opérationnelle.

Les opérations de contre-insurrection (OPS COIN) ont traditionnellement amélioré la qualité de l'infanterie légère. Elles obligeaient les leaders subalternes à faire leurs preuves à tous les niveaux en plus de développer et d'aiguiser les aptitudes de combat telles que la poursuite, le tir instinctif, la tactique et la patrouille en petites unités, la survie, l'orientation, le renseignement et la connaissance de la situation.

L'expérience britannique en Malaisie et à Bornéo fait foi des avantages de ce type d'engagement exigeant. À Bornéo, le SAS a absorbé des membres de la *Guards Independent (Pathfinder) Company* de la *Parachute Brigade*, ainsi que des membres du 2ᵉ Battalion du *Parachute Regiment*, qui ont tous été choisis pour leur maîtrise des tâches d'infanterie légères et des compétences opérationnelles[45]. Donc, les membres de nos bataillons d'infanterie légère pourraient devenir des experts de la contre-insurrection[46] ainsi qu'un point de départ pour ceux qui aspirent à devenir des agents des SOF. Bref, nous devrions envisager de rendre nos forces d'élite plus semblables aux SOF; cela s'appliquerait non seulement à notre infanterie légère, mais à l'ensemble des armes de combat.

CONCLUSION

Ce chapitre soulève plusieurs questions qui auront vraisemblablement un impact sur l'évolution des SOF canadiennes. Il ne faut pas oublier que le Canada n'a pas, comme ses alliés du Commonwealth et des États-Unis, 60 ans et plus d'expérience dans le domaine. De plus, le Canada a des forces armées classiques, imprégnées d'une culture militaire classique et de perspectives et opinions correspondantes. Cependant, nous devons absolument tirer des leçons du passé – le nôtre et celui d'autrui – et chercher ardemment à acquérir les compétences dont disposent les communautés de SOF de nos alliés afin de développer et d'élargir nos propres capacités en prévision de futures opérations et coalitions de SOF. La communauté des SOF devrait donc se pencher sur les points suivants:

1. Le développement d'une structure de FOSCAN qui inclurait des tâches, des compétences et un entraînement spécialisé pour un escadron de réserve des FOSCAN;
2. Le développement de compétences linguistiques et culturelles au sein des FOSCAN;
3. La promotion d'approches non orthodoxes et de techniques non traditionnelles;
4. La souplesse d'esprit et le sens d'innovation pour affronter les menaces à la sécurité de type non classique;
5. L'investissement dans l'expertise universitaire, la science et la technologie et l'emploi des universitaires et des technologues à titre de multiplicateurs de force;

6. La promotion d'une capacité FOSCAN d'établissement à l'avant, de déploiement rapide et d'adaptation régionale;
7. Le développement d'une orientation régionale parmi les membres des FOSCAN.

Les FOSCAN ont une utilité stratégique qui est investie dans deux qualités évoquées implicitement dans ce chapitre, soit l'économie de la force et l'expansion des choix stratégiques qu'offrent les FOSCAN aux principaux décisionnaires du gouvernement et des forces armées. Avec un effectif, un entraînement, de l'équipement et des déploiements appropriés, les FOSCAN offrent la perspective d'un rendement plus élevé que la normale sur l'investissement militaire[47].

Cependant, les décisionnaires canadiens doivent comprendre les quatre vérités simples et absolues formulées par nos collègues américains. Ce sont des vérités fondamentales qui rejoignent des aspects des questions abordées dans le présent chapitre et qui s'appliquent à toutes les SOF: les êtres humains sont plus importants que l'équipement; la qualité est plus importante que la quantité; les forces d'opérations spéciales ne peuvent pas être produites en masse; on ne peut pas soudainement mettre sur pied des SOF à la suite d'une urgence[48]. Si elles sont bien utilisées, les SOF deviendront la force de choix dans l'environnement de sécurité complexe de l'avenir.

NOTES

1   Le terme Forces d'opérations spéciales (SOF) englobe tous les éléments capables d'exécuter des opérations spéciales ou de les appuyer.

2   Le Canada a une histoire riche, mais peu explorée, dans le domaine des opérations spéciales, laquelle remonte jusqu'au régime français. On pourrait soutenir que le premier agent d'opérations spéciales fut Pierre Boucher (1622-1717), un coureur des bois qui étudia la façon iroquoise de faire la guerre. Grâce à sa connaissance des techniques de guerre iroquoises, il a écrit un livre intitulé *Histoire véritable et naturelle des mœurs et productions de la Nouvelle-France vulgairement dite le Canada* (Paris 1664), dans lequel il donne un aperçu des tactiques et des opérations des Iroquois, et par le fait même, de leur comportement, leur façon d'utiliser les éclaireurs, leur préférence pour les raids et les embuscades et leur utilisation du terrain. Boucher affirmait que la seule façon pour les Français de contrer les petits détachements mobiles des Iroquois était de maîtriser l'art de se déplacer agilement à travers bois et de s'adapter à l'environnement. Et les Français devaient à leur tour

devenir une force de contre-insurrection habile, capable de manœuvrer efficacement contre les Iroquois en acquérant les mêmes capacités qu'eux et en adoptant leurs méthodes et tactiques. Boucher a été gouverneur, soldat et auteur et il a fondé la ville de Boucherville, au Québec. Voir M. Wyczynski, « New Horizons, New Challenges », dans B. Horn, éd., *Forging A Nation*, St. Catharines, ON, Vanwell, 2002, 15-42.

3. En Bosnie, des commandants ont employé des OCM pour cerner des « réalités de terrain »; cela fait partie de l'éternelle quête de la certitude. Ces personnes de confiance, qui œuvraient à l'extérieur de la chaîne de commandement, étaient les yeux du commandant. Ils lui signalaient les résultats de leur observation de différentes unités et/ou opérations. Lcol G.B. Griffin, *The Directed Telescope: A Traditional Element of Effective Command*, Fort Leavenworth, KS, Combat Studies Institute, 1991, 1.

4. D. Pugliese, « Elite Canadian Commando Force Planned Attack on Peru Terrorists », *Ottawa Citizen*, 4 novembre 1998.

5. S. Thorne, « JTF2 in High Gear in Afghanistan », http://cnews.canoe.ca/CNEWS/CANADA/2005/09/16/1220529-cp.html (16 septembre 2005) et "JTF2, Canada's Super-Secret Commandos," http://www.cbc.ca/news/background/cdnmilitary/jtf2.html (15 juillet 2005).

6. Canada, ministère des Finances, « Améliorer la sécurité des Canadiens, Budget 2001 », http://www.fin.gc.ca/budget01/bp/bpch5f.htm.

7. Fait intéressant, l'expérience britannique démontre qu'il faut compter environ 3600 employés au total pour une unité de 600 agents. Pour chaque agent officiel du SAS, on estime qu'il fallait approximativement cinq employés de soutien affectés à la maintenance de l'équipement, des bateaux, des avions et des hélicoptères, aux provisions, aux services de traiteur, aux champs de tir, à la recherche et au développement, au renseignement et à l'entraînement. Il semblerait qu'une infrastructure bien rodée aiderait beaucoup au recrutement et au maintien en poste des agents. Conversation avec un ancien agent principal du SAS, à Toronto (27 août 2005). Il faut savoir aussi que les problèmes de recrutement auxquels font face les FOSCAN existent également dans les Forces canadiennes. Selon une étude menée par l'Université Queen's, « les forces armées canadiennes auront de la difficulté à trouver les quelque 8000 recrues additionnelles qu'elles espèrent attirer d'ici les cinq prochaines années ». S. Thorne, « Military Recruiting Goals Too High, Report Says », *Globe and Mail*, 26 septembre 2005.

8. J. Collins, « Why Special Operations Forces Are Special », *Special Forces Study Group*, Washington, DC, 15 juin 2004.

9   Conversation avec un officier du SAS qui a servi en Afghanistan en 2001-2002, Londres, Angleterre, 1er novembre 2004.

10 Les forces soviétiques ont perdu notamment 118 jets, plus de 333 hélicoptères, 147 chars, 1314 transporteurs blindés, 433 mortiers et pièces d'artillerie, plus de 1338 véhicules de commandement et contrôle, plus de 11 369 camions et 510 véhicules du Génie. Les effectifs soviétiques n'ont jamais vraiment dépassé les 104 000. M. Y. Nawroz et Lester Grau, « The Soviet War in Afghanistan History and Harbinger of Future War? » *Military Review* (septembre-octobre 1995). Il faut noter que 75 % de ces troupes ont été affectées à la défense des villes, des camps de base et des lignes de communication. La situation était plus problématique qu'on ne l'avait d'abord cru; en effet, les unités avaient un effectif réduit car 25 % à 30 % du personnel soviétique était atteint de différentes maladies, y compris la malaria, la dysenterie, le typhus et l'hépatite. Des 642 000 militaires soviétiques qui ont été déployés tour à tour en Afghanistan au cours d'une décennie de guerre, 15 000 seraient morts, un nombre que beaucoup d'analystes considèrent comme une grossière sous-estimation. Certains experts estiment que quelque 40 000 à 50 000 militaires soviétiques ont été tués, tandis qu'environ 415 932 ont succombé à la maladie, 115 308 ont contracté l'hépatite infectieuse et 31 080, la fièvre typhoïde.

11 B. Horn, J.P. de B. Taillon, D. Last, éd., *Force of Choice: Perspectives on Special Operations*, Kingston, ON, Queen's University Press, 2004.

12 Comme l'a affirmé le Major-général James W. Parker, Commandant du U.S. Army John F. Kennedy Special Warfare Center and School, « Il est impératif que nos soldats des FS apprennent à communiquer avec la population des régions où ils travaillent. Les membres des FS se sont toujours distingués par le fait qu'ils possèdent, en plus de leurs compétences de guerrier, des capacités de communication interculturelle qui sont tout aussi importantes les unes que les autres pour l'exécution des opérations spéciales. Les compétences de guerrier ne suffisent pas pour les soldats des FS, qui doivent travailler à proximité, avec ou par l'entremise des forces autochtones, ou encore, entraîner les forces de la nation hôte. Ces soldats doivent avoir les compétences linguistiques et la conscience culturelle nécessaires pour communiquer et établir des rapports avec les membres d'autres cultures », Major-général J.W. Parker, « Foreword ». *Special Warfare* Vol 18, No 1.

13 Les opérations de sécurité intérieure étrangère consistent à « organiser, entraîner, conseiller et aider les forces militaires et paramilitaires des nations hôtes afin qu'elles puissent libérer et protéger leur société de la subversion, du manquement aux lois et des insurrections », B. Horn, J.P. de B. Taillon, D. Last, éd, « Special Men, Special Missions », *Force of Choice*, 9.

14   Le Canada a traditionnellement employé ses forces classiques hautement qualifiées à titre d'équipes d'entraînement mobiles, par exemple, en Afghanistan. Il pourrait être avantageux d'employer des FOSCAN comme équipe d'entraînement en même temps que s'effectue une tâche *verte*, pour exposer les forces classiques à des SOF qui sachent profiter d'une situation de guerre pour effectuer du recrutement tout en se familiarisant avec un secteur d'opération. Discussions avec un ancien agent principal du SAS, Toronto (29 août 2005).

15   Les autres ressources stratégiques sont nos quatre sous-marins et la Réserve des FC.

16   Le terme *talent spot*, qu'on trouve dans la version originale anglaise du présent article, fait partie du jargon du renseignement. Il est traduit dans le présent texte par *repérer*. Ce terme désigne la recherche de candidats dont les talents pourraient les désigner pour le recrutement. Dans ce cas-ci, il s'agit de la recherche de personnes ayant des compétences personnelles ou professionnelles qui pourraient être utiles pour les FOSCAN. Pour une définition des termes anglais *spotter*, *talent spotter*, *agent spotter*, voir L.D. Carl, *CIA Insider's Dictionary,* Washington, DC, NIBC Press, 1996.

17   Les questions de cohésion et d'inclusion sociales gagnent en importance, étant donné surtout que les moteurs de la croissance démographique du Canada seront l'immigration et les taux de fertilité plus élevés « des minorités visibles – dans lesquelles on inclut 10 groupes, y compris les Chinois, les Sud-Asiatiques, les Philippins et les Latino-Américains ». D'ici 2017, le Canada comptera de 6,3 à 8,5 millions d'habitants issus de minorités visibles. J. Mahoney, « Visible Majority by 2017: Demographic Balance in Toronto, Vancouver Will Tip Within 12 Years, Statscan Says », *Globe and Mail,* 23 mars 2005. Cette initiative se reflèterait aussi dans l'intention des FC de recruter des minorités visibles. Mike Blanchfield, « Forces Hiring to Mirror Canada's Diversity: Defence Chief Hillier Promises New Vision for Country's Military », *Ottawa Citizen,* 15 avril 2005.

18   Entretiens avec des officiers suédois du QG de la 1re Bde d'infanterie mécanisée à Pristina, au Kosovo, 15 mai 2002. Les terroristes sont très conscients de l'importance des compétences linguistiques et culturelles. Selon une étude déclassifiée du Service canadien du renseignement de sécurité intitulée « Sons of Fathers: The Next Generation of Islamic Extremists in Canada », on note que « ces individus ont grandi dans un strict climat d'extrémisme islamique au sein de la mosaïque culturelle canadienne. Ils constituent une menace claire et actuelle pour le Canada et ses alliés et une ressource particulièrement précieuse pour la communauté terroriste islamique internationale en raison de leurs connaissances linguistiques et de leur familiarité avec la culture et l'infrastructure des

pays de l'Ouest. » S. Bell, « Jihadists Being Raised in Canada », *National Post*, 23 avril 2005. On voit donc l'importance de mettre en place un programme de filtrage sécuritaire efficace pour s'assurer que toutes les personnes sélectionnées comme agent fassent l'objet d'une enquête d'habilitation avant l'enrôlement. Le *British Secret Intelligence Service (BSIS)*, communément appelé MI-6, a bien compris l'importance des membres de minorités ethniques et des femmes dans ses opérations; son personnel serait formé à neuf pour cent de membres des minorités ethniques et à quarante-et-un pour cent de femmes. M. Evans, « MI6 Drops Secrecy Over Spy Jobs », *Times*, 9 août 2005.

19   C'est souvent notre propre arrogance culturelle qui nous empêche de reconnaître l'importance de la sensibilité culturelle. T. E. Lawrence l'a bien compris lorsqu'il a mis sur pied et dirigé une force de guérilla contre les Turcs durant la Première Guerre mondiale. Comme il le conseille dans l'article 15 des *Vingt-sept articles de T.E. Lawrence* « N'essayez pas d'en faire trop de vos propres mains. Mieux vaut que les Arabes accomplissent par eux-mêmes quelque chose d'une manière acceptable, que vous-même ne l'accomplissiez à la perfection. C'est leur guerre à eux et vous êtes censés les aider, pas la gagner pour eux. Et en fait, par ailleurs, étant donné les conditions éminemment étranges qui règnent en Arabie, vos réalisations peuvent ne pas avoir la qualité que peut-être vous leur attribuez ». Ces sages paroles s'appliquent tout autant à d'autres pays et cultures. Pour un excellent aperçu de l'importance de la conscience culturelle, voir George W. Smith, Jr., « Genesis of an Ulcer: Have We Focused on the Wrong Transformation? », *Marine Corps Gazette* (avril 2005) p 29-34 et D. Fitchitt, « Raising the Bar: The Transformation of the Sf Training Model », *Special Warfare*, février 2005, 2-5.

20   D'autres pays le font au Canada. La Chine, par exemple, envoie des étudiants au Canada pour y faire leurs études et pour épier les pays de l'Ouest. « Defectors Detail China's Global Espionage Operations », *NSI Advisory* (août 2005) 8. Durant la guerre froide, des agents du Spetznaz ont voyagé dans de nombreux pays en se faisant passer pour des athlètes. Notre principal défi en tant que nation serait de surmonter les problèmes d'éthique que soulèvent de telles activités. R.S. Boyd, « Spetsnaz: Soviet Innovation in Special Forces », *Air University Review*, novembre-décembre 1986.

21   Cette initiative ne milite pas en faveur d'un assouplissement des rigoureux critères de sélection; elle pourrait cependant susciter une modification du processus de sélection, plus précisément du mentorat et des « mythes » qui entourent ce processus.

22   Cette appréciation culturelle et linguistique est soulignée dans la nouvelle initiative américaine intitulée « Pat Roberts Intelligence Scholar

Program » (PRISP), un programme pilote de trois ans qui accorde 50 000 $ à chaque étudiant qui étudie la langue et la culture d'une « zone critique » telle que le Moyen-Orient. On décrit le programme comme un moyen « de donner à la communauté du renseignement de meilleurs moyens de recruter des officiers du renseignement qui ont des compétences vitales qu'on ne trouve pas aisément sur le marché du travail ». Ceci s'applique aussi aux SOF. R. Cobb, *The Daily Texan*, 20 avril 2005. Cette question est importante aussi du point de vue des techniques et des stratégies d'interrogation. Pour une explication à ce sujet, voir S. Budiansky, « Intelligence: Truth Extraction », *The Atlantic*, juin 2005.

23 Pour un apercu des opérations spéciales menées par le personnel militaire canadien, voir R. MacLaren, Derrière les lignes ennemies les agents secrets canadiens durant la Seconde guerre mondiale, Montréal, Lux, 2002.

24 Selon un agent principal des SOF spéciales, la capacité de comprendre la culture de la zone d'opérations est une nécessité d'ordre stratégique. Elle facilite l'élaboration de stratégies non létales, par exemple, signaler au chef de tribu ou aux aînés que des hommes de leur village sont mêlés à des activités infâmes qui font honte au village. En affectant des sommes d'argent à la construction de logements rudimentaires, on pourrait donner aux jeunes hommes l'option de se marier et en soustraire un bon nombre à l'influence des recruteurs islamiques extrémistes. On a donc besoin d'anthropologues qui se spécialisent dans l'étude des régions cibles et qui peuvent contribuer à élargir les stratégies de lutte contre l'extrémisme violent. Voir S.B. Glasser, « Review May Shift Terror Policies », *Washington Post,* 29 mai 2005. Cela serait également vrai de l'expérience britannique en Irlande du Nord, où la 14 Intelligence Company et des agents clandestins de la police ont souvent utilisé des natifs de l'Ulster pour réussir à infiltrer des cellules de l'Armée républicaine irlandaise. Le réseau du renseignement de l'ARI a ainsi été démantelé, ce qui a mené en définitive à des négociations pour la paix. Les paramilitaires protestants ont été beaucoup plus faciles à infiltrer et à vaincre car la majorité des agents clandestins étaient eux mêmes protestants et s'assimilaient plus facilement aux cellules loyalistes pour des raisons culturelles. À propos de la *14 Intelligence Company*, voir J. Rennie, *The Operators: Inside 14 Intelligence Company–The Army's Top Secret Elite,* Londres, Century, 1996. À propos de la guerre clandestine en Irlande du Nord, voir J. Holland et S. Phoenix, *Phoenix: Policing the Shadows, the Secret War Against Terrorism in Northern Ireland,* Londres, Hodder et Stoughton, 1996.

25 Comme les FC comptent peu de membres, de la Régulière ou de la

Réserve, il faut repérer des candidats potentiels à l'extérieur des FC en vue d'élargir le bassin de volontaires pour les SOF.

26   La IRR de l'*USMC* et le SAS de réserve fournissent des remplacements individuels à leurs homologues de la Régulière et peuvent contribuer des capacités et une expertise d'appoint.

27   Dans les années 1980, le directeur du SAS, le Brigadier Peter de la Billière a institué une règle selon laquelle un officier ou un sous-officier supérieur du 22 SAS qui souhaitait monter en grade devait servir au sein de la SAS(R). Général Sir Peter de la Billière, *Looking for Trouble: SAS to Gulf War*, Londres, HarperCollins, 1994, 160-161.

28   « Shadowy Sister of the SAS », *BBC News,* 20 septembre 1999.

29   Certains observateurs maintiennent que la créativité et le sens de l'innovation nécessaires aux SOF sont des qualités qui pourraient être plus courantes dans la Réserve que dans la Force régulière.

30   J.P. de B. Taillon, *The Evolution of Special Forces in Counter-Terrorism: The British and American Experiences,* Westport, CT, Praeger, 2001, 28.

31   CSM M.S. Breasseale, « The 18X Program: Ensuring the Future Health of Special Forces », *Special Warfare,* mai 2004, 28-31 et Lcol D. Fitchitt, « Raising the Bar: The Transformation of the SF Training Model », *Special Operations Technology,* Vol 3, No. 3, 2005 13-14.

32   On devrait noter que la Grande-Bretagne a formé un nouveau régiment qui portera le nom de *Special Reconnaissance Regiment (SRR)*. Cette unité recrutera, parmi les diverses branches des forces armées, des hommes et des femmes issus de minorités ethniques, en particulier ceux et celles d'apparence moyenne-orientale ou méditerranéenne. Cette initiative est largement appuyée par le présent article. Sean Rayment, « Britain Forms New Special Forces Unit to Fight Al-Qaidah », *Sunday Telegraph,* 27 juillet 2004 et "New Regiment Will Support SAS », *BBC News,* 5 avril 2005.

33   La GRC aura un rôle à jouer dans les futures opérations de contre-insurrection en contribuant à l'entraînement et en conseillant les corps policiers étrangers sur les opérations d'application de la loi. De plus, les réseaux criminels continuent d'appuyer les opérations terroristes au moyen du trafic et de la contrebande des drogues et d'autres activités criminelles, et il faut une force policière efficace pour les affronter.

34   Feld-maréchal Lord Carver, lettre à l'auteur, 24 décembre 1985.

35 *Keeni meeni* est une expression d'origine swahilie qui désigne une opération clandestine extrêmement dangereuse. Elle fait allusion au mouvement sinueux que fait un serpent au venin mortel lorsqu'il se déplace dans les hautes herbes.

36 J.P. Hart, « Killer Spooks: Increase Human Intelligence Collection Capability by Assigning Collectors to Tactical-Level Units », *Marine Corps Gazette,* avril 2005.

37 Lieutenant-Colonel L.W. Grau, « Something Old, Something New, Guerrillas, Terrorists and Intelligence Analysis », *Military Review,* juillet-août 2004.

38 Lieutenant-Colonel B. Bloom, « Information Operations in Support of Special Operations », Military Review, janvier-février 2004.

39 Les FC, et surtout l'Armée de terre, n'ont pas eu accès à tout l'éventail des outils de gestion de l'information qu'utilisent nos homologues américains. L'Armée de terre canadienne et les FOSCAN se sont concentrées sur le développement de réseaux axés sur l'humain qui incorporent la technologie; c'est une capacité-créneau que maîtrisent bien l'Armée de terre canadienne et les FOSCAN. Voir H.G. Coombs et General R. Hillier, « Command and Control during Peace Support Operations: Creating Common Intent in Afghanistan », dans un document, encore sans titre, qui a été rédigé par l'Institut du leadership des FC et Recherche et développement pour la Défense Canada, situé à Kingston, en Ontario. L'ouvrage sera publié par les presses de l'Académie canadienne de la Défense en 2006.

40 Le Colonel John Boyd, pilote de combat de la *United States Air Force (USAF),* a eu un impact durable sur l'entraînement des pilotes, sur la conception des avions de combat et sur la théorie et la doctrine militaires. Sa principale contribution à la théorie militaire est connue sous le nom de cycle Boyd ou de boucle d'observation, d'orientation, de décision et d'action. En apparence simpliste, cette boucle est en fait une analyse complexe du processus décisionnel militaire qui a lieu avant et durant une rencontre bleu contre rouge (vrai combat). Selon cette théorie, c'est le camp qui complète le plus rapidement le cycle qui sortira gagnant. La capacité de prédire les gestes ennemis implique une compréhension de son cycle décisionnel et la capacité d'anticiper ses mouvements. R. Coram, *Boyd: The Fighter Pilot Who Changed the Art of War,* Boston, MA, Little, Brown and Co., 2002.

41 Captain G. Gagnon, USAF, « Network-Centric Special Operations: Exploring New Operational Paradigms », http://www.airpower.maxwell.af.mil/airchronicles/cc/gagnon.html.

42 S. Schreiber, G.E. Metzgar, S.R. Mezhir, « Behind Friendly Lines: Enforcing the Need for a Joint SOF Staff Officer », *Military Review*, mai-juin 2004.

43 En mai 2005, les Forces canadiennes ont annoncé que l'armée allait créer une force de frappe composée de Rangers hautement qualifiés pour appuyer les opérations des FOSCAN. On estimait que cette force serait mise sur pied en l'espace de cinq ans. C. Wattie, « Ranger Troops to Replace Airborne as 'Pointy End' of Canadian Forces », *Ottawa Citizen*, 3 mai 2005.

44 Les opérations ont mis en évidence la nécessité d'assurer une coordination étroite entre les unités des SOF et la SODSU. Des membres des SOF américaines, appuyés directement par des Rangers, ont tenté en vain de secourir des citoyens américains à Téhéran en avril 1980 (Opération Eagle Claw). La bataille de Mogadishu en octobre 1993 a aussi été menée par des SOF américaines appuyées par des Rangers. Au Sierra Leone en septembre 2000, un escadron du SAS appuyé par le 1st Battalion du *Parachute Regiment* (1 PARA) a sauvé onze soldats britanniques qui étaient prisonniers d'un groupe surnommé les West Side Boys. Cette expérience a souligné la nécessité de désigner une SODSU et, par la suite, l'armée britannique a désigné le 1 PARA pour appuyer les futures opérations des SOF britanniques.

45 Durant le conflit à Bornéo, le SAS a entraîné la *Guards Independent (Pathfinder) Company* de la *Parachute Brigade* à exécuter des opérations de type SAS. En 1966, avant la fin de la campagne à Bornéo, la *G Company 22 SAS* a été formée en puisant parmi les rangs des *Guards* et les volontaires du *2nd Battalion* du *Parachute Regiment*. S. Crawford, *The SAS Encyclopedia*, Londres, Simon and Schuster, 1996, p. 45.

46 Nous devons développer nos FOSCAN, ainsi que notre infanterie légère, pour pouvoir mener des opérations dans des environnements interculturels ethniquement complexes. Comme on l'a déjà mentionné, cette initiative n'exclut pas les autres armes de combat ou d'appui.

47 C.S. Gray, « Handful of Heroes or Desperate Ventures: When do Special Operators Succeed » *Parameters*, printemps 1999, 2.

48 Dépliant de la Joint Special Operations University. Sans date.

49 Note de la rédaction – Le nom FOSCAN renvoie à la Force opérationnelle interarmées 2 (FOI 2), tant dans sa forme initiale que dans sa forme évolutive.

CHAPITRE 13

Forces d'opérations spéciales du Canada:
un plan pour l'avenir

Bernard J. Brister

> ...*si vous ne pouvez pas attaquer votre ennemi, attaquez l'ami de votre ennemi*[1].

Le contexte de sécurité au sein duquel le Canada est appelé à évoluer dans un avenir prévisible se caractérise par la domination mondiale qu'exercent les États-Unis d'Amérique[2]. Il est néanmoins probable que cette domination soit périodiquement défiée par des groupes internationaux et des intérêts non étatiques qui emploieront des tactiques et des stratégies asymétriques pour atteindre leurs buts et objectifs, sans forcément être contraints par des obstacles d'ordre financier ou technologique, ou par la morale et les normes éthiques occidentales.

Sur la scène mondiale, les Canadiens tendent à se voir comme les champions de la sécurité des personnes, des droits individuels et du maintien de la paix. La réalité, toutefois, est que le Canada est un pays riche, une démocratie occidentale assimilée aux États-Unis sur les plans géographique, culturel et social. Les Canadiens, par le fait même de leur proximité avec les Américains, risquent donc de s'exposer aux interventions de groupes et factions déterminés à créer un nouvel ordre mondial ou à détruire l'ordre existant. Si, en tant que Canadiens, nous refusons de faire face à cette réalité et de prendre les mesures de protection nécessaires, nous pourrions fort bien être la cible d'attaques. En effet, il est malheureusement démontré que le refus de reconnaître une menace ou de s'en protéger adéquatement tend à attirer plutôt qu'à dissuader ceux qui sont déterminés à frapper.

Le Canada jouit d'une tradition bien établie de multilatéralisme en matière d'affaires internationales, tradition qui s'appuie, entre autres, sur sa participation militaire à la sécurité mondiale. Le concept d'assistance au maintien de la sécurité internationale avec le concours de nos amis et alliés par le biais d'opérations expéditionnaires au sein de coalitions est l'un des principes fondamentaux de la planification de notre défense. Dans le cadre du Livre blanc sur la défense de 1994, le Canada s'est engagé à se doter d'une force militaire polyvalente capable d'accomplir un vaste éventail de tâches et de missions au service de la défense du pays et des intérêts du Canada partout dans le monde. Au cours des dernières années, on a interprété cela comme un engagement à fournir des forces interopérables avec celles de notre allié le plus probable – les États-Unis. Mais l'une des dures réalités du contexte moderne en matière d'économie et de sécurité est le coût prohibitif d'équiper une force militaire moderne en personnel et en matériel. Malgré des pratiques rigoureuses de budgétisation et de dépenses, il est peu probable que le Canada puisse avoir plus de succès que ses alliés traditionnels, soit le Royaume-Uni, l'Australie et la Nouvelle-Zélande, dans la mise en service de forces polyvalentes dotées de technologies et de capacités équivalentes ou semblables à celles des États-Unis.

Par conséquent, le Canada devrait peut-être envisager la possibilité de développer un « créneau de capacités ». Ces capacités doivent, bien entendu, s'inscrire dans le concept général des opérations intérieures et, parallèlement, offrir un apport efficace à une éventuelle coalition internationale utilisant des tactiques et de l'équipement de pointe. Si l'on accepte le bien-fondé de ce principe, on doit se poser la question suivante: « sur quels créneaux le Canada devrait-il se concentrer ?» L'analyse détaillée d'une réponse à cette question dépasse le cadre du présent article. Cependant, il peut être utile de rappeler les résultats d'une étude antérieure[3] réalisée par l'auteur du présent article et de souligner l'importance accordée à l'utilisation de forces spéciales (FS)[4] et de forces d'opérations spéciales (SOF)[5] par les États-Unis, le Royaume-Uni, l'Australie et la Nouvelle-Zélande dans le cadre des dernières campagnes militaires en Afghanistan et en Irak.

Si les SOF constituent une contribution viable du Canada aux opérations expéditionnaires menées dans des coalitions, la question qu'il faut alors se poser est la suivante: « Sur quoi le Canada devrait-il se concentrer relativement au type, à la nature et aux capacités d'une participation prenant la forme de SOF? » C'est cette question qu'aborde principalement le présent article. La définition des capacités se fondera sur l'expérience récente des coalitions en Afghanistan et en Irak. On présentera ensuite l'organisation et la structure hypothétiques d'une telle force, y compris les modes de commandement et de contrôle, à la lumière des modèles australien et britannique. Enfin, on proposera les capacités de SOF canadiennes ainsi qu'une méthode de développement de ces forces, propositions qui pourront servir de plan directeur de la participation future du Canada à la sécurité internationale.

CAPACITÉS DES FORCES SPÉCIALES

L'approche moderne de la guerre menée par des SOF dans le cadre de coalitions implique la nomination d'un pays qui assumera le leadership d'une opération ou d'une campagne donnée. Ce pays fournit un effectif militaire considérable de même que le noyau de l'infrastructure de commandement et de contrôle, des effectifs et du soutien. On s'attend également à ce que le chef de file offre ou contribue à offrir aux autres membres de la coalition des capacités clés ou des outils essentiels, comme le transport aérien stratégique et tactique ou le soutien logistique. La nature multinationale et interarmées du concept de coalition se répercute jusqu'au niveau du groupe opérationnel national. En deçà de ce niveau, il n'y a aucune intégration des forces nationales ou des composantes des forces armées, le principe directeur observé étant celui de « l'unité du commandement dans un cadre national »[6].

Malgré l'obligation imposée au pays chef de file de fournir aux pays participants les outils essentiels stratégiques et opérationnels, la réalité des budgets militaires, même dans les pays en mesure d'agir à titre de chef de file dans une coalition, restreint tout naturellement l'assistance qui peut être offerte. Par conséquent, le degré auquel un pays membre d'une coalition peut mettre à contribution les capacités stratégiques et opérationnelles de ses propres SOF déterminera la valeur relative de cette contribution par rapport aux buts et objectifs de l'ensemble de la coalition. Les pays qui détachent les forces opérationnelles spéciales les plus performantes jouiront de capacités aux niveaux stratégique et opérationnel, capacités qui leur permettront d'exercer une influence importante sur la manière dont sont menées les activités. Cette influence se fera sentir non seulement en regard des questions relatives à la conduite des opérations militaires de la coalition, mais aussi sur les processus politiques et diplomatiques entourant ces opérations.

Les forces d'opérations spéciales se distinguent les unes des autres par l'évaluation de la qualité et de la portée de leurs capacités. Les organisations possédant le plus de compétences, d'expertise et de professionnalisme ainsi que la gamme la plus vaste de capacités sont considérées « de calibre international » ou de « première catégorie », termes utilisés officiellement et officieusement[7]. Les principales caractéristiques qui définissent une organisation des SOF de première catégorie sont présentées ci-dessous.

Projection de puissance. L'organisation doit être capable de se déployer dans un théâtre d'opérations sans compter sur l'assistance ou sur les ressources du pays chef de file. Sur le plan opérationnel, le groupe opérationnel national doit également disposer des ressources nationales aériennes, terrestres ou maritimes requises pour se déplacer dans le théâtre, de sorte qu'il ne sera tributaire des ressources du chef de file que dans des situations ou des missions exceptionnelles.

Il est extrêmement coûteux pour un pays, quel qu'il soit, de disposer de capacités de transport stratégique et d'assumer ces fonctions, et les pays qui doivent assurer à leurs forces armées une mobilité mondiale ou stratégique font régulièrement face à des pénuries dans ce domaine. Lors d'une crise qui nécessiterait la formation d'une coalition, la capacité de transport de chaque pays serait vraisemblablement entièrement mobilisée par le déplacement des forces nationales pour entrer dans le théâtre d'opérations ou pour en sortir. Par conséquent, la capacité d'un pays donné d'assurer le transport stratégique de ses forces nationales, par ses propres moyens ou en vertu d'une entente contractuelle, est une condition essentielle pour que des SOF soient considérées de première catégorie[8].

La mobilité tactique ou opérationnelle dans un théâtre d'opérations est aussi une condition fondamentale d'une contribution efficace des SOF. Comme dans le cas du transport stratégique, peu de pays sont en mesure de mettre en service des capacités de transport opérationnel et tactique suffisantes pour répondre à l'ensemble des besoins de leurs propres forces. La capacité de déploiement d'appareils à voilure fixe dotés de fonctions spécialisées de navigation et de défense de même qu'une capacité de ravitaillement en vol contribueront à assurer aux forces nationales le soutien nécessaire à la réalisation des missions pour lesquelles elles ont été déployées. La dépendance à l'égard d'autres pays membres de la coalition pour ce type d'assistance est une solution douteuse dans le meilleur des cas, étant donné que de telles opérations d'aide au transport ne seront vraisemblablement effectuées qu'une fois satisfaits les besoins des autres pays. Dans le même ordre d'idées, le fait de disposer d'hélicoptères munis du même matériel spécialisé, y compris la capacité de ravitaillement en vol, donne une souplesse accrue pour l'exécution de la mission des SOF.

Les pays appelés à déployer des SOF qui possèdent des capacités suffisantes de transport stratégique, opérationnel et tactique verront leurs SOF se classer au rang des forces de première catégorie et pourront ainsi figurer sur la liste des partenaires militaires privilégiés au sein de coalitions[9]. En revanche, sans mobilité stratégique, opérationnelle et tactique, les groupes opérationnels de SOF seront d'une utilité limitée dans la plupart des coalitions, peu importe la qualité des effectifs et de l'équipement déployés[10].

Commandement et contrôle (C2). Les capacités C2 des groupes opérationnels de SOF devraient comprendre les communications stratégiques, opérationnelles et tactiques, ainsi que les services indépendants de renseignement pouvant disposer de sources de renseignements électromagnétiques et électroniques, par imagerie et humaines, de même que les liaisons avec d'autres organismes gouvernementaux. Ces capacités doivent aussi couvrir une gamme complète de fonctions de planification et des ressources suffisantes pour assurer un commandement et un contrôle effectifs durant l'exécution de toutes les opérations. Le groupe opérationnel des SOF doit disposer des ressources nécessaires pour planifier et mener des opérations tout en tenant la chaîne de commandement nationale et la coalition au courant de la situation. On peut accroître la valeur de la participation des SOF nationales à la coalition en intégrant de nouvelles compétences spécialisées aux capacités générales de la coalition, telles que la recherche et l'analyse des renseignements[11].

Souplesse opérationnelle. Les SOF nationales doivent avoir les ressources et les capacités requises pour intervenir en tant que forces distinctes dans l'exécution de leur mission. Elles doivent également être en mesure d'intégrer et d'employer efficacement les effectifs de chacun des éléments de l'armée nationale – terre, mer, air. Les SOF doivent aussi pouvoir fonctionner de façon efficace au sein de forces interarmées, soit dans le cadre d'un groupe opérationnel national, comme dans le cas de la campagne britannique aux Îles Malouines, ou à titre de membre d'une coalition de SOF conjointes, comme en Irak et en Afghanistan.

Capacités tactiques. Les SOF nationales doivent être en mesure d'exécuter un large éventail de missions de haut niveau. Parmi ces dernières figurent notamment la reconnaissance stratégique, à pied ou à bord de véhicules; les assauts directs contre les centres de résistance ennemis et l'exploitation de sites sensibles nécessitant des capacités d'entrée et de tir de précision; la recherche et la récupération d'objectifs de grande valeur associés aux forces ou aux régimes opposés. Ces missions sont souvent liées à la capacité de mener des opérations soutenues et prolongées (faible intensité, longue durée) et à la capacité de passer rapidement, sans préavis ou presque, à une réplique ou une manœuvre énergique (forte intensité, courte durée)[12].

Soutien spécialisé. Le pays participant doit être en mesure d'adapter le soutien de ses SOF aux exigences de l'environnement opérationnel. Des effectifs de soutien spécialisé bien formés et compétents, comme les unités aéroportées, les commandos et les unités de type « ranger » doivent être disponibles en cas de besoin. De telles unités peuvent exécuter des tâches de sécurité à l'appui de la force principale ou tenir lieu de force d'intervention rapide pour participer à l'exfiltration d'éléments des SOF de leur zone de mission. Une équipe d'intervention chimique, biologique, radiologique et nucléaire figure parmi les autres types de soutien spécialisé dont on devrait disposer, si elle n'existe pas déjà au sein des SOF. Les campagnes menées en Afghanistan et en Irak ont mis en évidence l'importance d'une telle unité pour les opérations de reconnaissance, de détection, d'analyse et d'exploitation dans des situations où des armes ou des menaces de cette nature peuvent intervenir[13].

Le fil conducteur de l'argument présenté ci-dessus est le suivant: le créneau des SOF nationales présentant le plus d'intérêt dans le cadre d'une participation à une coalition est la mise sur pied d'une force de haut calibre qui soit autonome sur les plans stratégique, opérationnel et tactique. Ces capacités ne sont pas bon marché et elles ne peuvent être constituées rapidement en cas de besoin. La formation d'une organisation de SOF de première catégorie nécessite l'affectation de fonds sur une longue période de temps. Si on ne parvient pas à doter les forces de toutes les capacités fondamentales de première catégorie, l'efficacité des SOF et par conséquent la valeur de leur contribution s'en trouveront réduites.

MODÈLES DE STRUCTURE DES FORCES

La structure des capacités des SOF nationales de première catégorie s'inspire généralement d'un des deux modèles suivants. Le premier est fondé sur une approche « centralisée » dans laquelle toutes les unités et sous-unités, tout l'équipement, toutes les capacités et tous les regroupements sont des éléments organiques qui, ensemble, constituent essentiellement une composante distincte de la capacité militaire nationale, une force autonome. À titre d'organisation autonome, cette force est financée en tant qu'entité distincte et entre en concurrence avec les autres composantes pour les fonds consacrés à la défense. Malgré l'autonomie fort prisée qu'offre ce modèle, les SOF de première catégorie pourraient se retrouver dans une situation de compétition malsaine face aux autres composantes des services en ce qui a trait à l'affectation des fonds.

Le modèle australien. Divers pays, dont l'Australie, ont adopté le modèle centralisé. Le Premier ministre John Howard en est venu à compter sur le *Special Air Service Regiment* (SASR) comme force privilégiée lorsque la réalisation des objectifs de l'Australie en matière de politique étrangère comporte une dimension militaire[14]. Le recours accru à des FS et des SOF, plutôt qu'à des forces militaires classiques, pour traiter les questions de sécurité de l'après-guerre froide a suscité un examen de la structure militaire australienne et de sa capacité à faire face aux menaces à la sécurité. Ce processus a donné lieu au début de 2003 à l'établissement du *Special Operations Command* (SOCOMD) de l'Australie qui, en bout de ligne, regroupera quelque 2 000 soldats et sera considéré comme la cinquième composante des forces de défense australiennes (les autres étant l'armée de terre, la marine, les forces aériennes et la logistique)[15].

Le *Special Air Service Regiment*, noyau de la nouvelle composante, sera en mesure d'exécuter toutes les missions de SOF de première catégorie, notamment les opérations de reconnaissance à longue portée, de reconnaissance spéciale et d'intervention directe de même que les opérations spéciales de récupération associées au contre-terrorisme et au sauvetage dans les cas de prises d'otages.

Le 4e bataillon du régiment royal de l'Australie (commando) vient soutenir et compléter le SASR. Cette unité assume des fonctions associées aux unités de parachutage, de commando ou de type « ranger » – raids et missions de saisie au « point d'entrée ». Elle double également les capacités intérieures de contre-terrorisme, jusqu'alors l'apanage du SASR. À la suite des événements du 11 septembre 2001, on a déterminé qu'une réplique rapide à des actes intérieurs de terrorisme nécessitait l'établissement de capacités de contre-terrorisme et de sauvetage en cas de prise d'otages tant sur la côte ouest que sur la côte est de l'Australie. Par conséquent, le bataillon a été chargé de constituer un groupe d'assaut tactique (Est), une mission cadrant bien avec son mandat de tâches « haute intensité/courte durée ». En plus d'assurer ses fonctions de contre-terrorisme intérieur, l'unité continuera d'agir, de concert avec le SASR, en tant que force d'intervention rapide ou comme cordon extérieur lors du déploiement des SOF nationales. Elle servira également de bassin de recrutement de grande qualité pour le *Special Air Service Regiment*[16].

Parmi les autres composantes importantes du modèle australien figure l'*Incident Response Regiment* (IRR), une organisation de génie formée de groupes d'intervention spécialisée, comme le groupe chargé de la neutralisation des munitions explosives (NME) et celui qui se spécialise dans l'analyse, la reconnaissance et la gestion des incidences chimiques, biologiques, radiologiques et nucléaires (CBRN). Des services de soutien logistique du combat sont fournis à tous les éléments de la structure de commandement par un groupe spécialisé chargé de répondre aux besoins particuliers de soutien pour chacune des diverses missions des opérations spéciales. Le recrutement et l'instruction préparatoire des candidats à toutes ces unités d'opérations spéciales seront coordonnés par un centre de formation des forces spéciales, qui répondra directement aux besoins en matière de formation des unités et de doctrine[17].

Une solution hybride a été retenue pour le transport aérien stratégique, opérationnel et tactique. Les déplacements stratégiques des ressources des SOF sont effectués par attribution des missions prioritaires à la *Royal Australian Air Force* (RAAF). Une fois dans le théâtre d'opérations, la RAAF fournira aussi un soutien opérationnel, ou à l'échelle du théâtre, en faisant appel aux avions Hercules C-130 pourvus d'équipages spécialement formés, de systèmes spécialisés d'autodéfense, de navigation à basse altitude et d'évitement du sol. Ces capacités spécialisées seront mises au point et maintenues par la RAAF, de concert avec le commandement des opérations spéciales.

Le soutien du transport tactique sera assuré par un escadron de Black Hawks SA-70 des opérations spéciales de l'armée australienne piloté par des équipages spécialement entraînés. Les autres services de soutien aérien seront vraisemblablement assurés par des hélicoptères Chinook CH-47, dont plusieurs ont été équipés, pour les opérations du golfe Persique, de systèmes améliorés d'autodéfense, de navigation à basse altitude et d'évitement du sol semblables à ceux employés par la RAAF[18].

Il convient de noter que les capacités planifiées pour le commandement des opérations spéciales ne sont pas encore entièrement financées, développées ou mises en service, et il faudra sans doute attendre quelques années pour que cela se fasse. Malgré tout, les forces australiennes appartiennent à un groupe très restreint d'organisations de SOF internationales de première catégorie, en raison de leurs réalisations antérieures et de leurs capacités futures. Leurs réalisations dans le cadre des opérations « Enduring Freedom » (Afghanistan) et « Iraqi Freedom » menées au sein de coalitions se sont révélées très fructueuses pour l'Australie tant sur le plan politique qu'économique, en dépit de capacités encore embryonnaires des SOF et en raison de la volonté manifeste du gouvernement de faire appel à ces forces.

Le modèle britannique. L'organisation des forces spéciales britanniques est un exemple du second modèle qui se caractérise par une structure « décentralisée ». Les forces spéciales britanniques, dont le commandement et le contrôle sont assurés à l'échelle nationale par la Direction des forces spéciales relevant du ministère de la Défense, sont formées exclusivement d'organisations de première catégorie. Les commandements de première ligne des forces armées classiques fournissent l'ensemble des organisations et effectifs de soutien requis pour l'emploi des forces et constituent, avec l'unité de première catégorie, les SOF nationales. Ce commandement attribue les missions et adapte les organisations et effectifs de soutien en fonction des besoins et des exigences des forces spéciales, en tenant compte du type et de la nature des missions envisagées.

Les commandements de première ligne affectent aux forces spéciales britanniques leur meilleur personnel et des fonds considérables. Ils ont tout intérêt à assurer l'emploi optimal de ces forces. Le soutien courant des opérations des forces spéciales est favorisé par l'affectation de membres des forces spéciales à des postes clés dans l'ensemble du ministère de la Défense britannique. En plus de permettre aux commandements de première ligne de tirer parti de l'affectation de leur personnel dans les forces spéciales britanniques, cette politique accroît également la compréhension et l'acceptation du rôle et de la mission de ces forces spécialisées au sein de la structure militaire.

Grâce à ce mode d'organisation, les forces spéciales britanniques sont considérées comme les « joyaux de la couronne » des capacités militaires britanniques, et non comme une entité distincte et potentiellement menaçantes pour les autres composantes des services de défense. Toutes les composantes contribuent à la qualité et aux capacités de ces forces. De même, toutes les composantes profitent du renforcement de ces capacités. Les forces spéciales britanniques, dont le contrôle est assuré à l'échelle stratégique nationale, sont chargées de missions distinctes menées dans l'intérêt national ou dans le cadre d'opérations interarmées de concert avec une ou plusieurs composantes en vue d'atteindre un but ou un objectif précis. Ces forces peuvent être employées conjointement avec un ou plusieurs autres services pour accroître et renforcer leurs capacités d'exécution de missions. L'emploi de forces spéciales dans le cadre d'opérations interarmées de cette nature fait également partie des avantages dont profitent les composantes en contrepartie de leur participation au développement et au maintien de ces capacités.

COMMANDEMENT ET CONTRÔLE

Le développement de forces d'opérations spéciales est un processus évolutif qui exige du temps. Peu importe la structure adoptée, qu'il s'agisse d'une organisation centralisée de commandement des opérations spéciales s'inspirant du modèle australien ou d'une structure décentralisée de type britannique, la création d'une organisation de SOF de première catégorie au Canada ou ailleurs nécessite plus que la simple affectation d'effectifs, de fonds, de ressources et de temps. Elle exige également une bonne dose d'expérience opérationnelle et de jugement. Par conséquent, pour réaliser son plein potentiel aussi rapidement et efficacement que possible, une organisation de SOF de première catégorie doit s'appuyer sur l'effet synergétique d'apprentissage découlant de la collaboration et de l'association avec des organisations alliées de SOF de première catégorie ayant des rôles, des responsabilités et des capacités semblables.

Les missions des SOF de première catégorie sont des interventions tactiques visant des objectifs stratégiques. Cela ne signifie pas que les SOF ne seront pas ou ne devraient pas être employées à des fins opérationnelles ou tactiques à l'occasion; elles doivent en fait être déployées à l'endroit et au moment où leurs compétences et capacités particulières peuvent le mieux contribuer à la réalisation des buts et objectifs nationaux. La centralisation au niveau stratégique national, toutefois, permet d'assurer la fonction potentiellement la plus importante du commandement et du contrôle des ressources des SOF: l'existence au plus haut niveau d'un mécanisme permettant de déterminer où et quand le recours aux SOF sert le mieux l'intérêt national[19].

Les opérations menées en Afghanistan démontrent que les efforts déployés pour conserver le contrôle des opérations des SOF au niveau stratégique n'ont pas toujours été fructueux. Dans cette campagne, un certain nombre de pays membres ont attaché des éléments de SOF à leurs formations conventionnelles et leur ont confié des missions de reconnaissance – missions tactiques à effets tactiques. En fait, ce scénario met en évidence l'incapacité dans laquelle se trouvent ces organisations d'abandonner une perspective de guerre froide dans leur définition du rôle des SOF. Lorsque la plupart des pays ne peuvent mettre en service qu'une organisation de SOF restreinte, l'intégration de ces forces spécialisées à des commandements de composantes entrave leur utilisation efficace à l'échelle nationale en vue d'obtenir des effets stratégiques[20].

Le cas américain se présente différemment, en ce sens où les SOF des États-Unis sont suffisamment importantes et diversifiées pour fonctionner à plusieurs niveaux en même temps. Il démontre cependant que le recours aux SOF et les priorités qui leur sont attribuées sont une fonction de leur position dans l'ordre de bataille du pays. Dans le modèle américain, les SOF sont réparties autour du monde et, lorsqu'il y a demande de déploiement de forces, celles-ci sont regroupées sous le contrôle opérationnel de l'un des cinq quartiers généraux de commandement régionaux ou de théâtres d'opérations[21]. Parallèlement, les États-Unis maintiennent des organisations de SOF à des fins d'applications stratégiques à l'échelle nationale. Par conséquent, dans le cas des États-Unis, la taille même des actifs militaires permet le recours aux SOF tant à l'échelle stratégique nationale qu'au niveau opérationnel dans plusieurs théâtres d'opérations.

Les autres observations indiquent, toutefois, que la plupart des pays, qui doivent composer avec des contraintes économiques, ne sont en mesure de maintenir que des capacités de SOF relativement réduites comparativement aux capacités américaines. Dans ces circonstances, il serait probablement plus utile pour ces pays de conserver le commandement et le contrôle de leurs SOF au niveau national ou stratégique. Si les SOF sont traitées comme un apport de contingents à l'échelle nationale utilisées conjointement avec les composantes terrestre, aérienne et maritime des ressources militaires du pays, elles peuvent être employées aux trois niveaux selon les besoins. Ce mode de fonctionnement assure le recul nécessaire à une évaluation d'ensemble des occasions de déploiement des SOF de manière à ce que leur utilisation éventuelle s'inscrive toujours dans les priorités et les préoccupations stratégiques nationales.

Le modèle britannique illustre les avantages que l'on peut tirer du maintien du commandement et du contrôle au niveau national. Les SOF britanniques peuvent servir en tant que forces distinctes d'opérations stratégiques ou dans le cadre d'opérations interarmées avec d'autres composantes des forces armées. Ces forces étant contrôlées au niveau national, leur utilisation tendra toujours à être de nature stratégique, mais elles restent disponibles pour des opérations conjointes avec d'autres composantes, selon les besoins. L'utilisation optimale des SOF britanniques sur les plans stratégique, opérationnel et tactique est toujours déterminée au niveau stratégique et d'un point de vue stratégique[22].

Le modèle australien, quant à lui, est en transition. À l'heure actuelle, le commandement des opérations spéciales est subordonné aux forces terrestres. Cependant, au cours des prochaines années, les commandements des quatre composantes, de même que le quartier général opérationnel des forces de défense australiennes et le quartier général de commandement des opérations spéciales seront regroupés dans la capitale, Canberra, de sorte que tous les quartiers généraux opérationnels et de commandement seront voisins[23]. Ce réaménagement aura pour effet de faire du commandement des opérations spéciales la cinquième composante des forces armées à tous les égards sauf dans son appellation. Le fait que le commandant des opérations spéciales ait un rang équivalent à celui des autres chefs de composantes vient renforcer cette observation. Le commandant est déjà considéré comme un membre clé de la plupart, sinon de l'ensemble, des forums militaires et gouvernementaux de prise de décisions de haut niveau. De toute évidence, la tendance qui se dessine en Australie consiste à déplacer les ressources des SOF du niveau de la composante au niveau national stratégique pour en assurer une affectation et une utilisation plus efficaces. Cette tendance fera en sorte que les forces de défense australiennes s'inspireront davantage des principes de commandement et de contrôle adoptés par les principaux alliés du Canada, soit les Américains et les Britanniques.

UN PLAN DIRECTEUR POUR LE CANADA

À la lumière de l'examen et de l'évaluation de l'expérience et des pratiques de quelques-uns de ses principaux alliés en matière de capacités des SOF, dans quelle direction le Canada devrait-il s'engager? Si l'on estime, comme on l'a indiqué dans l'introduction du présent article, que de telles capacités pourraient être l'option la plus efficace pour l'affectation de forces expéditionnaires à la sécurité internationale, quelle forme ces capacités devraient-elles prendre?

Nous présentons ci-dessous un aperçu conceptuel des capacités qui pourraient assurer au Canada la contribution la plus efficace à la sécurité internationale et, parallèlement, la reconnaissance de cette contribution sur la scène internationale.

Capacités et structure des forces. Les priorités en matière de dépenses et les compressions budgétaires du gouvernement sont telles que toute participation canadienne devra être restreinte mais efficace. Conformément à ces paramètres, on doit choisir, pour ce qui est de la contribution à une coalition, entre une « tranche » verticale des SOF, c'est-à-dire des capacités intégrales, et une « tranche » horizontale, c'est-à-dire des capacités partielles mais d'une puissance supérieure. La solution recommandée, et présentée ci-dessous, est celle de SOF autonomes dotées de pleines capacités, en raison de l'intérêt généralement plus marqué que présente cette option pour une coalition et en raison de la reconnaissance nationale accrue qu'entraînerait une telle contribution.

Les capacités particulières de ces hypothétiques SOF canadiennes s'articuleraient autour d'une force opérationnelle interarmées (FOI) 2, une unité de première catégorie reconnue par le chef d'état-major de la Défense comme une unité de contre-terrorisme et d'opérations spéciales pouvant se déployer à l'étranger pour mener des opérations spéciales à l'appui des objectifs politiques et militaires nationaux[24]. Trois sous-unités d'infanterie légère, de la taille d'une compagnie, comptant chacune quelque 180 personnes possédant des compétences spécialisées de parachutage, de commando et de ranger, fourniraient le soutien tactique essentiel à la FOI 2, tant au pays qu'à l'étranger. Ces sous-unités pourraient réduire la charge des effectifs de la FOI 2 pour toute opération autre que celles clairement définies comme des missions de première catégorie et elles pourraient aussi constituer un bassin de personnel formé et expérimenté duquel l'unité principale pourrait tirer des effectifs de remplacement et de renfort. Les groupes de soutien spécialisé comprendraient des éléments de la taille d'une compagnie maîtrisant les techniques de neutralisation des explosifs ainsi que de reconnaissance et d'exploitation chimiques, biologiques, radiologiques et nucléaires. Une équipe spécialisée de soutien aux unités de combat assurerait le soutien logistique.

Le transport stratégique serait assuré par les ressources existantes ou élargies des forces aériennes affectées aux missions selon les priorités. L'appui aérien opérationnel ou à l'échelle du théâtre des opérations serait également fourni par des équipages spécialement entraînés des forces aériennes et des avions Hercules C-130 modifiés et dotés de systèmes perfectionnés d'autodéfense, de navigation à basse altitude et d'évitement du sol. Le transport tactique serait assuré par des hélicoptères moyens, achetés ou loués, et dotés d'un équipage des forces aériennes et des mêmes capacités défensives, de navigation et d'évitement du sol que les avions Hercules.

Les modes de mobilisation, de formation et de déploiement des SOF dans leur ensemble relèveraient des forces aériennes, terrestres et navales, comme dans le modèle britannique. La FOI 2, en tant que noyau des SOF de première catégorie, devrait prendre la forme d'une force de combat autonome ayant sa propre structure de commandement et de contrôle opérationnels et tactiques et possédant des capacités internes de soutien logistique du combat. Les groupes spécialisés et les composantes individuelles spécialisées associées aux fonctions de renseignement, de commandement et de contrôle continueraient de relever de leur composante d'attache pour la formation et les opérations normales, mais bénéficieraient d'un budget des SOF pour maintenir le niveau de capacités et d'expertise qu'exigent les missions et les responsabilités propres aux SOF. Ces groupes devront s'entraîner régulièrement avec les SOF et se maintenir constamment en état de préparation élevé pour d'éventuelles opérations des SOF.

Les capacités de transport stratégique, opérationnel et tactique seraient financées par les SOF. Elles relèveraient des forces aériennes, mais seraient assujetties à des exigences minimales de formation et d'exercice avec les SOF de même qu'à de très courts délais de rappel pour des missions de SOF. L'effectif total de toutes les SOF canadiennes ne devrait vraisemblablement pas dépasser 2 000 personnes.

Commandement et contrôle. Comme dans le cas des forces australiennes et britanniques, on peut s'attendre à ce que les ressources canadiennes de SOF soient en forte demande pour tout l'éventail des missions militaires, particulièrement celles qui nécessitent des interventions opérationnelles rapides. Pour assurer l'optimisation de l'utilisation des SOF, le commandement et le contrôle de ces forces devraient être exercés au plus haut niveau, soit au niveau stratégique, à défaut de quoi on court le risque d'utiliser ces ressources à mauvais escient pour des tâches pouvant être exécutées par d'autres forces et de négliger des objectifs nationaux plus prioritaires nécessitant des capacités propres aux SOF. Le CEMD doit donc continuer d'assumer le commandement par l'entremise du sous-chef d'état-major de la Défense (SCEMD).

CONCLUSION

L'aménagement d'un créneau de capacités militaires est un moyen à la fois viable et économique grâce auquel les gouvernements peuvent fournir une contribution appréciable à la sécurité internationale au moment et dans le lieu de leur choix. Parmi les capacités d'un tel créneau, le recours à des groupes opérationnels de SOF présente l'avantage d'entraîner des retombées particulièrement intéressantes pour ce qui est de la reconnaissance et de l'influence au sein de la communauté internationale. Devant toutes les options qui s'offrent au Canada en ce qui a trait à ces capacités, on doit manifestement s'attarder à celle qui donne le meilleur rendement au chapitre de l'influence auprès de nos alliés et partenaires. Par conséquent, des SOF dotées de toutes les capacités, ou forces de première catégorie, s'imposent selon nous comme un excellent moyen pour le Canada de contribuer aux opérations expéditionnaires dans l'intérêt de la sécurité internationale.

Ces SOF peuvent être de taille relativement restreinte si on les compare aux forces de nos amis et alliés. Il importe toutefois de constituer une composante autonome capable de se déployer, de mener des opérations du plus haut niveau et de longue durée avec un degré élevé de professionnalisme et de retourner au pays sans assistance une fois la mission accomplie. Les ressources affectées à ces forces doivent être mobilisées, formées et soutenues par des experts dans chacun des domaines spécialisés mais être constamment en mesure de se regrouper et de se déployer rapidement pour mener leurs opérations. Enfin, le contrôle de ces forces doit être maintenu au niveau stratégique national pour en assurer l'utilisation la plus efficace possible dans l'intérêt national.

En conclusion, il importe de souligner que pour assurer aux SOF la puissance et les capacités extraordinaires qu'on attend d'elles, on doit remplir un certain nombre de conditions. Premièrement, le gouvernement doit être prêt à investir des fonds suffisants pour la création, le développement et le maintien de ces forces. Cet investissement doit aussi se faire en temps opportun, des SOF ne pouvant être mises sur pied lorsqu'une crise est imminente. On doit en outre assurer un financement suffisant pour faire en sorte que le personnel le plus compétent dispose de l'équipement requis pour obtenir les meilleurs résultats avec l'effectif le plus restreint, puisqu'il est irréaliste, tant sur le plan financier que pratique, d'envisager des contingents importants de SOF. Le gouvernement et les autorités militaires doivent aussi se montrer prêts à affecter le personnel le plus compétent à ces forces. En effet, l'efficacité de ces forces est tributaire du recours aux meilleurs effectifs, compte tenu des situations et des circonstances dans lesquelles les SOF devront vraisemblablement intervenir.

Une fois les fonds investis, les dirigeants politiques et militaires nationaux doivent être prêts à faire appel aux SOF pour atteindre les buts et objectifs politiques et militaires du pays. Les SOF doivent être considérées comme un outil de précision employé dans des circonstances particulières pour obtenir des résultats très ciblés et bien définis, dans une diversité de situations à la fois difficiles et exigeantes. Ces forces doivent être considérées comme un moyen de contrôler des situations à risque élevé pour obtenir des résultats et des avantages appréciables qui excèdent largement l'investissement en ressources. Développées et utilisées ainsi, ces forces pourraient s'avérer comme la clé du succès pour le Canada et s'imposer comme des forces d'opérations spéciales reconnues sur le plan international et dotées de capacités considérables et très crédibles.

NOTES

1 Propos de Ramzi Ahmed Yousef, terroriste condamné pour l'attentat de 1993 perpétré au World Trade Centre. Benjamin Weiser, « Two Convicted in Plot to Blow Up N.Y. World Trade Center ». *The New York Times*, 13 novembre, 1997.

2 Direction de l'analyse stratégique, *Évaluation stratégique 2002*, Ottawa, ON, Ministère de la Défense nationale, 2002, 11.

3 B.J. Brister, *The Role of Special Forces in the Execution of Canadian Foreign Policy*, document présenté au 2e symposium sur les opérations spéciales du Collège militaire royal du Canada, Kingston, ON, 7 mars, 2002.

4 Pour les fins du présent article, les forces spéciales désignent les forces spécialement constituées, entraînées, équipées et mandatées pour mener un éventail de missions ne faisant pas partie des opérations militaires classiques. Définition adaptée de T.K. Adams, *US Special Operations Forces in Action: The Challenge of Unconventional Warfare*, London, Frank Cass, 1998, xxiv, xxv et 5-7.

5 Toujours pour les fins du présent article, le terme SOF désigne les éléments militaires, paramilitaires et civils d'un groupe opérationnel ayant pour mandat de soutenir un groupe opérationnel de forces spéciales dans l'exécution d'une mission ne faisant pas partie des opérations militaires classiques. Définition adaptée d'Adams, xxiv, xxv et 5-7

6   Entrevue avec un officier supérieur des forces spéciales britanniques, 25 avril 2003.

7   Entrevue avec un officier supérieur de l'*Australian Special Air Service Regiment* (AS SASR), 27 mars, 2003.

8   Entrevue avec un officier supérieur des forces spéciales britanniques, 25 avril, 2003.

9   Ces forces, de même que leurs effectifs très bien entraînés, permettront d'accroître la portée stratégique du pays et donc son influence, ce qui se traduira par des retombées politiques et diplomatiques considérables, quoique discrètes. Une capacité de projection de puissance rapide à l'appui des pays alliés, grands et petits, voisins ou distants, génère beaucoup de reconnaissance et de coopération. Entrevue avec un officier supérieur de l'AS SASR, 27 mars, 2003.

10 *Ibid.*

11 Les domaines dans lesquels un pays donné aura développé des capacités de renseignement supérieures à celles des autres pays participants peuvent comprendre, entre autres, l'analyse des images, le renseignement sur les transmissions et la collecte de renseignements de sources humaines. Entrevue avec un officier supérieur des forces spéciales britanniques, 25, avril 2003 et avec un officier supérieur de l'AS SASR, 27 mars, 2003.

12 Entrevue avec un officier supérieur des forces spéciales britanniques, 25 avril 2003, et avec un officier supérieur de l'AS SASR, 27 mars 2003.

13 Entrevue avec un officier supérieur de l'AS SASR, 27 mars 2003.

14 *Ibid.*

15 Discussion avec un officier supérieur de l'AS SASR, 9 juillet, 2004.

16 *Ibid.*

17 *Ibid.*

18 *Ibid.*

19 Entrevue avec un officier supérieur des forces spéciales britanniques, 25 avril, 2003.

20 Entrevue avec un officier supérieur de l'AS SASR, 27 mars, 2003.

21 Adams, 7.

22 Entrevue avec un officier supérieur des forces spéciales britanniques, 25 avril, 2003.

23 Discussion avec un officier supérieur d'EM, AST, Sydney, Australie, 8 août, 2003.

24 *À l'heure de la transformation: Rapport annuel du chef d'état-major de la Défense, 2002-2003*, Ottawa Ministère de la Défense nationale, 2003, 5.

Conclusion

Depuis leur création, les SOF modernes ont pris une importance croissante et sont devenues un élément clé de l'inventaire militaire de tout pays. Cet essor s'est fait particulièrement remarquer pendant la période de l'après-guerre froide, alors que les SOF se sont révélées très populaires auprès des leaders politiques en raison de leur faible visibilité et de leur habileté à accomplir discrètement, en laissant peu de traces, une foule de tâches délicates. Ces qualités des SOF suppriment généralement la nécessité d'engagements nationaux de plus grande envergure, réduisant ainsi le risque de lourdes pertes ou de retombées politiques négatives. Les SOF peuvent manœuvrer dans un créneau limité d'activités militaires à haut risque, parce que les soldats qui en font partie possèdent les compétences nécessaires pour naviguer confortablement au travers de missions complexes et de situations ambiguës. Leur agilité est le résultat direct de la qualité des soldats sélectionnés pour en faire partie. Cependant, cette agilité résulte également du concept d'emploi utilisé, du type d'organisation et des programmes d'instruction qui ont été développés par les organisations qui ont mis en place de telles forces. Ces facteurs ont permis la transformation de compétences spécialisées en compétences pertinentes qui se sont jusqu'ici révélées suffisamment adaptatives pour pouvoir contrer les menaces et relever les défis changeants que pose le 21ᵉ siècle.

L'utilité de la souplesse caractéristique des SOF est surtout reconnue depuis l'attaque terroriste du 11 septembre 2001 lancée contre les États-Unis. En fait, la tendance internationale consiste depuis à accroître les capacités et à élargir l'emploi des SOF. En outre, des indications nous portent à croire que cette tendance se poursuivra au moins à court terme. Compte tenu des bénéfices apparents que procurent les SOF, il n'est pas étonnant que les Forces canadiennes (FC) soient en voie de se doter d'une importante capacité SOF de leur cru. La création du Commandement des Forces d'opérations spéciales du Canada (COMFOSCAN), en février 2006, dans le cadre de la transformation des FC, fournit au Canada des moyens supplémentaires et une arme puissante pour faire face aux menaces asymétriques. Par contre, le COMFOSCAN modifiera fondamentalement la dynamique au sein des FC.

Lorsqu'il sera pleinement opérationnel, le COMFOSCAN comptera probablement plus de 2000 soldats d'élite répartis dans diverses unités comprenant, notamment, la FOI 2, Régiment des opérations spéciales du Canada, un escadron d'aviation tactique des opérations spéciales, une compagnie de défense nucléaire, biologique et chimique interarmées (CDNBCI), ainsi qu'un quartier général de formation et divers éléments de soutien. La consolidation du nouveau COMFOSCAN au sein d'une organisation fonctionnelle entièrement intégrée aux FC sera tâche particulièrement ardue, risquée et remplie d'embûches.

La difficulté et le risque inhérents à l'établissement de cette capacité sont partiellement attribuables au fait que les SOF n'ont jamais été intégrées aux capacités militaires du Canada et que l'expérience des FC dans le domaine des missions SOF se limite presque à la libération d'otages. Le Colonel Taillon a souligné avec justesse l'« immaturité » de nos SOF dans sa discussion de l'affectation d'agents des Forces d'opérations spéciales du Canada (FOSCAN) à Haïti, en 2004. Mais ce qui est encore plus important, les FC ont une expérience minimale, voire nulle dans la coordination de plusieurs unités SOF possédant chacune ses propres ressources, processus de sélection, programmes de formation et besoins en matière de soutien; elles n'ont pratiquement aucune expérience dans la synchronisation des opérations SOF avec celles des forces militaires conventionnelles. En conséquence, des erreurs se produiront probablement et, sous certains rapports, elles ne pourront être évitées aux premières phases de développement et d'adaptation du

Conclusion

COMFOSCAN et des FC. Cela dit, une compréhension générale de la dynamique apportée par les SOF à la structure des FC peut diminuer le nombre et l'importance des erreurs. Or, c'est la connaissance approfondie des forces et des faiblesses des SOF qui permettra de bien comprendre cette capacité.

En cherchant à comprendre leurs forces et leurs faiblesses, on doit réaliser que les SOF ont évolué à partir des circonstances opérationnelles particulières qui ont marqué la première partie de la Deuxième Guerre mondiale, période où l'on mettait sur pied des unités spécialisées pour mener des missions d'action directe, de reconnaissance et de surveillance spéciales, et de guerre non conventionnelle. Ces missions étaient très spécialisées et ont énormément influencé l'organisation, la formation et l'équipement de ces unités. Pour bien saisir la notion de COMFOSCAN, il faut commencer par comprendre la nature des missions que chaque unité du COMFOSCAN peut exécuter et la manière dont elles influeront sur l'organisation, l'instruction et l'emploi éventuel d'unités spécifiques. Bien que les unités SOF ne soient pas limitées à un seul type de mission, il y a néanmoins une limite à ce qu'elles peuvent faire. Il est essentiel d'apporter le plus grand soin à l'attribution des tâches.

Or, certains pensent à tort que n'importe quelle unité SOF peut accomplir n'importe quelle tâche. Il n'y a rien de plus faux. Bien que les unités SOF aient beaucoup de points communs, il existe entre elles des différences importantes qui rendent difficiles, sinon impossibles, la production d'une capacité SOF « universelle ». À cette fin, les commandants et l'état-major responsables de la planification du COMFOSCAN et de l'emploi des SOF doivent fonder leurs décisions sur les compétences dont dispose chaque unité, lesquelles devraient correspondre aux critères qui garantissent le succès des missions.

Par ailleurs, il existe deux conditions essentielles pour renseigner les officiers des FC sur le caractère, les capacités et les limites des SOF dans les opérations. Premièrement, la doctrine SOF à produire doit être suffisamment détaillée pour renfermer l'information qui permettra d'employer efficacement cette très importante ressource que sont les SOF. Deuxièmement, la matière de tous les cours de commandement et d'état-major des FC doit inclure une analyse de la doctrine et des capacités des SOF. Il faudra miser davantage sur une instruction qui met en évidence l'importance des SOF comme multiplicateur de force, surtout au moment où le COMFOSCAN commencera à monopoliser une partie substantielle des ressources des commandements établis pour respecter ses engagements opérationnels.

Aux premières étapes de son développement, le COMFOSCAN devra soutirer des ressources des effectifs actuels, en particulier de l'Armée de terre, qui devra fournir le gros de ses meilleurs soldats pour la FOI 2, le Régiment des opérations spéciales du Canada, ainsi que les divers éléments de commandement et de soutien. On comprend l'importance de cette ponction quand on sait à quelles exigences sont soumis les soldats des SOF sur les plans de la condition physique, de l'autonomie, de la motivation, de l'intelligence et de l'ingéniosité, et de la stabilité émotionnelle. De plus, un agent des SOF doit être capable de travailler en autonomie dans le cadre d'une petite équipe. Ce sont là des qualités que seule possède une petite élite. En fait, l'une des principales difficultés qu'ont dû surmonter les toutes premières SOF était de recruter et de conserver des leaders et des soldats de qualité. Selon des sources non classifiées, le taux de réussite des SAS et des forces spéciales des États-Unis au chapitre du recrutement et de la conservation de leurs effectifs, une fois terminés les processus de sélection et de formation, est d'environ 24 pour 100. Les taux de réussite de la Delta Force américaine varient de 10 pour 100 à 12 pour 100, ce qui devrait correspondre grosso modo aux taux enregistrés pour la FOI 2. Or, si l'on suppose également que le Régiment des opérations spéciales du Canada est soumis aux mêmes exigences que les Rangers américains, nous pouvons nous attendre à ce qu'environ la moitié seulement des soldats qui tentent de se joindre à cette unité réussissent. Cela signifie que le COMFOSCAN déploiera toutes ses énergies à recruter de 1500 à 2000 soldats, sous-officiers et officiers dans la moitié supérieure des meilleurs effectifs de l'Armée de terre. Pour mieux faire comprendre le problème, changeons de perspective. Par exemple, environ 70 pour 100 des soldats qui suivent un cours de parachutisme réussissent à l'examen. Or, si l'Armée de terre a éprouvé des difficultés à maintenir le Régiment aéroporté du Canada qui comptait 601 soldats en utilisant les 70 pour 100 qui avaient réussi au cours de parachutisme, ne devrait-elle pas se heurter à des difficultés bien plus grandes pour satisfaire aux énormes besoins du COMFOSCAN? En effet, celui-ci possède des capacités spécialisées plus nombreuses et une structure de force beaucoup plus massive, donc plus exigeante sur le plan de la dotation, mais, du moins théoriquement, il compte accepter seulement l'élite des candidats qui se porteront volontaires pour suivre l'instruction. Par ailleurs, trouver les volontaires qui conviennent n'est pas l'unique problème auquel se heurtera vraisemblablement le COMFOSCAN au cours des prochaines années. Le Commandement est mis en place au

Conclusion

moment même où de nombreux décideurs de la communauté des SOF sont à ré-évaluer les structures de force et l'orientation future des SOF.

Le modèle organisationnel utilisé par le nouveau COMFOSCAN s'appuie vaguement sur le United States Special Operations Command (USSOCOM). En fait, ce modèle sera adapté à la rareté des ressources, une particularité de la conjoncture canadienne à laquelle les FC doivent se plier. Mais le modèle américain a presque 20 ans et a été conçu à une époque où la guerre froide était la principale occupation de l'armée américaine et où les SOF avaient pour tâche principale d'assurer un soutien. Le USSOCOM est aujourd'hui le fer de lance de la guerre des États-Unis contre la terreur, laquelle, au dire d'à peu près tout le monde, grève jusqu'à la limite les ressources et capacités disponibles. Il n'est pas étonnant que le commandement cherche maintenant des moyens de se transformer, un fait reconnu par le Général Peter J. Schoomaker, ancien commandant du USSOCOM. Voici ce qu'il disait en 1998 à cet égard: « La vérité, c'est que le maintien du statu quo ne permettra pas de développer les capacités dont nous avons besoin pour faire face aux menaces transnationales et asymétriques de demain. » Un monde qui change rapidement est sans pitié pour les organisations qui résistent au changement – et le USSOCOM ne fait pas exception. Guidé par une vision globale et durable et par les objectifs qui s'y rattachent, nous devons constamment nous remettre en question pour rester des membres pertinents et utiles de l'équipe interarmées. Comme l'a dit un jour le président de AT&T: « Lorsque le rythme du changement à l'extérieur d'une organisation est plus rapide qu'à l'intérieur, la fin est proche »[1].

Le rôle que jouera le COMFOSCAN dans les FC transformées des prochaines années est un concept en pleine évolution. Cependant, afin de se préparer pour l'avenir, le COMFOSCAN devra fournir au Canada des capacités SOF traditionnelles, tout en s'organisant lui-même de manière à pouvoir s'adapter rapidement aux nouvelles missions et aux nouveaux défis qui ne manqueront pas de se présenter. La question est donc la suivante: Quels nouveaux défis le COMFOSCAN devra-t-il vraisemblablement relever dans son évolution qui l'amènera à devenir la capacité SOF canadienne?

D'abord et avant tout, on ne doit pas oublier que les soldats et leurs leaders resteront des ressources déterminantes pour le succès futur des SOF. Il faut donc poursuivre le recrutement et la formation d'élite de ces combattants. Mais tout indique que la seule formation ne sera plus suffisante pour préparer les soldats à affronter l'incertitude liée à un environnement de plus en plus complexe. L'instruction est conçue pour que les soldats puissent réagir de manière prévisible à des événements tout aussi prévisibles, et les SOF sont parfois confrontées à un autre type d'environnement. Les soldats des SOF doivent fréquemment équilibrer les nécessités de la vie de soldat, la sensibilité à la diversité culturelle et à la dimension politique avec les exigences opérationnelles de leur mission. Des cours appropriés permettront aux SOF de trouver des solutions optimales à des problèmes situationnels tributaires de nombreuses variables et interdépendances; cet enseignement permettra également aux SOF de mieux faire face à l'incertitude de leur environnement. Cependant, cela signifie que le perfectionnement des futurs soldats des SOF doit être axé sur l'établissement d'un équilibre entre l'éducation et l'instruction, donc qu'il faudra accorder plus de temps au perfectionnement. En outre, si les SOF veulent continuer d'exécuter des missions dans l'ensemble du spectre d'intensité des conflits, elles devront acquérir les compétences supplémentaires qui faciliteront leur passage à la dynamique réseaucentrique de la guerre de l'ère de l'information.

La guerre réseaucentrique (ou guerre nodale), fondée sur la maîtrise de l'information qui engendre une puissance de combat accrue grâce au réseautage des capteurs, des décideurs et des tireurs, vise un meilleur partage de la connaissance de la situation. Essentiellement, cette maîtrise se transforme en puissance de combat en reliant entre eux des éléments renseignés de l'espace de combat[2]. Jusqu'ici, les SOF ont mis du temps à se restructurer de manière à pouvoir jouer pleinement leur rôle dans ce domaine vital d'activité militaire émergent. Or, non seulement les SOF devront-elles développer de nouvelles capacités pour conserver leur pertinence, mais elles devront aussi apprendre à mieux collaborer avec les autres joueurs, ce à quoi elles ont été peu portées par le passé.

Un aspect capital de la guerre au 21e siècle est le déplacement de ressources stratégiques comme l'imagerie satellitaire, les capacités de bombardement stratégiques et les SOF vers les niveaux opérationnels, voire tactiques de la guerre. Pour que le COMFOSCAN continue de répondre aux besoins des FC, il devra fonctionner efficacement dans des environnements interarmées, interalliés et interinstitutionnels à tous les niveaux de la guerre. Comme le souligne Schoomaker, « les SOF doivent relever deux défis: savoir s'intégrer — aux forces conventionnelles, à d'autres agences ou institutions américaines, aux forces étrangères amies et à d'autres organisations internationales [comme les Nations Unies et le Comité international de la Croix-Rouge] — tout en préservant leur autonomie, condition essentielle à la protection et à la

CONCLUSION

promotion des méthodes non conventionnelles qui sont au cœur des opérations spéciales »[3].

Traditionnellement, le concept des SOF a progressé parce que les leaders des SOF ont été capables d'adopter une approche plus souple à l'égard des opérations militaires en privilégiant des méthodes non conventionnelles. Mais, ce qui est plus important, leur succès repose sur l'habileté qu'elles ont eue à s'adapter aux circonstances changeantes des environnements auxquels elles ont été confrontées. Bien qu'à certains égards la situation ne soit plus la même, l'avenir des SOF dépend de leur adaptabilité et de leur capacité à sortir des sentiers battus. Pour réussir dans le contexte du 21e siècle, le COMFOSCAN devra devenir et demeurer une organisation adaptable et pertinente. De plus, les leaders des FC devront assumer un rôle actif dans l'orientation du COMFOSCAN et dans son intégration à la structure actuelle de force. C'est à cette condition seulement que le COMFOSCAN constituera une capacité décisive au sein des FC; autrement il risque de n'être qu'une chimère de plus.

NOTES

1   Le Département de la défense des Etats-Unis, « Special Operations Forces: The Way Ahead », *Defense Issues,* vol. 13, no 10. Exposé présenté par le Gén Peter J. Schoomaker, commandant du U.S. Special Operations Command, aux membres de son commandement.

2   Liste de contrôle - Bureau du secrétaire adjoint à la Défense pour l'intégration des réseaux et de l'information/Chef du Service de l'information du Département de la défense (Office of the Assistant Secretary of Defense for Networks and Information Integration/Department of Defense Chief Information Officer), le 12 mai, 2004, version 2.1.3

3   *Defense Issues.*

CONTRIBUTEURS

Le Major **Tony Balasevicius** est officier d'infanterie et membre du *Royal Canadian Regiment* (RCR). Il a été commandant de peloton et de compagnie et a occupé divers postes dans le Régiment aéroporté du Canada. Il a pris la direction du programme provisoire de parachutisme de l'Armée de terre en 1995, puis a été affecté à Ottawa en 1998. En 2002, il a occupé les fonctions de commandant adjoint du 1 RCR et a été affecté ensuite à la Direction des besoins en ressources terrestres à Ottawa. Il fait actuellement partie du personnel du Département de science militaire appliquée au Collège militaire royal du Canada.

Le Major **Bernard J. Brister**, pilote d'hélicoptère tactique, a été déployé en Allemagne, en Haïti, en Bosnie et en Afghanistan. Il a acquis sa plus récente expérience opérationnelle au cours d'une affectation de cinq ans à l'ancienne Direction de lutte contre le terrorisme et des opérations spéciales. Dès qu'il aura terminé son doctorat dans les domaines de la politique étrangère canadienne/américaine et du terrorisme international, il enseignera au Collège militaire royal du Canada.

Le Colonel **Bernd Horn**, Ph.D., est directeur de l'Institut de leadership des Forces canadiennes. Officier d'infanterie possédant l'expérience du commandement au niveau de l'unité et de la sous-unité, il a été commandant du 1 RCR de 2001 à 2003, du 3ᵉ Commando du Régiment aéroporté du Canada de 1993 à 1995, et de la Compagnie « B » du 1 RCR de 1992 à 1993. Il a écrit, seul ou en collaboration, 14 livres ainsi que de nombreux articles sur les affaires et l'histoire militaires. Il est actuellement professeur agrégé adjoint d'histoire au Collège militaire royal du Canada.

Le Lieutenant-colonel **Jamie Hammond** est officier des Forces canadiennes et étudiant, à temps partiel à l'Université Carleton, au niveau du doctorat. Il a acquis de l'expérience opérationnelle en Bosnie et en Afghanistan et a tout récemment assumé la fonction de chef d'état-major de la transformation au nouveau Commandement des forces d'opérations spéciales du Canada. Il occupe actuellement le poste de commandant du Régiment d'opérations spéciales du Canada à Petawawa (Ontario).

Michael A. Hennessy, Ph.D., est directeur du département d'histoire au Collège militaire royal du Canada, membre de l'Institut international d'études stratégiques, chercheur universitaire à l'Institut de leadership des Forces canadiennes et membre du Comité de rédaction des revues *Canadian Military Journal Defence Studies* (Londres).

Sean M. Maloney, Ph.D., de Kingston (Ontario), a servi en Allemagne à titre d'historien pour la 4ᵉ Brigade mécanisée du Canada, qui représentait la contribution de l'Armée de terre du Canada à l'OTAN pendant la guerre froide. Il a écrit plusieurs ouvrages au sujet de l'histoire de l'Armée de terre moderne du Canada ainsi qu'au sujet du maintien de la paix, dont « *Canada and UN Peacekeeping: Cold War by Other Means 1945-1970* », « *Chances for Peace: The Canadians and UNPROFOR 1992-1995* » et « *Enduring the Freedom: A Rogue Historian Visits Afghanistan* », qui ont soulevé la controverse. Il a mené de vastes recherches sur le terrain dans les Balkans, au Moyen-Orient et en Afghanistan. Il est actuellement professeur au programme d'études sur la conduite de la guerre au Collège militaire royal du Canada et chercheur universitaire principal au Centre for International Relations de l'Université Queen's.

Le Colonel **J. Paul de B. Taillon**, Ph.D., est le directeur de Examen et liaison militaire, Bureau du commissaire du Centre de la sécurité des télécommunications du Canada. Ancien officier du renseignement au Service canadien du renseignement de sécurité (SCRS), il a beaucoup écrit sur le terrorisme, les opérations de faible intensité et les opérations spéciales, dont deux livres sur le terrorisme et les forces spéciales. Il a également écrit en collaboration un autre livre sur les opérations spéciales. Il est colonel réserviste des Forces canadiennes et a servi dans les SOF britanniques et américaines. Diplômé de l'*Amphibious Warfare School* de l'USMC et du *Command and Staff College* de l'USMC, il étudie actuellement à l'*US Army War College* et terminera ses études en 2006. Il était jusqu'à tout récemment membre du personnel d'instruction au Collège des Forces canadiennes. Il est professeur auxiliaire au Collège militaire royal du Canada et enseigne le terrorisme, la guerre irrégulière, le renseignement et les opérations spéciales dans le cadre du programme de maîtrise en études sur la conduite de la guerre. De plus, il est chercheur universitaire principal à la *Joint Special Operations University* (JSOU) à Hurlburt Field (Floride). Il possède une maîtrise en relations internationales de la *Norman Patterson School of International Affairs*, une maîtrise en études sur la conduite de la guerre du Collège militaire royal du Canada et un doctorat de la *London School of Economics and Political Science* de l'Université de Londres.

GLOSSAIRE

des acronymes et abréviations

AD	Action directe
ADM	Armes de destruction massive
APFT	Army Physical Fitness Test
BCP	Bureau du Conseil privé
BIL	Bataillon d'infanterie légère
C2	Commandement et contrôle
CBRN	Chimique, biologique, radiologique et nucléaire
CEMD	Chef d'état-major de la Défense
CENTCOM	Central Command
CFOSI	Commandant des forces d'opérations spéciales interarmées
CIA	Central Intelligence Agency
CIDG	Civil Irregular Defence Group
CIMIC	Coopération civilo-militaire
COMFOSCAN	Commandement - Forces d'opérations spéciales du Canada
CPM	Cabinet du Premier ministre
CRW	Counter Revolutionary Wing

CT	Contre-terrorisme
DoD	Department of Defence
DRMLA	Mouvement révolutionnaire démocratique pour la libération de l'Arabie
É.-U.	États-Unis
EIU	Équipe d'intervention d'urgence
EOD	Neutralisation des explosifs et munitions
EPR	Équipe provinciale de reconstruction
ESI	Escadron spécial d'intervention
FC	Forces canadiennes
FID	Sécurité intérieure étrangère
FOI 2	Force opérationnelle interarmées 2
FS	Forces spéciales
FSSF	First Special Service Force
GE	Guerre électronique
GFIM	Groupe de forces interarmées multinationales
GIGN	Groupe d'intervention de la Gendarmerie nationale
GOIFC	Groupe des opérations d'information des Forces canadiennes
GPM	Groupe professionnel militaire
GRC	Gendarmerie royale du Canada
GROM	Grupa Reagowania Operacyjno Mobilnego
GSG 9	Grenzschutzgruppe-9
HAHO	Saut à haute altitude et ouverture à haute altitude
HUMINT	Renseignement humain
IRA	Armée républicaine irlandaise
IRR	Incident Response Team
ITC	Invasion Training Centre
Km	Kilomètres
LAPD	Los Angeles Police Department

LRDG	Long Range Desert Group
LRRP	Compagnie de reconnaissance longue portée
MACV	Military Assistance Command Vietnam
MDN	Ministère de la Défense nationale
Ministre de la DN	Ministre de la Défense nationale
MTT	Équipe mobile d'entraînement
OBE	Opérations basées sur les effets
OENC	Opérations d'évacuation de non-combattants
ONU	Organisation des Nations Unies
OODA	Observation, orientation, décision et action [cycle]
OPEP	Organisation des pays exportateurs de pétrole
Ops COIN	Opérations de contre-insurrection
OpSec	Sécurité des opérations
OS	Opérations spéciales
OSS	Office of Strategic Services
OTAN	Organisation du Traité de l'Atlantique Nord
PG	Prisonnier de guerre
PIR	Protection individuelle rapprochée
PPCLI	Princess Patricia's Canadian Light Infantry
PSYOPS	Opérations psychologiques
QG	Quartier général
QGOI	Quartier général des opérations interalliées
R.-U.	Royaume-Uni
RAAF	Royal Australian Air Force (RAAF)
RCR	Royal Canadian Regiment
RESCO	Recherche et sauvetage de combat
S/off	Sous-officier
SAS	Special Air Service
SASR	Special Air Service Regiment (Australie)
SBS	Special Boat Service
SCRS	Service canadien du renseignement de sécurité
SEAL	Sea Air Land
SERE	Survival, Evasion, Resistance and Escape

SFG	Special Forces Group
SFQC	Special Forces Qualification Course
SODSU	Unité de soutien direct des opérations spéciales
SOE	Special Operations Executive
SOF	Forces d'opérations spéciales
SOG	Studies and Observations Group
SWAT	Special Weapons and Tactics
SWCS	Special Warfare Center and School
TTP	Tactiques, techniques et procédures
USASOC	United States Army Special Operations Command
USSOCOM	United States Special Operations Command
VBL	Véhicule blindé léger
3D	Défense, diplomatie et développement
9/11	Attaques terroristes du 11 septembre 2001

Index

Achnacarry Castle, 250
Action directe (AD), 14, 26, 28–29, 33, 36, 64–65, 68, 71, 73, 82, 84, 91, 103, 122, 125, 136, 142, 158, 167, 176, 205–206, 210, 212, 221, 224, 233, 246–249, 251–255, 257, 261–262, 264–265, 274, 288, 319, 329
Adams, Thomas, 247
Aéronef, 58, 79, 85, 118, 126, 170, 172–173, 181–182, 192, 222, 227, 235, 281
    C-130 Hercules
    Hélicoptère CH-47 Chinook, 218, 222, 306
    Hélicoptère SA-70 Blackhawk, 222, 306
Afghanistan, 14, 19, 63, 141–142, 147, 152, 157–158, 177, 184–185, 198–199, 206, 210–212, 217–218, 222–226, 228, 230, 233, 237, 240, 245, 256, 259, 263, 273–274, 278, 281, 283, 292–293, 300–301, 303–304, 307–308
Afrique du Nord, 67, 70–71, 83–84, 100, 128, 138, 251, 259, 265, 269
Alamo Scouts, 253, 268
Allemagne, 55
Allemagne de l'Ouest (voir Allemagne), 68, 173, 195
Alliance du Nord, 63, 184, 223, 256
Al-Qaeda, 177, 184
Anzio, 194, 252
Armée britannique, 57, 71, 83, 112, 130, 188, 248, 258, 262, 277, 279, 298
Armée du Nord-Vietnam, 172
Armée républicaine irlandaise (IRA), 173, 187, 295, 330
Army Physical Fitness Test (APFT), 329
Attaques terroristes du 11 septembre 2001 (voir aussi 9/11), 13, 163, 332

Bad Tolz, 168
Bagnold, Major Ralph A., 100–101, 103–105, 116, 265
Bande Baader-Meinhof, 173
Bank, Colonel Aaron, 21, 78, 133, 139
Bass, Bernard, 96–97, 102–103, 108, 119–120
Bataillon d'infanterie légère (BIL), 258–259, 271, 329
Beaumont, Roger, 36
Beckwith, Colonel Charlie, 131
Bellamy, Christopher, 26
Bérets verts, 21, 33, 39, 49, 130, 136, 147, 170, 221, 226, 240
Billiere, Général De La, 129–130, 296
Black Hawk Down, 131, 237
Bornéo, 169, 289, 298
Bosnie-Herzégovine, 156, 158
Boucle OODA, 285
Brooke, Maréchal Sir Alan, 126–127, 149
Bureau du Conseil privé, 329

Cabanatuan, 253–254, 268
Cabinet du Premier ministre, 329
Calvert, Brigadier Michael « Mad Mike », 84, 99, 106, 130, 133, 169, 192, 267
Cambodge, 170
Camp X, 188, 208
Carrickfergus, Irlande du Nord, 58, 250
Carver, Feld-maréchal lord, 282
Central Intelligence Agency (CIA), 77, 329
Centre de la sécurité des télécommunications (CST), 281
Centre de parachutisme du Canada (CPC), 257
Chef d'état-major de la Défense (CEMD), 20, 277, 312, 329
Chimique, biologique, radiologique et nucléaire (CBRN), 304, 306, 329
Churchill, Winston, 57, 123, 126, 133,m 138, 166, 187, 206

CIMIC (voir aussi coopération civilo-militaire), 329
Cisterna, 129, 252
Civil Irregular Defence Group (CIDG), 170, 329
Clancy, Tom, 26, 115, 126–127, 132, 229
Clarke, Dudley, 58
Cohen, Eliot, 23–24, 129, 137
Cohen, William, 35, 175, 220
Collège militaire royal du Canada (CMR), 117, 287
Collins, Colonel John M., 23
Commandant Forces d'opérations spéciales interarmées (CFOSI), 286, 329
Commandement - Forces d'opérations spéciales du Canada (COMFOSCAN), 20, 209, 318–323, 329
Commandement et contrôle (C2), 292, 303, 308, 312, 329
Commandos d'Achnacarry, 65, 67
Commandos, 14, 19, 21–24, 26, 32, 34, 37, 40, 57, 64–65, 67–68, 73, 78, 80, 83, 88–90, 95, 100, 103, 105, 112, 116, 118–119, 123, 128–129, 133, 135–138, 140, 164, 166, 170, 172, 176, 187, 190, 196, 206–209, 218, 223, 248–250, 254, 262, 264–266, 268–269, 271, 304
Compagnie de reconnaissance longue portée (LRRP), 171, 331
Contre-prolifération, 14, 122, 176, 210, 247, 264
Coopération civilo-militaire (CIMIC), 288, 329
Corée, 180, 195, 254–255
Cotton, Charles, 129
Contre-terrorisme, 21, 29, 63, 122, 144, 154, 165, 174, 176, 228–229, 231, 286, 305–306, 311, 330
Crise d'octobre (1970), 174
Crowe, Amiral William J., 140

Index

Daly, Lieutenant-colonel Ron Reid, 139
Darby, Colonel William, 65–66, 83, 130, 252, 268
Defence Intelligence Agency, 211
Delta Force (voir aussi Special Forces Operational Detachment – Delta), 131–132, 140, 147, 256, 272, 320
Department of Defence (DoD), 175, 177, 211, 214, 330
Desert One, 129, 182
Deuxième Guerre mondiale (voir aussi Seconde Guerre mondiale), 23, 26, 40, 64–65, 70, 74, 76–77, 80, 82, 94, 99, 153, 159, 164, 166–168, 172, 175, 178, 185–186, 190, 194, 199, 206–210, 280, 319
Dieppe, 191, 207
Donovan, « Wild » Bill, 40, 55–56, 88–89, 188
Downing, Général Wayne, 137

Écosse, 65, 83, 250, 268
Electra House, 186–187, 208
Engins submersibles pour nageurs, 282
Équipe d'intervention d'urgence (EIU), 280, 330
Équipe Pagoda, 288
Équipe provinciale de reconstruction (EPR), 212, 330
Équipe SEAL numéro six, 132, 147
Escadron spécial d'intervention (ESI), 174, 330
État d'urgence imposé en Malaisie, 168
Europe, 55, 65, 76–78, 99–100, 125, 138, 167–168, 172–173, 188–189, 192, 195–196, 198, 206–207, 267
Ex-Yougoslavie (voir Yougoslavie)

Façonner l'avenir de la défense canadienne : Une stratégie pour l'an 2020, 257, 270
Faction de l'Armée rouge, 173
Fairfax, Virginie, 41–42

First Special Service Force (FSSF), 114, 128, 139, 166, 207, 330
Foot, M.R.D., 22, 132
Force de frappe mobile, 195
Force opérationnelle interarmées 2 (FOI 2), 14, 19, 32, 136, 185–186, 205–206, 208, 210, 228, 232–233, 272, 286, 298, 311–312, 318, 320, 330
Forces canadiennes (FC), 14–15, 20, 36, 78, 195–196, 198–199, 205, 208–211, 213, 216, 228, 233–234, 257, 259, 261, 273–274, 276–281, 286, 291, 293–298, 318–319, 321–323, 330
Forces de défense australiennes, 305, 310
Forces spéciales (FS), 21–23, 25–28, 32, 34, 39, 43–45, 49–52, 61, 77–78, 89, 104, 110, 115, 126, 128–131, 133–136, 139–142, 144, 148–150, 163, 168, 171–173, 176, 185, 187, 191, 194–196, 198–200, 205, 207, 210, 216–234, 236–237, 245–246, 248, 252, 256, 262–265, 300–301, 306–308, 314, 320, 327, 330
Fort Bragg, Caroline du Nord, 39, 49, 139, 167–168, 178, 279
France, 77, 89, 138, 174, 188–189, 194, 207, 265
Franks, Général Tommy, 141, 225–226

Gendarmerie royale du Canada (GRC), 14, 208, 281, 283, 296, 330
Geraghty, Tony, 51, 70, 87
Godot, 208
Gray, Colin, 24–25, 31
Grenade, 129, 140, 174, 176, 219, 255
Grenzschutzgruppe-9 (GSG-9), 32, 136, 330
Groupe d'intervention de la Gendarmerie nationale (GIGN), 174, 330

Groupe de forces interarmées multinationales (GFIM), 330
Groupe des opérations d'information des Forces canadiennes (GOIFC), 330
Groupe opérationnel, 218, 301–303, 314
Grupa Reagowania Operacyjno Mobilnego (GROM), 32, 136, 330
Guerre du Golfe (1990-1991), 125, 140–141, 175, 225, 256, 270
Guerre du Vietnam, 124, 135, 139, 165, 170, 172, 255
Guerre électronique (GE), 222, 224, 284, 330
Guerre froide, 124, 154, 165, 167–168, 172, 195–196, 198, 200, 208, 215, 234, 245, 294, 305, 309, 317, 321, 326
Guerre non conventionnelle, 21, 25, 28–29, 33, 154, 164–165, 167, 169–170, 173, 176, 178, 186, 210, 247–249, 262, 264, 319

Hackett, Colonel J.W., 21
Haïti, 270, 274, 276, 282, 318, 325
Henderson, Wiliam Darryl, 98
Hillier, Général Rick, 20
Holland, Général Charles, 137, 232
Hollis, Général Leslie, 132
Horn, Colonel Bernd, 93, 213, 260
Horner, D.H., 25
Howard, John, 305
Hussein, Saddam, 142, 159, 175, 225, 227, 230

Îles Malouines, 303
Incident Response Regiment (IRR), 306
Irak, 157, 217–218, 225–228, 230, 233, 237, 300–301, 303–304
Irlande du Nord, 58, 173, 250, 282, 295
Israël, 127, 142, 151, 173, 175

Italie, 86, 128, 138, 173–174, 192–194, 207, 252, 259

Japonais, 187, 190, 194, 253–254, 268–269, 278
Jeapes, Major-général Tony, 134
Jedburg, 248, 250, 262, 264–265
Jeux olympiques de Munich, 1972, 197
Johnson, Major-général Harold, 139

Kaboul, 147, 283
Kandahar, 63, 184, 209, 223
Kennedy, Capitaine Shaw, 68, 84, 99, 114–116
Kennedy, John F., 133, 139, 172
Koch, Noel, 137, 175
Koweït, 256, 271

La Difensa, 194, 208
Ladd, James, 32
Layforce, 57, 103, 116, 118, 139, 166
Légion étrangère, 139
Libye, 101, 105, 192, 265
Livre blanc sur la défense, 1994, 300
Lloyd, Mark, 25, 265
Long Range Desert Group (LRDG), 68–69, 71–73, 80, 84–85, 87, 99, 101, 103–105, 115–116, 123, 126, 130, 139, 144, 166, 191–192, 331
Los Angeles Police Department (LAPD), 280, 330

MacArthur, Général Douglas, 138
Malaisie, 71, 84–85, 87, 105–107, 124, 135, 168–169, 189–190, 196, 265, 277, 289
Marrs, Lieutenant-colonel Robert W., 43, 52
Marsh, John, 140
Mayne, Paddy, 116
McRaven, Capitaine de vaisseau William H., 26, 240
Messenger, Charles, 34, 57, 266
Méthode 3D, 212, 332

INDEX

Military Assistance Command Vietnam (MACV), 171, 331
Ministère de la Défense nationale (MDN), 209–210, 331
Ministère de la Guerre, 87, 138, 189
Ministre de la Défense nationale (ministre DN), 14, 19, 331
Ministère de la Défense [R-U.], 215, 218, 307-308
Morris, Eric, 24, 57, 69, 85, 118, 130, 264
Mujahadeen, 157
Mouvement révolutionnaire démocratique pour la libération de l'Arabie (DRMLA), 174, 182, 330

Neutralisation des explosifs et munitions (EOD), 330
New York, 13, 19–20, 91, 125, 153, 163, 177, 274
Neillands, Robin, 27, 246
Norvège, 190, 207, 252, 268
Nouvelle-Zélande, 107, 231, 283, 300
Nunn, Sam, 175, 220

Observateurs de la commission mixte, 274
Office of Strategic Services (OSS), 40–43, 46, 49, 55–56, 76–78, 88–89, 167–168, 188, 196, 213, 248, 250, 264, 280, 331
Omaha Beach, 253
Oman, 124, 169, 223
ONU (voir Organisation des Nations unies)
OPEP, 173, 331
Opération *Eagle Claw*, 129, 182, 255, 298
Opération *Enduring Freedom*, 13, 129, 256
Opération *Just Cause*, 255
Opération *Overlord*, 254
Opération *Torch*, 67–68, 251
Opération *Urgent Fury*, 174, 255

Opérations basées sur les effets (OBE), 284, 331
Opérations de contre-insurrection (ops COIN), 170, 288, 331
Opérations psychologiques, 29, 111, 123, 171, 176, 186, 210–211, 217, 222–224, 247, 264, 284, 331
Opérations spéciales (OS), 331
Organisation des Nations unies (ONU), 196–198, 331
Organisation du Traité de l'Atlantique Nord (voir OTAN)
OTAN, 27, 30, 41, 143, 175, 195–196, 198, 208, 326, 331
Owen, Major-général David Lloyd, 126

Panama, 129, 255
Parachute Regiment (R.-U.), 288–289, 298
Philippines, 245, 253–254, 268
Piste Ho Chi Minh, 171
Pointe du Hoc, 253–254
Porch, Douglas, 24
Princess Gate, 174, 182
Princess Patricia's Canadian Light Infantry (PPCLI), 191, 229, 259, 278, 331
Protection individuelle rapprochée (PIR), 206, 287, 331
Psychological Warfare Center, 167
Pugliese, David, 24, 203

Quartier général des opérations interalliées (QGOI), 188, 191, 193, 207, 331

Rangers, 21, 23, 33–34, 37, 58, 65, 67–68, 73, 78, 82–83, 89–90, 123, 128–130, 133–134, 136, 139, 166, 168, 180, 221–223, 225, 233, 246, 248–262, 265, 267–272, 298, 320
Rangers de Darby (voir aussi Rangers), 252, 268
Reconnaissance stratégique, 124–125,

136, 141-142, 154, 164, 167-168, 171, 175-176, 207, 211, 288, 304
Régiment aéroporté du Canada (RAC), 221, 259-260, 273, 320
Régiment royal australien, 218, 305
Renseignement humain (HUMINT), 212, 230, 281, 330
Rhodésie, 139, 189
Rio Hato, 256
Roosevelt, Franklin D., 133
Royal Australian Air Force (RAAF), 306, 331
Royaume-Uni (R.-U.), 209, 215, 217-221, 231, 235, 278-279, 300, 331
Rumsfeld, Donald, 133, 178, 215-216, 230
Rwanda, 274

Saint-Nazaire, 128, 188
SAS (voir Special Air Service)
Schoomaker, Général Peter, 131, 236, 321-322
Schwarzkopf III, Général H. Norman, 140, 176
SEAL, 26, 33, 39, 91, 132, 136, 147-148, 170, 181, 198-199, 220-221, 224, 240, 331
Seconde Guerre mondiale (voir aussi Deuxième Guerre mondiale), 122-124, 128, 132, 135, 137, 143, 245, 248-249, 253-254, 257, 270, 295
Sécurité intérieure étrangère (FID), 247, 275, 287-288, 292, 330
Selous Scouts, 139, 150
Service canadien du renseignement de sécurité (SCRS), 212, 281, 283, 293, 326, 331
Shaw, Kennedy, 68, 99, 101, 103, 105, 107, 114-116
Sierra Leone, 258, 298
Slim, Feld-maréchal vicomte William, 126-128, 138, 219
SOF de « deuxième catégorie », 32
SOF de « première catégorie », 32
SOF de « troisième catégorie », 33
Special Air Service (SAS), 22, 25, 33, 50, 57-58, 70-72, 74-76, 84-88, 99-100, 103-107, 109, 116, 118, 127-130, 132, 134-136, 138-139, 166-167, , 169, 174, 182, 192, 194-196, 198-199, 208-209, 228, 235, 248, 250, 258, 261-262, 265, 269, 272, 274, 278-279, 282, 288-289, 291-293, 296, 298, 305-306, 320, 331
Special Air Service Regiment (SASR) (Australie), 315, 331
Special Boat Service (SBS), 166, 250, 279, 331
Special Forces Assessment and Selection Centre (SFAS), 43, 45, 49, 53, 78
Special Forces Initial Accessions Program, 279
Special Forces Qualification Course (SFQC), 43, 45, 78, 80, 279, 332
Special Operations Command (SOCOMD) (Australie), 305
Special Operations Executive (SOE), 40, 55-56, 76, 78, 88, 123, 167, 179, 186-190, 192, 196, 206-209, 277, 280, 332
Special Warfare Center and School (SWCS), 43, 292, 332
Special Weapons and Tactics (SWAT), 280, 287, 332
Station S, 41
Stiner, Général Carl, 51, 78, 229
Stirling, Dave, 57-58, 71, 74, 84-85, 87-88, 100, 103-104, 116, 118, 130, 138, 269
Stojanovski, Major-général Miroslav, 32
Strategic Hamlet Program, 170
Studies and Observations Group (SOG), 171-172, 332
Survival, Evasion, Resistance and Escape (SERE), 279, 331

INDEX

Taliban, 63, 147, 177, 184–185, 198, 223–224, 230, 240, 256, 281
Taylor, Général Maxwell, 139, 172
Teplitzky, Martha L., 50
Terrorisme, 13–15, 19, 52, 63, 87, 111, 125, 141–142, 153, 155, 163, 173–177, 186, 198, 206, 208, 215, 217, 219–220, 228–230, 246, 263–264, 274–275, 281, 305, 325–327
Test Brook, 42
Thompson, Major-général Julian, 22, 126
Tocumen, 255
Tragino, 128

Ulmer, Walter F., 110
Union soviétique, 167
Unité de soutien direct des opérations spéciales (SODSU), 288, 298, 332
United States 1st Special Forces Operational Detachment – Delta (Delta), 136
United States Army Special Operations Command (USASOC), 28, 332
United States Special Operations Command (USSOCOM), 28, 125, 137, 140–141, 175, 321, 332
USAID, 211

Vertical Mosaic, The, 35
Viêt-cong, 170
Vietnam, 111, 124, 135, 139–140, 165, 170–172, 176, 255

Waller, Douglas, 140, 183
Whitby, Ontario, 208

White, Terry, 22–23
Wolfowitz, Paul, 235
Woodhouse, Capitaine John, 105–106
World Trade Center, 11, 13, 19, 125, 153, 314

Yarborough, Lieutenant-général William E., 22
Yémen, 124
Yougoslavie, 142, 176, 190
Young, Major Sam, 41, 56
Yukl, Gary,, 95, 113

1st Battalion, the Parachute Regiment, 288, 298
1st Ranger Battalion, 58, 83
1st Special Warfare Training Group, 53
2nd Battalion, the Parachute Regiment, 288, 298
2nd Ranger Battalion, 253
3 PPCLI, 278
3rd Ranger Battalion, 259
4th Battalion, Royal Australian Regiment (Commando), 305
6th Ranger Battalion, 253-254, 268
8 Commando, 71
9/11 (voir aussi attaques terroristes du 11 septembre 2001), 163, 229–230, 332
10th Special Forces Group (10 SFG), 77, 89, 167
18X Program, 279, 296
21st SAS Regiment (Artists), 167
75th Ranger Regiment (voir aussi Rangers), 288
77th Special Forces Group (77 SFG), 168
82nd Airborne Division, 255

www.ingramcontent.com/pod-product-compliance
Lightning Source LLC
Chambersburg PA
CBHW070013010526
44117CB00011B/1540